Die Strassenbahnen

in den

Vereinigten Staaten von Amerika

Von

Gustav Schimpff,

Regierungsbaumeister.

Mit 224 Abbildungen im Text und 2 Tafeln.

Springer-Verlag Berlin Heidelberg GmbH 1903

Erweiterter Sonderabdruck aus „Zeitschrift für Kleinbahnen" 1902.

Additional material to this book can be downloaded from http://extras.springer.com

ISBN 978-3-662-23951-3   ISBN 978-3-662-26063-0 (eBook)
DOI 10.1007/978-3-662-26063-0

Herrn Geheimen Regierungsrath

PROFESSOR A. GOERING

in Dankbarkeit

zugeeignet.

Vorwort.

Die vorliegende Schrift verdankt ihre Entstehung den Eindrücken, die ich auf einer im Jahre 1900 mit dem Schinkelpreis unternommenen Studienreise durch die Vereinigten Staaten zu sammeln Gelegenheit hatte. Die Reise gab die Anregung, das erreichbare auf das amerikanische Kleinbahnwesen bezügliche Material zusammenzustellen und fortlaufend zu ergänzen. Der die Strassenbahnen behandelnde Theil liegt hier vor.

Der Augenblick mag insofern günstig für die Veröffentlichung erscheinen, als das amerikanische Strassenbahnwesen gegenwärtig mit der Umwandlung des New Yorker Bahnnetzes zu einem gewissen Abschluss gelangt ist, so dass wesentliche Neuerungen für die nächsten Jahre nicht zu erwarten stehen.

Wenn auch das deutsche Strassenbahnwesen in seiner neuzeitlichen Gestaltung im wesentlichen an amerikanische Vorbilder angeknüpft hat, so hat doch die Weiterentwicklung in beiden Ländern soweit von einander verschiedenes gezeitigt, dass eine Beschreibung der amerikanischen Bauweisen dem deutschen Fachmann manches neue bieten wird. Die Darstellung beschränkt sich daher nach Möglichkeit auf das uns ungewohnte; gleichartiges ist nur insoweit geschildert, als es zur Abrundung und zum Verständniss der Darstellung sich als erforderlich erwies.

In Aussicht genommen ist eine spätere Ergänzung des Werkchens in der Art, dass in einem zweiten Bande die Ueberlandbahnen und die Stadtbahnen behandelt werden. Damit wäre dann zugleich ein vollständiger Ueberblick über den Umfang der elektrischen Zugförderung in den Vereinigten Staaten gegeben. Um Wiederholungen zu vermeiden, ist im vorliegenden Bande zusammengefasst, was über die Einzelheiten der Dampfkraft benutzenden Stromerzeugungsanlagen zu sagen war, während die Abschnitte über Wasserkraftanlagen, Motoren, Kraftbremsen u. a. in den zweiten Band verwiesen sind. Hieraus werden sich manche beim Lesen vielleicht auffallende Lücken erklären.

Einige Ungleichheiten der Darstellung mögen mit den Schwierigkeiten der Beschaffung des Materials entschuldigt werden.

Den zahlreichen amerikanischen Fachgenossen, die mich bei der Sammlung des Stoffes aufs bereitwilligste unterstützt haben, spreche ich hierdurch meinen Dank aus; an erster Stelle Herrn Henry W. Blake, Schriftleiter des New Yorker Street Railway Journal. Zugleich danke ich auch einer grossen Anzahl Firmen für die Bereitwilligkeit, mit der sie mir ihr bezügliches Material in Form von Katalogen u. s. w. zur Verfügung gestellt haben.

Schliesslich möchte ich nicht unterlassen, der Verlagsanstalt für die reichliche Ausstattung der Schrift mit Abbildungen meinen Dank abzustatten.

Altona, im Dezember 1902.

Gustav Schimpff.

Inhaltsverzeichniss.

Berichtigung.

S. 55, Zeile 11 v. o. lies Schlitzschienen statt Schlussschienen.

Umrechnungssatz für Geldwerthe: 1 Dollar = 4,25 M.

Erster Abschnitt.

Einleitung.

Stadt und Stadtverkehr.

Mit wenigen Ausnahmen sind die grösseren Städte in den Vereinigten Staaten nach einem weitausschauenden Plane auf einem mindestens nach drei Seiten hin unbegrenzten, meist ebenen Gelände angelegt; die vierte Seite begrenzt alsdann ein denen Stellen, besonders längs der Wasserläufe und Eisenbahnen, durch zusammenhängende Industrieviertel (Fabriken, Lagerhäuser) unterbrochen sind.

Zwei typische Beispiele für eine derartige Gruppirung der Stadtbezirke geben

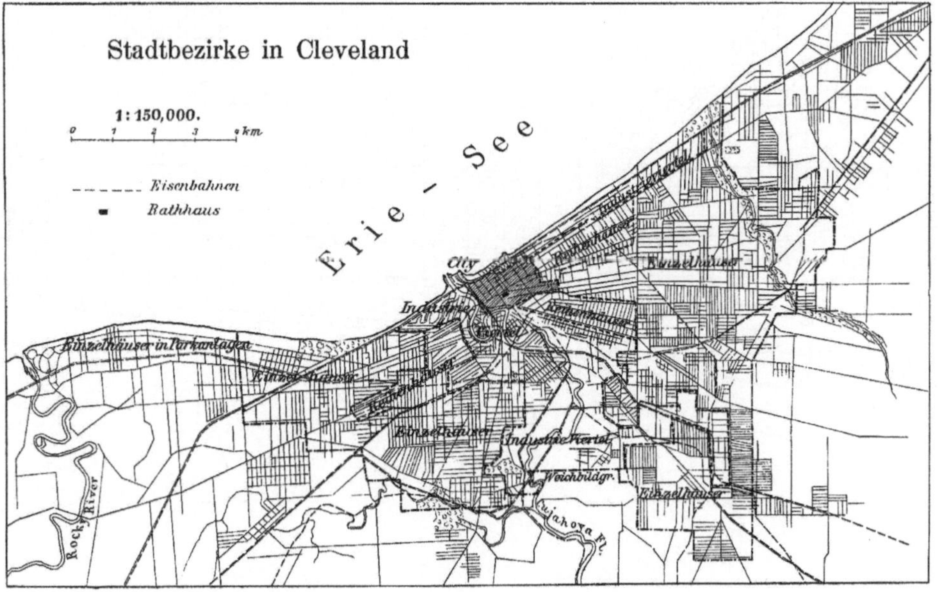

Abb. 1.

Fluss, einer der grossen Seeen oder das Meer. Den Kern der Stadt bildet die City, die an den See oder Fluss sich anlehnt und den Mittelpunkt des Geschäftslebens darstellt. Um die City legen sich im Kranze die Wohnviertel, die an verschiedie Abbildungen 1 (Cleveland) und 2, Tafel I (Chicago). Beide Städte sind an Stellen erbaut, wo ein Fluss in einen der grossen Seeen sich ergiesst; in der Gestaltung des Geländes zeigt sich insofern ein Unterschied, als Chicago vollständig flach und

und eben ist, während das von Fabriken ausgefüllte Flussthal des Cujahoga in Cleveland tief in das Gelände eingeschnitten ist. Chicago ist im Wesentlichen Handelsstadt; die Hauptfabriken liegen weiter draussen (Süd-Chicago, Pullmann). Cleveland ist Fabrikstadt.

Die Grundform des Strassennetzes ist das Rechteck.

erstreckt sich im Westen der Vereinigten Staaten auch auf das Land zwischen den Städten (wenigstens auf den Bebauungsplänen), wie sie auch von der Regierung bei der Vergebung des freien Landes stets innegehalten worden ist.

Zu diesem Rechtecksnetz der Städte treten dann häufig Diagonalstrassen, die strahlenförmig von der City auslaufen;

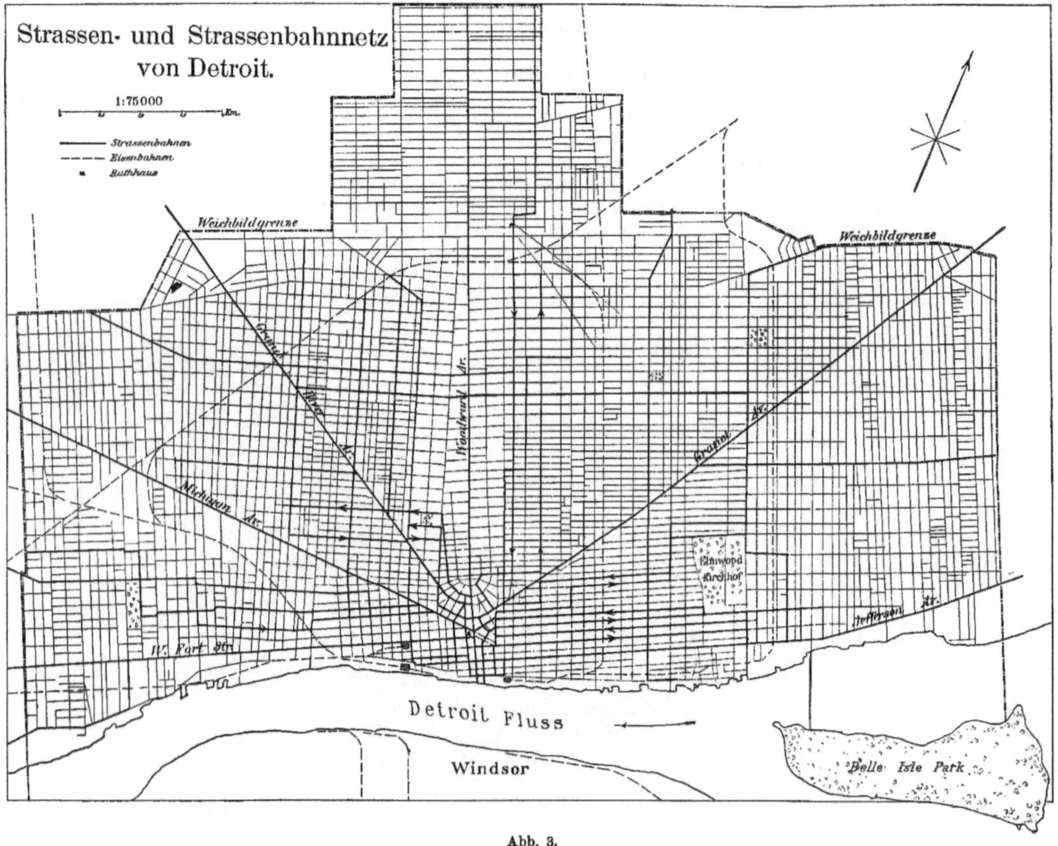

Abb. 3.

Dabei hat man mit Vorliebe die Hauptrichtungen genau der Windrose entsprechend gewählt; Chicago giebt hierfür ein gutes Beispiel: das Hauptquadratnetz hat eine Maschenweite von einer Meile in jeder Richtung erhalten und ist dann weiter in kleinere Rechtecke getheilt worden. Eine derartige Eintheilung in Rechtecke

diese Anordnung ist z. B. in Chicago, besonders vollkommen aber in Detroit (Abb. 3) ausgebildet.

Die Blocktiefe ist in dem Wohnviertel und der Geschäftsstadt wesentlich geringer als bei uns, so dass Hinterhäuser vollständig vermieden werden. Als Beispiel sei die Blocktheilung der Wohnbezirke

New-Yorks angeführt (Abb. 4). Der Festsetzung derartiger geringer Blocktiefen ist es in der Hauptsache zuzuschreiben, dass eine Vereinigung von Wohn- und Industrievierteln, wie häufig bei uns, wo die Vordergebäude Wohnungen enthalten, während die Hintergebäude zu Fabrikräumen ausgebaut sind, in Amerika nirgends auftritt.

Eine eigentliche Geschäftsstadt prägte sich zuerst in New-York aus, das man, abgesehen von der Einwohnerzahl, auch in geschäftlicher Beziehung als Hauptstadt der Vereinigten Staaten ansehen muss. Der enge Raum auf der Südspitze der Insel (vergl. Abb. 5, Tafel I) brachte es mit

hat das Licht von allen Seiten ungehindert Zutritt, und wenn man die Zwischenwände aus Glas herstellt, so ist eine unmittelbare Tageslichtbeleuchtung aller Räume durch Aussenfenster entbehrlich. Dies erleichtert die Grundrissbildung, indem nicht jedes Zimmer an der Aussenwand zu liegen braucht. Eine grosse Zahl von schnellfahrenden Aufzügen (bis 3 m in der Sekunde) führen hinauf, so dass niemand die Treppen benutzt.

Infolge des Fassungsraums dieser mächtigen Bauten findet man im Umkreise einer Viertel- bis halben Stunde alle wichtigeren Bureaus vereinigt, und welche Un-

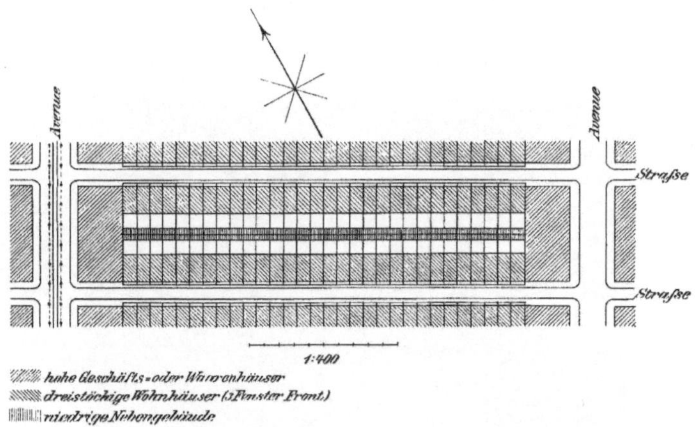

Abb. 4. Blockeintheilung der Wohnbezirke in New-York (Manhattan).

sich, die nach der Breite versagte Ausdehnung nach der Höhe zu suchen, und so entstanden hier zuerst die bekannten hohen Geschäftshäuser, die vom ersten bis zum obersten — häufig dem 25. — Stock vollständig zu Geschäftsräumen ausgebaut sind. Die meisten dieser hohen Häuser füllen einen ganzen Block aus, so dass Höfe nicht vorhanden sind und alle Aussenmauern Fenster erhalten können; im anderen Falle sind zur Gewinnung des Fensterrechts die niedrigen Nachbarhäuser angekauft worden. Die oberen Stockwerke dieser „Himmelkratzer" sind wegen ihrer Helligkeit und Ruhe sehr geschätzt, und der Miethzins steigt mit der Stockwerkszahl. Die oberen Räume eignen sich auch wundervoll zu Bureauzwecken. Hier stört kein Strassenlärm, auch nicht die tief unten dahinkriechende „Hochbahn," hier

summe von Zeit der Geschäftsmann dadurch spart, im Gegensatz zu den weiten Entfernungen unserer Städte, liegt auf der Hand.

Die hohen Häuser haben auch in Städten Nachahmung gefunden, wo ein örtlicher Zwang wie in New-York nicht oder nicht in dem Masse vorhanden war, vor allem in Chicago, obgleich der Untergrund hier aus Sumpfboden besteht, während in New-York Felsboden vorhanden ist. Auch die kleineren Städte, in erster Linie Cleveland, haben eine grosse Zahl derartiger Bauten aufzuweisen.

Im Gegensatz zu der eng zusammengedrängten City sind die Wohnviertel sehr weitläufig gebaut. Nur in New-York, auf der Manhattan-Insel, wo der Raum beschränkt und der Bodenwerth hoch ist, und in einigen Strassen in Boston sind Miethshäuser zu finden. Im übrigen wohnt der Amerikaner, sobald er nicht etwa eines der grossen Familienhotels vorzieht, lediglich im Eigenhause (Einzelhause). Diese Einzelhäuser sind zum Theil, besonders in der Nähe der City und in den Arbeitervierteln, eingebaut, zum überwiegenden Theile aber freistehend. Das eingebaute

völlig ungepflastert. Nur die Fusswege sind mit Holz- oder Steinplattenbelag versehen. Die Erbauung eines Hauses ist also nicht an das Vorhandensein einer gepflasterten Strasse gebunden. So kommt es, dass Strecken unbebauten Geländes mit Häusergruppen abwechseln und dadurch der Flächenraum der Stadt noch mehr ver-

Abb. 6. New York, im unteren Broadway.

Wohnhaus hat meist drei Stock und drei Fenster Front; das Arbeiterhaus ist zweigeschossig, hat meist zwei Fenster Front und enthält in jedem Stockwerk eine Wohnung. Die freistehenden Häuser sind meistens Holzbauten.

Die Strassen in den Wohnbezirken sind verhältnissmässig schmal und fast stets

grössert wird. Infolge der geringen Herstellungskosten der Strasse bleiben die Anliegerbeiträge der einzelnen Grundstücke niedrig, und so wird auch dem Minderbemittelten ermöglicht, im eigenen Hause zu wohnen. Die ungesunden wirthschaftlichen Verhältnisse in unseren Grossstädten, Wohnungsnoth, unnatürlich gesteigerte

Grundrente in den Vorstädten, Bauspekulation u. s. w. sind, abgesehen von New York mit seinen Tenement-Vierteln, in Amerika ziemlich unbekannt.

vor noch nicht langer Zeit durch Einverleibung der Vororte vergrössert worden. So besteht New-York jetzt aus den Gebieten Manhattan, Bronx, Brooklyn, Queens

Abb. 7. Michigan Avenue, Chicago.

Abb. 8. Strasse in Detroit (Arbeiterwohnungen).

Infolge der weitläufigen Bebauung ist der Flächeninhalt der Städte in den Vereinigten Staaten ein ungeheurer. Manche Städte, wie New-York und Chicago, sind

und Richmond, von denen die letzten vier reine Wohnstädte sind, vergl. Abb. 9. Die Einwohnerzahl (1900) vertheilt sich über die Gesammtfläche von 798 qkm wie folgt:

	Einwohner	auf das qkm
Manhattan	1 850 093	32 000
Bronx	200 507	1 500
Brooklyn	1 166 582	5 800
Queens.	152 999	500
Richmond	67 021	450
zusammen . .	3 437 202	4 300

16 km, von Süden 28 km (von Westen allerdings nur 10 km). Die Bewältigung derartiger Entfernungen ist nur mit Hilfe vorzüglicher örtlicher Verkehrsmittel, in erster Linie der Strassenbahnen, möglich; ihre Bedeutung für die Städte ist um so grösser, als infolge der scharfen Trennung von Wohn- und Geschäftsbezirken der grösste Theil der Einwohnerzahl auf die tägliche Benutzung der Beförderungsmittel angewiesen ist.

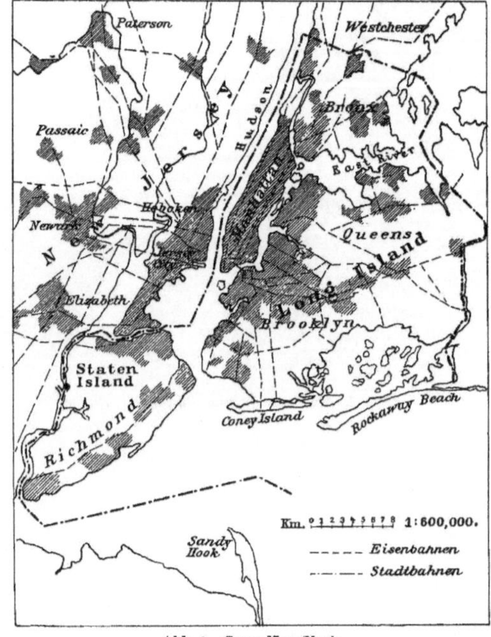

Abb. 9. Gross-New-York.

Chicago umfasst 484 qkm mit 1 875 000 Einwohnern, mithin auf das qkm rd. 4100 Einwohner. Die Wohndichte der einzelnen Stadttheile geht aus der Abb. 10 hervor. Detroit umfasst 76 qkm mit 350 000 Einwohnern, auf das qkm also rd. 4600 Einwohner.

Entsprechend der grossen Flächenausdehnung der Städte sind die Entfernungen von den äusseren Bezirken zur Stadtmitte ziemlich bedeutend; beispielsweise beträgt in New-York die grösste Entfernung der Weichbildgrenze bis zum Rathhaus: in Bronx 26 km, in Queens 29 km, in Richmond 32 km; in Chicago: von Norden

Abgesehen von den Hotels,[1] die sich meistens in der inneren Stadt befinden, wohnt niemand in der Geschäfts- und Industriegegend, während in den Wohnvierteln niemand sein Büreau hat, und wäre es auch nur ein Privatbüreau; auch sind hier keine bedeutenden Läden (abgesehen von solchen mit Lebensmitteln), so dass auch zum Einkaufen jeder in die Stadt muss.

Die Geschäftszeit ist im ganzen Lande die gleiche, 9—5 für Büreaus, 9—6 für Ladengeschäfte. Wer geschäftlich thätig ist, fährt morgens zwischen 8 und 9 hinein

[1] In dem Plan von Chicago, Abb. 10, sind in der City die Hotelbewohner mitgezählt.

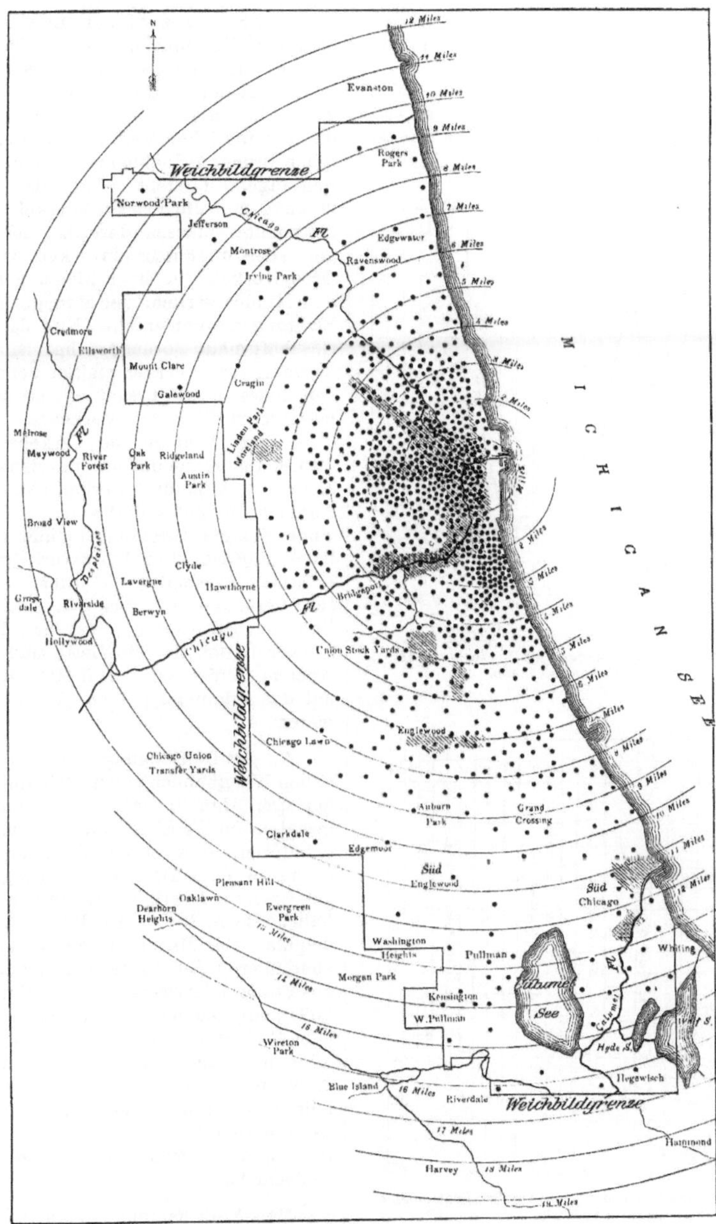

Abb. 10. Wohndichte in Chicago.
(Nach Street Railway Journal 1899)
1 : 300 000.
(Jeder Punkt bedeutet 2000 Einwohner.)

(down town) und abends zwischen 5 und 7 heraus (up town). Das Frühstück (lunch) wird zwischen 12 und 2 in einem der Restaurants der Stadt eingenommen. Nach 7 Uhr abends ist die City (abgesehen von den Strassen, in denen sich Theater befinden) vollständig verlassen, da auch ein abendlicher Besuch der Restaurants nicht üblich ist.

Die städtischen Verkehrsmittel haben demnach zweimal am Tage einen grossen Verkehrsstrom aufzunehmen, der wieder-

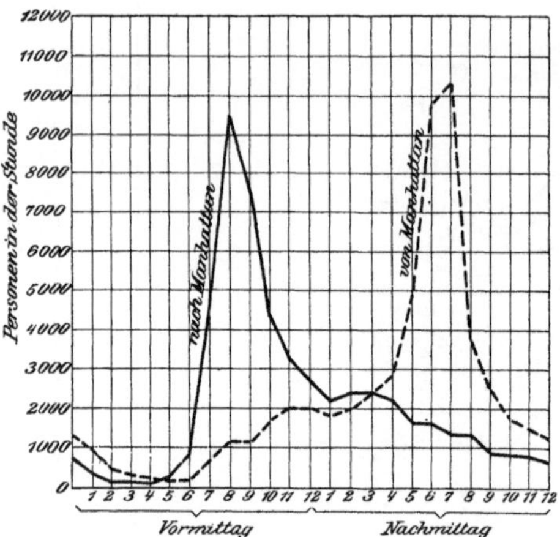

Abb. 11. Tägliche Schwankungen des Verkehrs auf der Brooklynbrücken-Hochbahn.

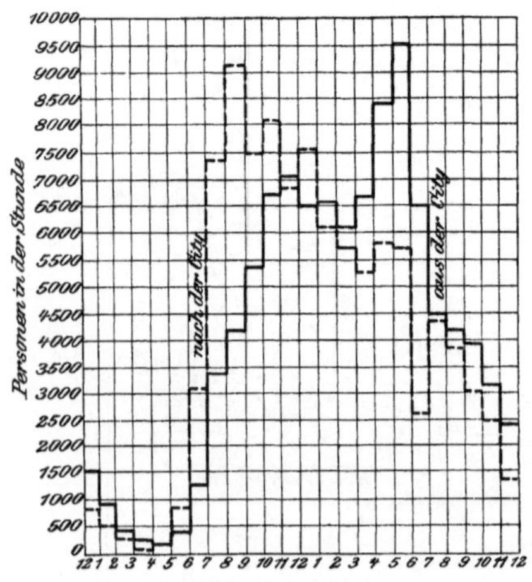

Abb. 12. Verkehr auf der Broadway-Strassenbahnlinie (New-York).

holt treffend mit der Fluth und Ebbe verglichen worden ist, morgens zur City und abends wieder hinaus. In die Zwischenzeit fällt, wenigstens in den grossen Städten, der allerdings wesentlich schwächere Ver-

kehr der Frauen zur Stadt, um einzukaufen (gegen 10 Uhr hinein, gegen 2 Uhr heraus). Zu den übrigen Tageszeiten ist der Verkehr verhältnissmässig gering. Ein Bild der täglichen Schwankungen giebt Abb. 11, die den täglichen Verkehr auf der Brooklyner Brücken-Hochbahn in beiden Fahrrichtungen darstellt. Auf die Platzausnutzung und die Ertragsfähigkeit der Verkehrsmittel müssen derartige Schwankungen sehr ungünstig einwirken, zumal der Grösstverkehr in einer Richtung stets mit dem Mindestverkehr der entgegengesetzten Richtung zusammenfällt. Nur da, wo die Geschäftsstadt so ausgedehnt ist, dass in ihrem Inneren Verkehrsmittel benutzt werden müssen, zeigt sich ein etwas gleichmässigeres Bild des Verkehrs. Als Beispiel hierfür möge der Verkehr auf der Strassenbahnlinie des unteren Broadway in New-York angeführt werden (Abb. 12), der zugleich ein gutes Bild von der Belastung einer einzigen Strassenbahnlinie zu geben im Stande ist. Der Jahresverkehr beträgt 1880000 Reisende auf das Kilometer (4,9 Personen auf das Wagenkilometer). Den nächsthöchsten Verkehr der New Yorker Linien hat die Vierte und Madison Avenue-Linie mit 1675000 Reisenden auf das Kilometer (4,1 auf das Wagenkilometer).

An der Bewältigung des Stadtverkehrs haben Eisenbahnen einen verhältnissmässig geringen Antheil; nur in Chicago und Boston bestehen einige Eisenbahnlinien mit ausgedehnterem Lokalverkehr. Stadtbahnen giebt es in New-York, Boston und Chicago. Einen gewissen Stadtverkehr bewältigen auch die Fährboote in New-York, Boston und Philadelphia. Der Haupttheil des Verkehrs fällt aber überall der Strassenbahn zu. Sonstiges Strassenfuhrwerk, wie Omnibusse, fehlt vollständig; auch Droschken haben nirgends eine Bedeutung für den Verkehr erlangen können, hauptsächlich mit Rücksicht auf die weiten Entfernungen und die Beschaffenheit des Strassenpflasters, das da, wo es überhaupt vorhanden ist, d. h. in der inneren Stadt, in der Regel sehr schlecht ist.

New-York hat (ohne Richmond) 1550 km Strassenbahngleise; bei einem Verkehr von 871800000 Personen im Jahr (1900) kommen auf den Kopf der Bevölkerung 260 Fahrten. Fügt man hierzu den Verkehr der Hochbahnen mit 252600000 Personen, so kommen auf den Kopf jährlich 335 Fahrten. Man rechnet, dass etwa 300000 Personen täglich morgens nach der City und abends zurückfahren, während an einem schönen Sommersonntag 500 000 Fahrten zurückgelegt werden.

In Chicago (1540 km Strassenbahngleise) betrug der Strassenbahnverkehr im Jahre 1898 rd. 280 000 000 Personen; das macht auf den Kopf und das Jahr rd. 150 Fahrten. Nimmt man dazu noch den Verkehr der Hochbahnen mit 64 800 000 Fahrten und den der Eisenbahnen, den man auf 14 000 000 Reisende schätzen kann, so kommen weitere 42 Fahrten auf den Kopf und das Jahr dazu.

Detroit hatte 1898 320 000 Einwohner und 307 km Strassenbahngleise. Bei 35 600 000 Fahrgästen kommen auf den Kopf und das Jahr 110 Fahrten.

Der Umfang der Strassenbahnnetze einiger weiterer grosser Städte ist in folgender Tabelle zusammengestellt:

	Einwohner	Flächenraum der Stadt qkm	Bahnnetz-Gleislänge km
Boston . . .	555 000	111	480 [1]
Philadelphia .	1 591 000	334	843
Washington [2]	287 400	180	306
St. Louis . .	623 000	158	486

Heute giebt es fast keinen Ort in den Vereinigten Staaten, der nicht seine Strassenbahn hätte. Zum Beispiel hatte Cape May, N.-J., bei 3500 Einwohnern bis 1899 drei Strassenbahn-Gesellschaften mit zusammen 17 km Gleislänge, die allerdings jetzt vereinigt sind. Das kürzeste Strassenbahnnetz hat wohl Boone, Ja., 11 500 Einwohner, mit 3 km Gleisen; und der kleinste Ort, der eine Strassenbahn sein eigen nennt, ist Mechanicsburg, Ill., mit (1890) 426 Einwohnern und 5 km Gleisen. Von einer Verzinsung des Kapitals ist bei diesen kleinen Bahnnetzen natürlich keine Rede.

---

[1]) Boston Elevated R. R. Co., deren Linien zum Theil über die Stadtgrenze hinausgehen.

[2]) Die Zahlen beziehen sich auf den District of Columbia.

Zweiter Abschnitt.

Linienführung.

In dem schachbrettartigen Strassennetz der amerikanischen Städte, wie es beispielsweise die Abb. 17 (Philadelphia) und 18 (Baltimore) aufweisen, sind nirgends Stellen vorhanden, wo der Verkehr zwischen zwei Stadttheilen nur durch eine einzige Strasse vermittelt wird, wie es so häufig in unseren Städten vorkommt; es giebt eben in den amerikanischen Städten gemäss ihrer Entstehung keine „Hauptstrassen" in unserem Sinne. Demgemäss drängt sich auch nirgends der Verkehr einer grossen Anzahl von Strassenbahnlinien in eine Strasse zusammen, so dass solche Engpässe wie die Potsdamer Strasse in Berlin und der Burstah in Hamburg unbekannt sind. Das Strassenbahnnetz zerfällt vielmehr in eine Anzahl Linien, die bis zum Stadtinnern einander parallel laufen. Nur wo Diagonalstrassen vorhanden sind, wie in Chicago (Abb. 13, Tafel I) und Detroit (Abb. 3), liegt die Zusammenführung mehrerer Linien in eine Strasse nahe. Während also bei uns oft bis zu 10 verschiedene Linien durch eine Hauptstrasse laufen, kommen in Amerika auf jede Strasse nur eine oder zwei Linien, deren Wagen in umsoviel kürzeren Abständen fahren.

Als Beispiel der Linienführung werde New-York (Manhattan), Abb. 14, Tafel I, gewählt.

Der Hauptverkehr erstreckt sich in der Längsrichtung der Insel[1]), und jede der Avenuen enthält eine stark befahrene Strassenbahnlinie. Die wichtigsten Längslinien sind:

1. Broadwaylinie, von der Südspitze der Insel (South Ferrie) ausgehend, gabelt sich in die zwei Linien der Lexington und Columbus Avenue. Wagenabstand 14 Sek.

2. Batteryplatz — West Broadway — Sechste Avenue—Amsterdam Avenue. Wagenabstand 16 Sek. Der grössere Theil der Wagen beginnt erst am Washington Square.

3. Batteryplatz—West Broadway—Achte Avenue. Wagenabstand 50 Sek.

4. Hauptpost—Vierte Avenue—Madison Avenue. Wagenabstand 25 Sek. Die Hälfte der Wagen beginnt erst am Astor Platz.

5. Hauptpost—Zweite Avenue. Wagenabstand 30 Sek.

6. Hauptpost—Dritte Avenue. (Hauptlinie der früheren Dritten Avenuebahn.) Wagenabstand 40 Sek.

7. 125. Strasse—Amsterdam Avenue—Kingsbridge Road, ebenfalls zum Netz der Dritten Avenuebahn gehörig, Verlängerung der Linie 6 (1900 noch nicht vollständig fertiggestellt).

Die Länge der Linien 1 bis 6 beträgt durchschnittlich 14 km, die der Linie 7 : 10 km. Die angegebenen Wagenabstände beziehen sich auf einen Tag mittlerer Verkehrsstärke während der Hauptverkehrszeit. An Tagen besonders starken Verkehrs werden die Wagenabstände noch unterschritten. Massgebend für die kürzeste mögliche Wagenfolge sind in der Regel die Kreuzungsstellen mit den weiter unten erwähnten Querlinien.

Die Umkehr eines Theiles der Wagen der Linien 2 und 4 am Beginn der City hat seinen Grund darin, dass weiter „unten" die Linien 2 und 3, 4 und 5 zusammentreffen und die Zahl der Wagen für ein Gleis zu gross würde. Auf den Strecken in der Bowery und der Park Row, wo die Linien 4, 5 und 6 zusammentreffen, liegen vier Gleise, die mit Richtungsbetrieb befahren werden.

Die Querlinien sind verhältnissmässig kurz und von geringerer Bedeutung. Ihr

---

[1]) Von dem Verkehr über die Brooklyn-Brücke soll hier abgesehen werden, da dieser an anderer Stelle im Zusammenhange mit dem Hochbahnverkehr behandelt wird.

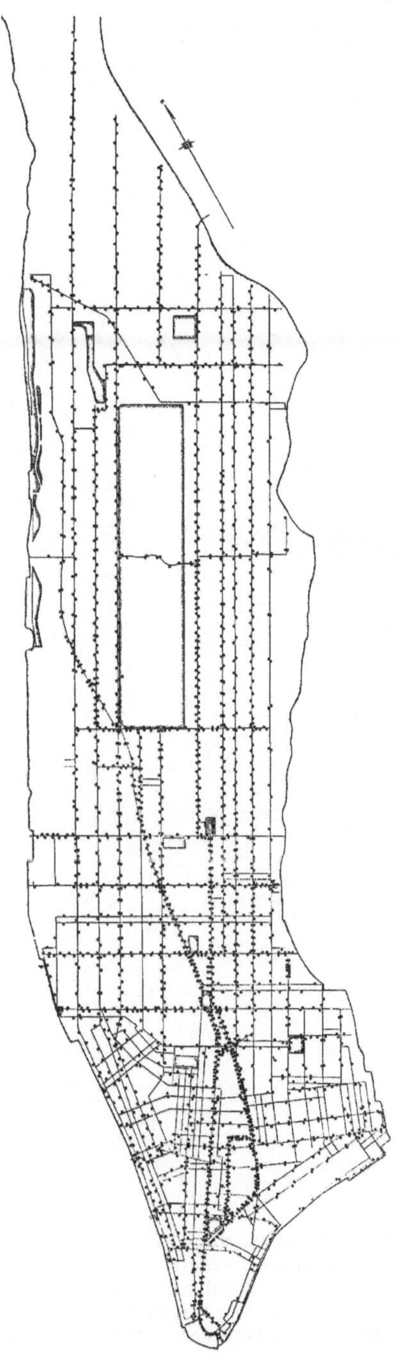

Abb 15. Belastung der Strassenbahnlinien in New-York (Manhattan). 1:75000.

Verkehr ist in erster Linie davon abhängig, ob sie an ihren Endpunkten an Fähren anschliessen oder nicht. Diese Fähren vermitteln vor allem den Verkehr nach den Bahnhöfen in Hoboken und Jersey City (Pennsylvania-, Eriebahn, Central R. R. of New-Jersey, Delaware, Lackawanna und Western) und Brooklyn (Long Island-Bahn), nach den Liegeplätzen der Ozeandampfer in Hoboken und nach den weiter gelegenen Wohnvierteln, zu deren Erreichung am jenseitigen Ufer an die Fähren wieder Strassenbahnen und Hochbahnen anschliessen.

Die unterhalb der 14. Strasse in der City vorhandenen Querlinien sind untergeordneter Natur und werden noch mit Pferden betrieben. Die Querlinien oberhalb der 14. Strasse, in den Wohnvierteln, haben

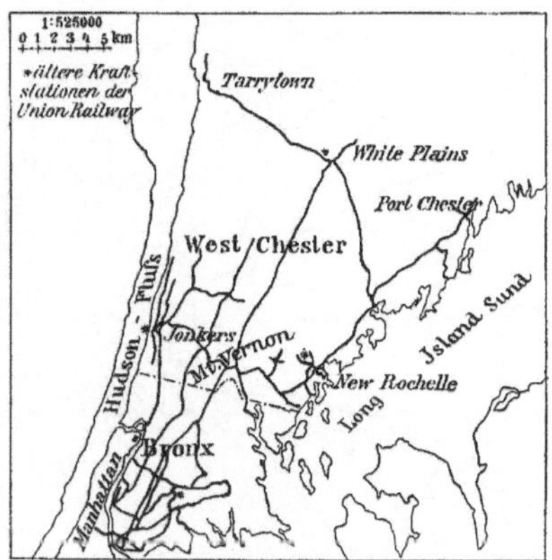

Abb. 16. Strassenbahnnetz der Union Railway in Bronx und Westchester.

an Bedeutung wesentlich gewonnen, seitdem ein Umsteigeverkehr mit den Hauptlinien eingerichtet ist; sie dienen dadurch zur besseren Aufschliessung der Wohnbezirke. Die wichtigsten der Querlinien sind die der 14., 23., 34., 59. und 125. Strasse. Der Wagenabstand beträgt beispielsweise in der 23. und 34. Strasse 55 Sek.

Die Belastung der einzelnen Strassenbahnlinien in Manhattan wird in übersichtlicher Weise durch Abb. 15 (nach Street Railway Journal 1901) veranschaulicht. Hier ist die Vertheilung der Wagen über das gesammte Netz in einem bestimmten Augenblicke während der Hauptverkehrszeit dargestellt. Jeder Punkt bedeutet einen Wagen.

Das jenseits des Harlemflusses in Bronx und den nächsten Vororten belegene

Strassenbahnnetz (s. Abb. 16) gehört der Union Ry., die an die Metropolitan Strassenbahngesellschaft angegliedert ist. Wagendurchgang zwischen Manhattan und Bronx findet nicht statt. Die Linien der Union Ry. schliessen in der Hauptsache an die bahn in etwa $^3/_4$ Stunden zurückgelegt werden kann.

Mit Rücksicht auf den Hauptverkehr der Städte, der zwischen City und Wohnbezirken sich erstreckt, überwiegen die Radiallinien. Umkreislinien zur Verbindung

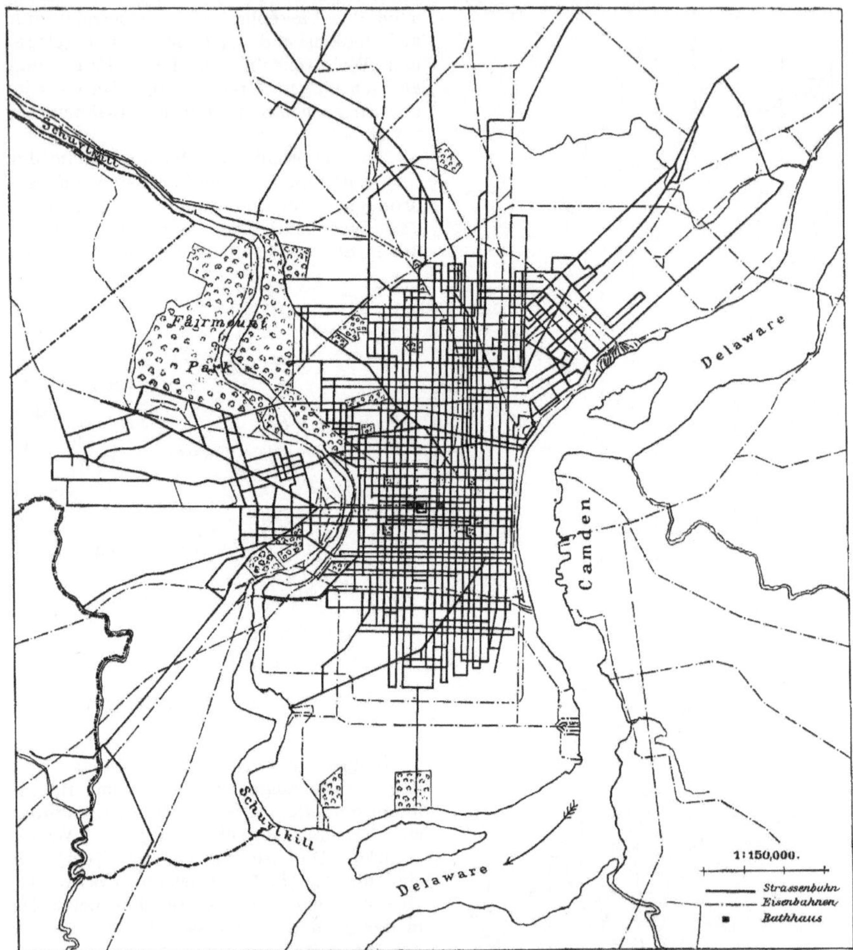

Abb. 17. Strassenbahnnetz in Philadelphia.

Eisenbahn- und Hochbahnstationen des Aussenbezirkes an; trotz des billigen Fahrpreises würde niemand die Strecke Yonkers—New-York (Rathhaus) auf der Strassenbahn zurücklegen, da eine solche Reise über zwei Stunden in Anspruch nehmen würde, während sie mit der Eisenbahn und Hochder Wohnbezirke unter einander sind nur in untergeordnetem Masse zu finden. Man zieht es in der Regel vor, den schwachen Verkehr dieser Art auf Umwegen mittelst Umsteigens zu befördern. Wo es möglich ist, sind je zwei von entgegengesetzten Seiten nach der Stadtmitte führende Linien

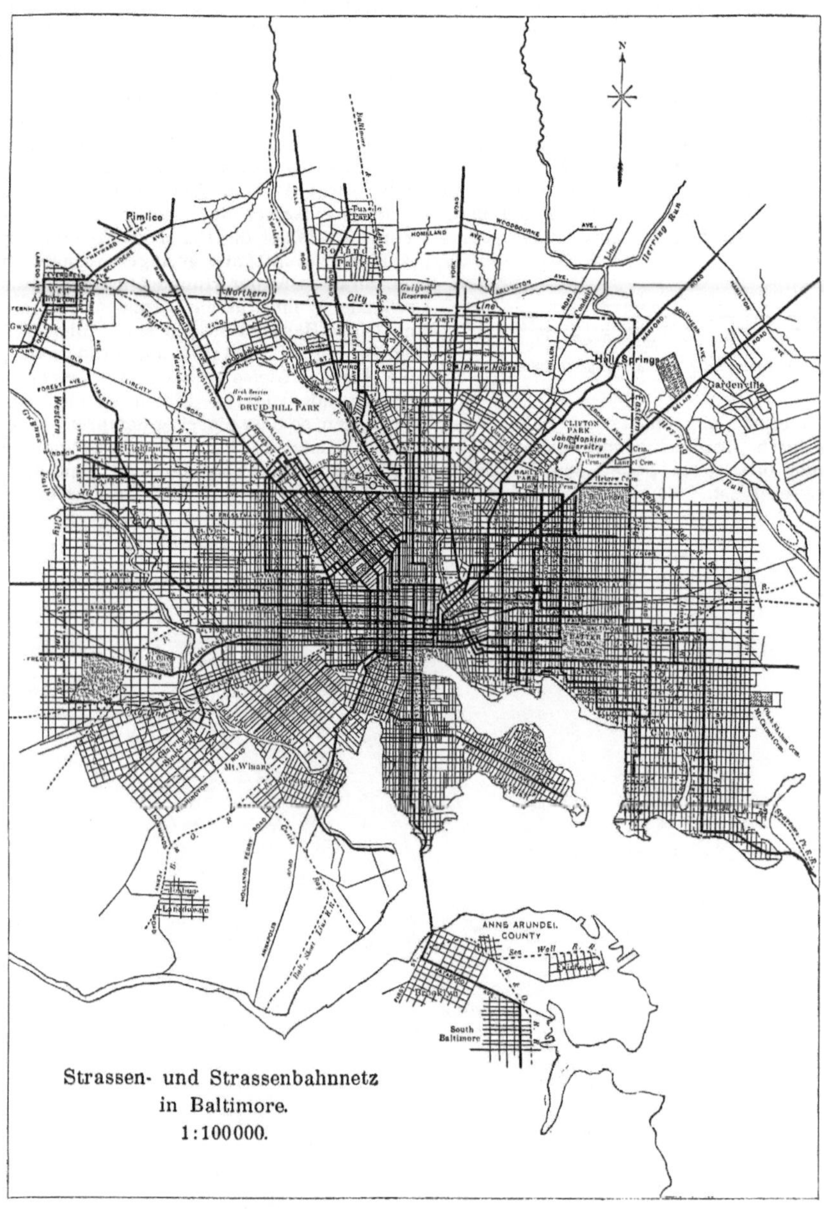

Strassen- und Strassenbahnnetz
in Baltimore.
1:100000.

Abb. 18.

(Aus: American Street Railway Investments.)

zu Durchmesserlinien vereinigt. Nur wo Bahnnetze verschiedener Gesellschaften in einer Stadt vorhanden sind, fehlt der Durchgangsbetrieb.

Die städtischen Strassen sind in der Regel so breit angelegt, dass sie beide Gleise einer Linie aufnehmen können, auch bei dem in Amerika üblichen Gleisabstand von 3 m (mindestens 2,8 m). Die Lage der Gleise ist dabei stets in Strassenmitte. In sehr breiten Strassen, von etwa 24 m Dammbreite an, giebt man der Strassenbahn einen

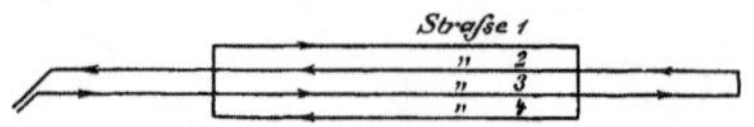

Abb. 19. Schema der Linienführung in Philadelphia.

gesonderten, ungepflasterten Bahnkörper, der durch Bordsteine mit abgerundeten Kanten oder dergl. gegen den Fahrdamm abgegrenzt ist. Eine solche Anordnung

verkehr dient wesentlich zur Verminderung der Zusammenstösse der Strassenbahnwagen mit Lastfuhrwerken und zur Erhöhung der Reisegeschwindigkeit der Strassenbahnen.[1]

Nur wenn der Fahrdamm der Strasse sehr schmal ist, hat man auch wohl die beiden Gleise derselben Linie in verschiedene Strassen, jedes in Dammmitte, eingelegt. Diese Art der Linienführung findet sich bei einzelnen der Querlinien in New-York; sie bildet die Regel in Philadelphia, Abb. 17, wo mit ganz geringen Ausnahmen die Strassen beider Himmelsrichtungen als schmale Wohnstrassen angelegt und mit niedrigen Häusern besetzt sind. Bisweilen ist die Linienführung so angeordnet, dass die beiden Gleise einer Linie mehrere Blöcke mit anderen Linien in sich einschliessen, so dass einseitig befahrene Ringlinien entstehen, wie Abb. 19 schematisch andeutet. Die Fahrrichtungen sind dann so gewählt, dass das Gleis in der ersten

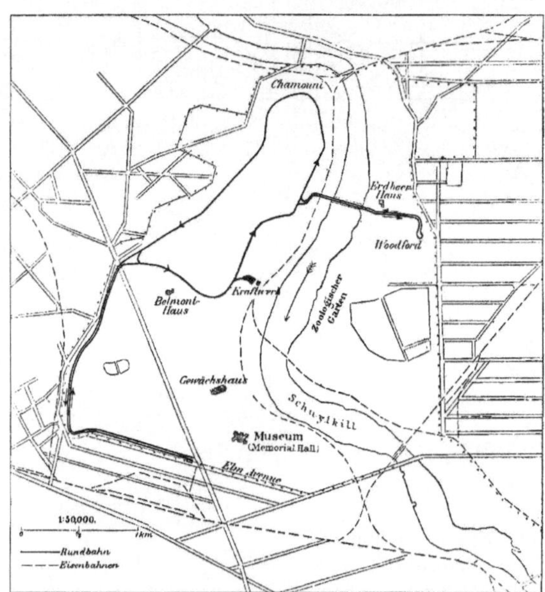

Abb. 20. Rundbahn im Fairmount-Park.

findet sich z. B. in der Boylston Avenue in Boston. Ist eine Hochbahn durch die Strasse geführt, so stehen deren Säulen in der Regel in 7 bis 8 m Abstand auf beiden Seiten der Strassenbahngleise. Diese Trennung der Strassenbahn von dem übrigen Strassen-

Strasse von Süd nach Nord, das in der zweiten Strasse von Nord nach Süd, das in der dritten wie in der ersten u. s. w. befahren wird. Diese Linienführung ist

[1] Vergl. auch des Verfassers Aufsatz in der Deutschen Bauzeitung 1898. Seite 314.

recht unübersichtlich und für den Fremden überhaupt nicht zu entwirren.

Die Ausbildung der Linien in Schleifenform, so dass ein Umkehren der Fahrrichtung an den Endstationen vermieden wird, ist in Amerika sehr beliebt; sie beginnt sich ja neuerdings auch bei uns einzubür-

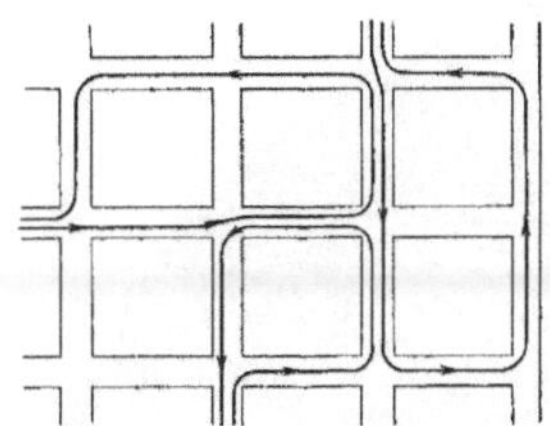

Abb. 21. Gleisführung in der City von Chicago.

gern (Hamburg, Berlin—Treptow, Berlin—Grunewald). Die Hauptvorzüge sind die, dass kein Raum für das Aufstellen von Wagen und keine Weiche an den Endpunkten erforderlich wird, und dass der

Wageninneren aus mit senkrechter drehbarer Spindel und Kegelradantrieb; die Schilder haben vielfach rechteckigen Querschnitt, sodass sie vier verschiedene Aufschriften tragen und die Wagen während des Tages ohne Umänderung der Schilder auf verschiedenen Linien verkehren können.

In vielen Städten ist der Schleifenbetrieb für alle Linien vollständig durchgeführt, und man gewinnt dann den weiteren Vortheil, dass die Wagen nicht zweiseitig gebaut zu werden brauchen, dass man Führerstand und Schaffnerstand jeden für sich zweckmässig ausbilden kann und nur einen Fahrschalter braucht.

Ein Beispiel für eine reine Schleifenbahn, die allerdings nicht als städtisches Verkehrsmittel im engeren Sinne angeführt werden kann, bildet die Rundbahn im Fairmount-Park zu Philadelphia. Dieser Park liegt inmitten der Stadt auf den hügeligen Ufern des Schuylkill und hat eine Ausdehnung von 1100 ha. Hier war auch die Stätte der 1876er Ausstellung.

Abb. 20 zeigt die Linienführung der

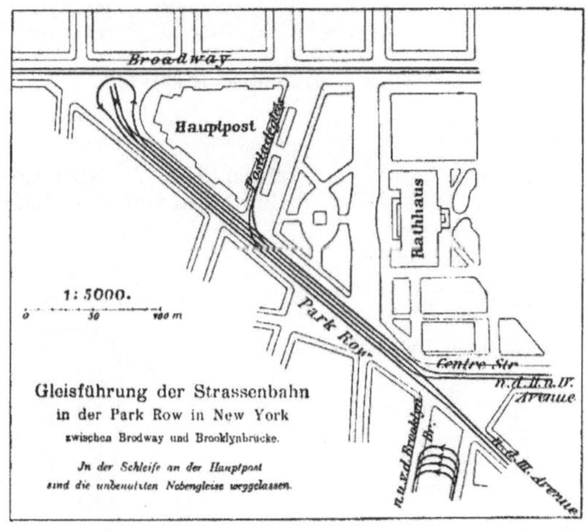

Abb. 22.

Aufenthalt für das Umhängen der Plattformgitter und die vordere Schutzvorrichtung erspart wird. Im Fall der Benutzung von Anhängewagen (in Amerika besonders für Kabelbahnen zutreffend) fällt der Verschubdienst auf der Endhaltestelle fort. Allerdings ist ein Wenden der Richtungsschilder nothwendig, und dies geschieht, auch für die Seitenschilder, meistens vom

13,7 km langen Rundbahn, die so gelegt werden musste, dass sie das landschaftliche Bild nicht störte. In der That liegt sie auch so versteckt, dass man sie, abgesehen von der Endstation Elm Avenue, erst sieht, wenn man dicht davor ist. Man hat sogar die Bahnkrone mit Gras besät, um die Bahn weniger sichtbar zu machen. Alle Wege sind durch Ueberführungen über die Bahn weggeleitet. Es verkehren auf der Bahn einzelne Wagen oder Züge von zwei Wagen mit 30 bis 40 km Geschwindigkeit. Drei verschiedene Fahrrichtungen sind möglich: 1. Von Elm in der Regel um einen Häuserblock geführt. Mehrere Beispiele hierfür findet man in Chicago. Schematisch wird die Gleisführung für die Endigungen der den verschiedenen Gesellschaften gehörigen Linien

Abb. 23. Schleife an der Hauptpost in New-York.

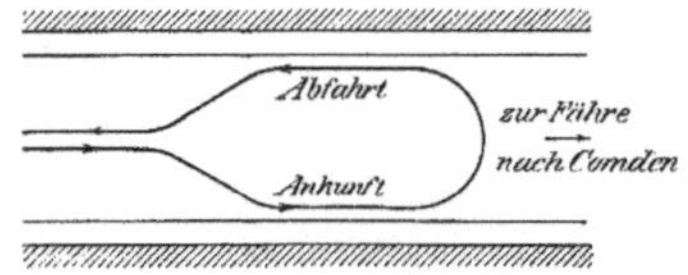

Abb. 24. Schleife in der Marktstrasse in Philadelphia.

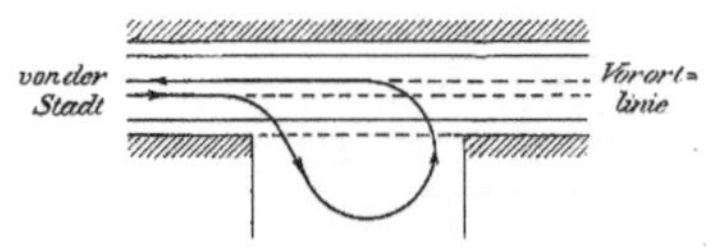

Abb. 25. Schleife am äusseren Endpunkt einer Strassenbahnlinie in Detroit.

Avenue nach Chamouni und zurück, 2. Elm Avenue—Woodford—Chamouni—Elm Av., 3. Woodford—Chamouni—Belmont House—Woodford. Wegen der grossen Fahrgeschwindigkeit und der Unübersichtlichkeit der Bahn ist ein durchgehendes selbstthätiges Signalsystem (Hall) angewendet.

In der inneren Stadt sind die Schleifen durch Abb. 21 wiedergegeben. Um das Umsteigen von einer Linie auf die anderen

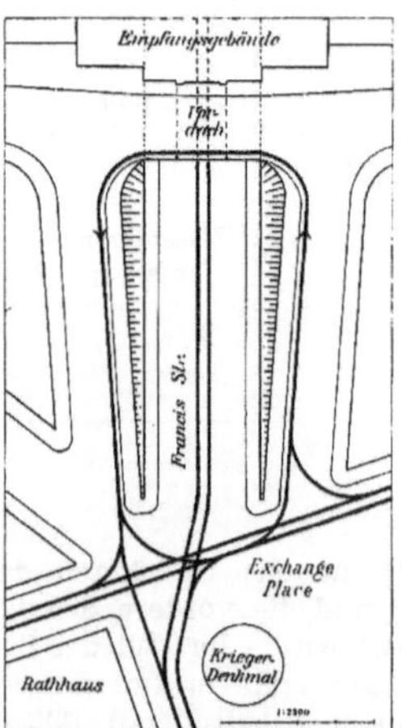

Abb. 26. Schleife der Strassenbahn vor dem Hauptbahnhof in Providence.

zu erleichtern, laufen beider Gleisstränge in je einer Strasse neben einander her.

Dadurch, dass die beiden in derselben Strasse liegenden Gleise verschiedenen Linien angehören, wird die Linienführung unübersichtlich.

Ist die Strasse breit genug, so legt man die Schleife auch wohl in die Strasse ein (Abb. 22 bis 24).

In den Aussenbezirken von Detroit, wo weder genügende Strassenbreite noch ein Strassengeviert zur Entwicklung der Schleife zur Verfügung standen, hat man ein Grundstück neben der Strasse angekauft und die Schleife auf dieses gelegt (Abb. 25).

allerdings nur für die Verkehrsrichtung hinaus nothwendig erscheinen. Die elektrisch betriebene Schleife ist mit einem Ueberholungsgleis ausgestattet. Die Richtung des nächsten elektrischen Wagens wird an der Wand gegenüber durch einen Richtungsweiser angezeigt.

Auf die bemerkenswerthen Beispiele von schleifenförmigen Umsteigestationen in Boston kommen wir bei der Beschreibung der Hochbahn zurück.

Ueberall da, wo ein besonders starker Verkehr zu bewältigen ist, ist das Schleifengleis vervielfacht, so dass eine fächer-

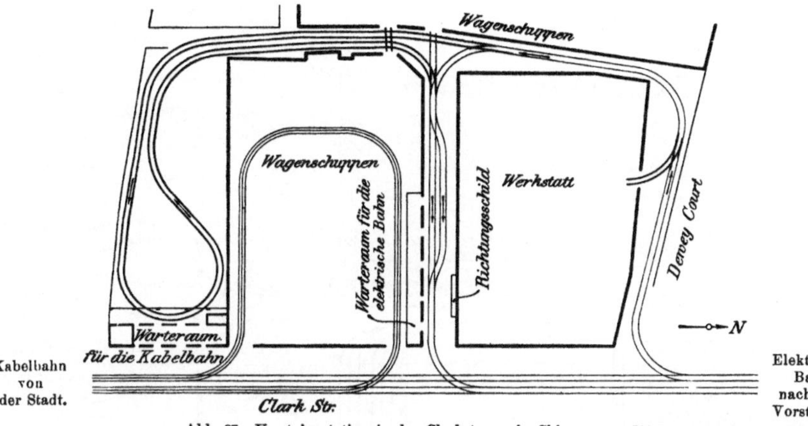

Abb. 27. Umsteigestation in der Clarkstrasse in Chicago. 1:1500.

In vielen Fällen hat man die Schleifen nutzbar gemacht, um das Aus- und Einsteigen oder Umsteigen bequem zu ermöglichen. Abb. 26 zeigt den Anschluss einer Strassenbahnlinie in Providence an den Hauptbahnhof. Die Strassenbahnwagen halten unter einem Vordach, so dass man trockenen Fusses von da den Wartesaal erreichen kann.

Eine Umsteigestation in Schleifenform in Chicago zeigt Abb. 27. Die Schleifen sind auf einem der Bahn gehörigen Grundstücke entwickelt, das im übrigen als Betriebsbahnhof ausgebaut ist. Von der inneren Stadt kommt eine Kabelbahn, die hier endigt, während von der Umsteigestelle aus eine Anzahl elektrischer Linien strahlenförmig auslaufen. Die Umsteigestellen von der Kabelbahn zur elektrischen Bahn und umgekehrt sind getrennt und zwischen beiden Bahnen Warteräume angelegt, die

förmige Anlage entsteht. Das wichtigste Beispiel hierfür, am New-Yorker Ende der Brooklyn-Brücke, wird später eingehend behandelt (vergl. auch Abb. 22).

Ein anderes Beispiel ist die Endstation der zahlreichen New-Jersey-Strassenbahnlinien an der Pennsylvaniastation in Jersey-City, Abb. 28. Der Massenverkehr der Fährboote, die jedes mehrere hundert Personen fassen, und von denen hier 4 Linien mit je 10 bis 20 Minuten-Verkehr endigen, vertheilt sich nicht nur auf die Vorortzüge der Eisenbahnen, sondern geht zu einem grossen Theil auf die Strassenbahnen über. Es ist also erwünscht, dass von jeder Linie mindestens zwei Wagen bereitstehen, um eine glatte Abwicklung des Verkehrs zu ermöglichen. Es sind in zwei überdeckten Hallen 7 Gleise vorhanden von je 25 bis 35 m Nutzlänge, jedes für zwei Linien bestimmt. Morgens findet hier der Uebergang von der Strassenbahn zur Fähre, abends in umgekehrter Richtung statt.

An den Stellen, wo gleichzeitig aus- und eingestiegen wird, wird abends beim Massenandrang die Einrichtung so getroffen, dass vorn links aus dem Wagen ausgestiegen, hinten rechts eingestiegen wird, so dass ein Gegenströmen nicht stattfindet.

Bemerkenswerthe Beispiele für Schleifen-Endstationen für den Massenverkehr bilden die beiden Strassenbahnstationen, die während der Ausstellung in Buffalo (1901) daselbst eingerichtet waren. (Abb. 29 und 30.) Die kleinere Station östlich der

Schaltern zu lösen und wurden während der Fahrt abgenommen.

Die grössere Anlage an der Westseite war in der Hauptsache Einsteigestation, da die von der Stadt kommenden Gleise am Haupteingang vorbeiführten und dort ausgestiegen wurde. Es waren zwei Schleifen zu je 4 Gleisen vorhanden; die Trennung der Wagen nach den beiden Schleifen fand schon vorher in der Elmwood-Avenue statt, in die zu diesem Zweck zwei Gleispaare eingelegt waren. Der Raum innerhalb der Schleife diente zum Aufstellen der Wagen am Nachmittag; von

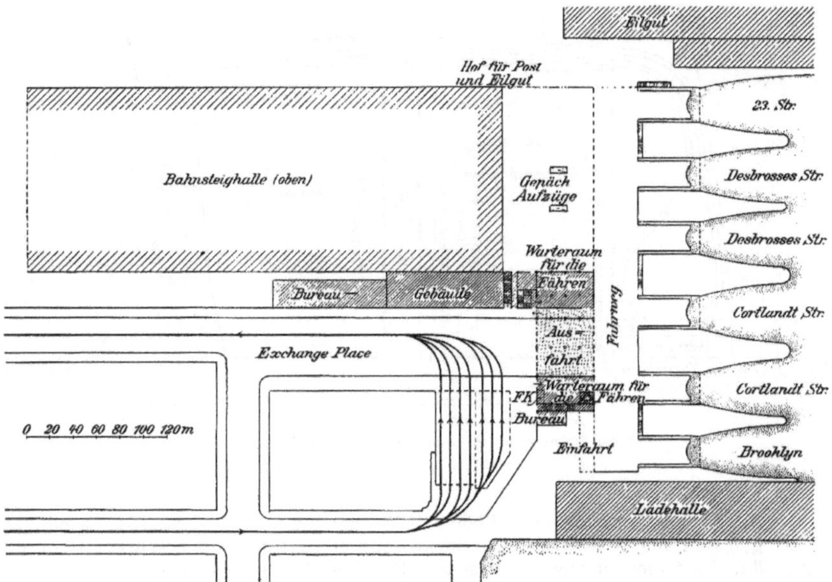

Abb. 28. Endstation der Strassenbahnen an der Pennsylvaniafähre in Jersey City.

Ausstellung hatte ein Schleifengleis zum Aussteigen und zwei Gleise zum Einsteigen. Zwei weitere stumpf endigende Gleise dienten zur Reserve. Zwischen den Gleisen befanden sich Zäune mit Schiebeschranken, die geschlossen wurden, sobald auf dem Nachbargleis eine Wagenbewegung vorgenommen wurde. Um den Zustrom an der Abfahrtseite regeln zu können, war der Eingang zum Bahnsteig durch Drehkreuze abgeschlossen, deren grösste Durchgangsmöglichkeit der Leistungsfähigkeit des Fahrplans entsprach. Die Fahrscheine waren vor dem Betreten der Bahnsteige an den

diesen Stumpfgleisen aus waren die Abfahrtgleise ohne Richtungsänderung erreichbar. In den Zeiten des stärksten Verkehrs wurde mit bis zu 3 Anhängewagen gefahren. Die Schalter befanden sich jenseits der Amherst-Str. Die Anordnung der Zäune und Drehkreuze entsprach dem östlichen Endbahnhof. Die Zufahrt in der Elmwood-Avenue war gleichfalls eingezäunt, um ein Besteigen der Wagen vor dem Halten zu vermeiden.

Der Grundsatz der Verdoppelung der Gleise findet sich vereinzelt auch in geraden Gleisen an den Stellen angewendet,

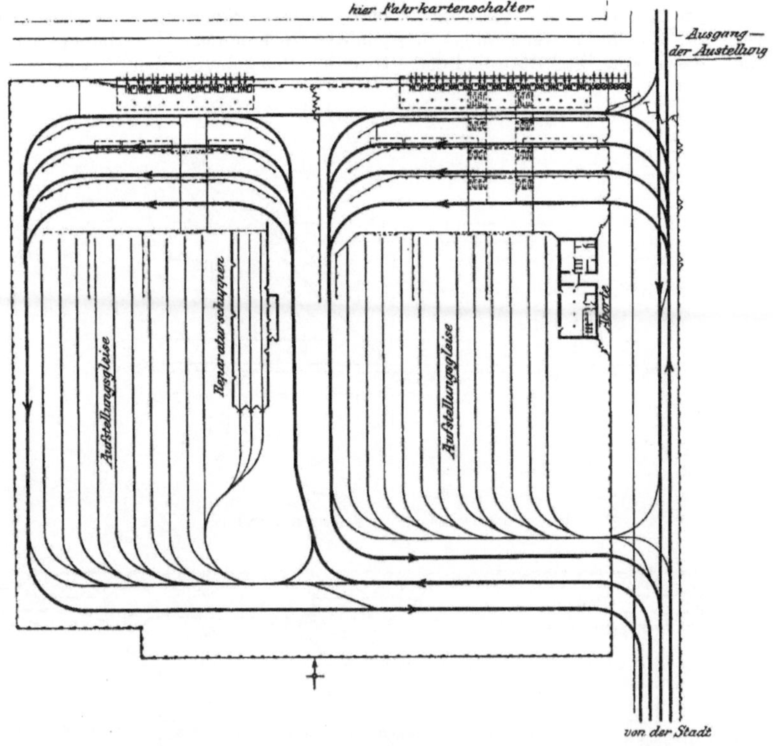

Abb. 29. Westliche Endstation der Strassenbahn an der Ausstellung in Buffalo.

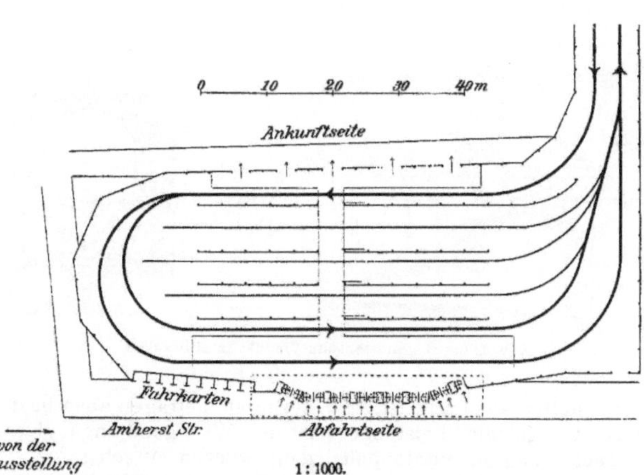

Abb. 30. Oestliche Endstation der Strassenbahn an der Ausstellung in Buffalo.

wo erfahrungsgemäss ein längerer Aufenthalt der Wagen zum Ein- oder Aussteigen erforderlich ist; da die Leistungsfähigkeit eines Fahrgleises von der Abfertigungs-

Strassenbahnlinien in der Regel völlig gerade, so dass Krümmungen nur an den Endpunkten vorkommen. Die Halbmesser der Krümmungen gehen stellenweise bis zu 10 m

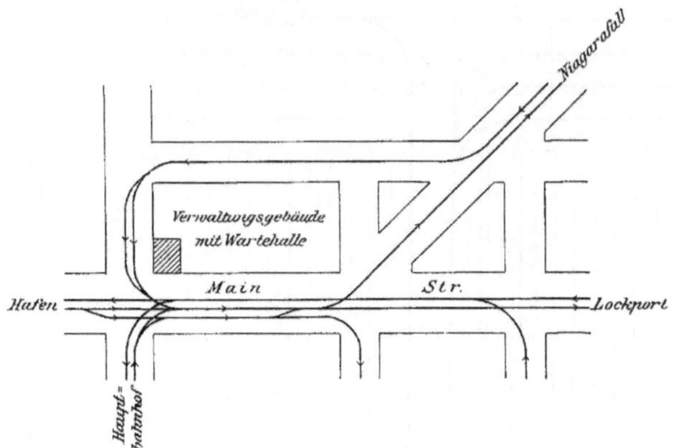

Abb. 31. Gleisführung in der Mainstreet in Buffalo.

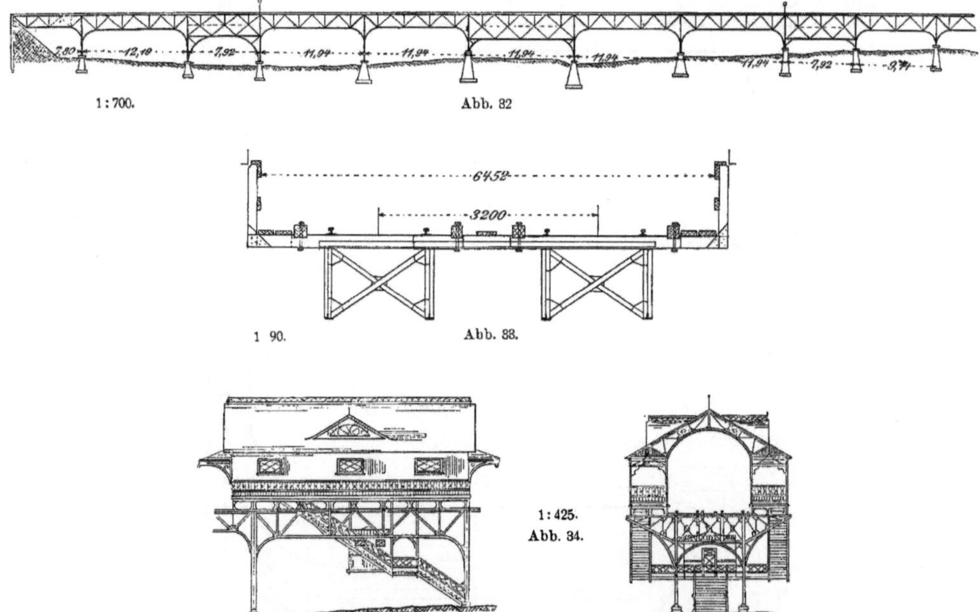

Abb. 32

Abb. 33.

Abb. 34.

Abb. 32 bis 34 Strassenbahn-Viadukt in Milwaukee.

dauer an den Haltestellen abhängig ist, so wird durch diese Anlage die Leistungsfähigkeit der Strecke nahezu verdoppelt (Abb. 31).

Wie die Strassen, so sind auch die

herunter, betragen aber in der Regel 15 bis 20 m. Wo irgend angängig, werden Uebergangskurven eingelegt.

Die meisten Städte sind eben, sodass wesentliche Steigungen innerhalb der Linien kaum zu verzeichnen sind. Wenn aber die Städte am Abhange liegen, oder eine Unterstadt im Flussthal und eine Oberstadt auf

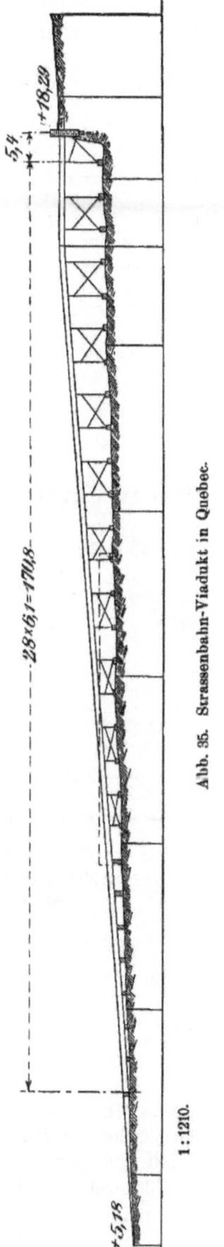

Abb. 35. Strassenbahn-Viadukt in Quebec.

1 : 1210.

hältnisse angeordnet hat, die Neigungen der Strassen einer Richtung so steil, dass besondere Hilfsmittel für die Strassenbahn zu deren Ueberwindung nothwendig sind. Hiervon soll im 4. Abschnitt die Rede sein.

Fast überall ist die Vollspur angewendet; nur vereinzelt kommen breitere Spuren vor. Schmalspur ist für städtische Strassenbahnen nicht in Anwendung (nur in der Umgegend von Boston besteht eine Schmalspurlinie). Da die Strassen meistens reichlich breit und die Strecken geradlinig sind, würde auch jede Veranlassung zur Wahl einer Schmalspur fehlen.

An dieser Stelle sei einiges über die im Zuge von Strassenbahnlinien vorkommenden Kunstbauten eingefügt.

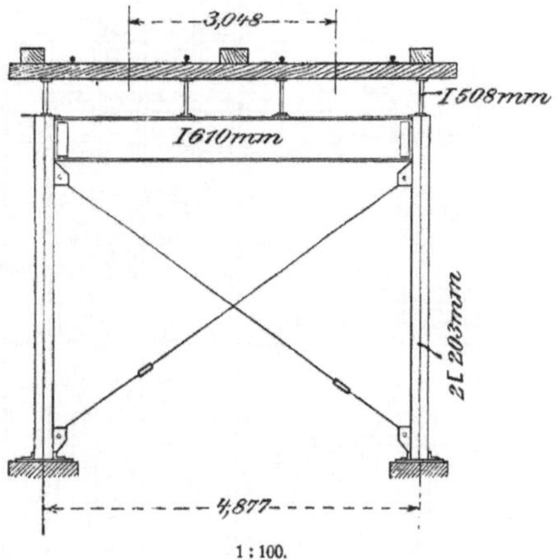

1 : 100.

Abb. 36. Strassenbahn-Viadukt in Quebec.

Zur Ueberbrückung von schmalen, tiefeingeschnittenen Flussthälern im Innern einzelner Städte dienen Strassenviadukte, wie die bekannte Washington-Brücke über den Harlemfluss in New-York und mehrere Viadukte über das Cujahogathal in Cleveland, die dann auch von der Strassenbahn benutzt werden. An anderer Stelle, wo ein Strassenviadukt nicht vorhanden war, hat die Strassenbahn ihren Bahnkörper allein mittelst einer Thalbrücke überführt. In einigen Städten, wie z. B. in Baltimore, ist zur Vermeidung eines erheblichen, in der Strasse liegenden verlorenen Gefälles die Strassenbahn über die Einsattelung als Hochbahn auf eisernen Viadukten hinübergeführt. Einen Viadukt ähnlicher Art, der allerdings nicht in einer Strasse belegen ist, sondern in einem Parke, für den die Erlaubniss zur

der Hochebene vorhanden ist, dann sind, weil man meistens ein rechteckiges Strassennetz ohne Rücksicht auf die Geländeunter-

Anlage einer Oberflächenbahn nicht gegeben wurde, zeigen Abb. 32 bis 34. (Im
Parke des Kriegerheimes — Soldiers Home
— in Milwaukee.) Der Viadukt hat eine
Gesammtlänge von 327,6 m, die Entfernung
der Stützen schwankt zwischen 9,14 und
12,19 m, je nach der Höhe des Bauwerks,
die bis zu 6 m beträgt. Die Form des
Viadukts und der in seiner Mitte befind-
Oberstadt dienende Rampe trägt. Die
Länge des Viadukts ist 176 m, der zu
überwindende Höhenunterschied 13,7 m.
Die Steigung der Rampe beträgt 1 : 13,3
(7,5 %). Der Viadukt selbst besteht aus
Gerüstpfeilern mit 6,1 m Theilung. Quer-
und Längsträger sind in einfachster Weise
aus I-Eisen gebildet.

Ebenso wie Senkungen der Strassen

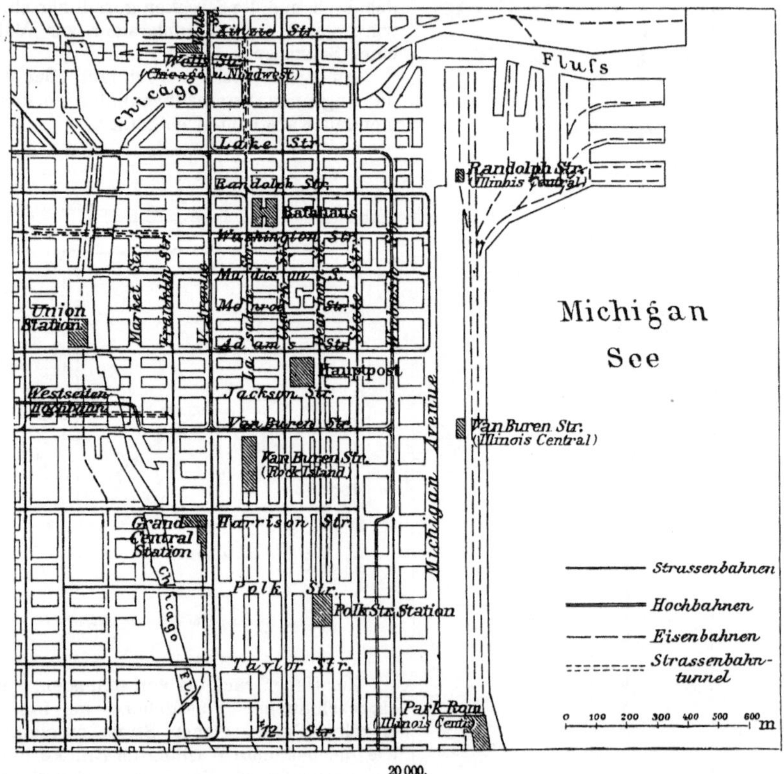

Abb. 37. Lageplan der inneren Stadt von Chicago.

lichen Haltestelle ist offenbar der Berliner
Hochbahn entlehnt, jedoch nicht so ge-
schickt gelöst und in den Einzelheiten recht
mangelhaft durchgebildet, indem beispielsweise die gebogenen Stäbe des Untergurtes
an den Säulen blinde Stäbe sind und die
Bremskräfte durch besondere Portale aufgenommen werden.

Abb. 35 und 36 stellen einen Viadukt
in der Crownstr. in Quebec dar, der eine
zur Verbindung der Unterstadt mit der
durch Viadukte ausgefüllt werden, kommt
auch der Fall vor, dass kürzere Erhebun-
gen durch Tunnel umgangen werden. Ein
Beispiel ist der Tunnel in der Vierten
Avenue in New-York. In der Strasse befindet sich zwischen der 32. und 42. Strasse
eine Erhebung von 820 m Länge und 7,8 m
grösster Höhe. Um die Eisenbahnwagen
von der Station an der 42. Strasse weiter
auf der Vierten Avenue befördern zu
können, legte die New-Yorker Zentralbahn

im Jahre 1837 einen Tunnel von 500 m Länge, 7,32 m Weite und 4,75 m mittlerer Scheitelhöhe an. Seit Abschaffung des Betriebes mit Eisenbahnwagen wird dieser Tunnel von der Vierten Avenuelinie der Strassenbahn benutzt.

Die City von Chicago ist nach Norden und Westen gegen die Wohnviertel durch den Chicagofluss abgegrenzt, dessen Breite zwischen 60 und 80 m schwankt (Abb. 37). Auf dem Flusse herrscht ein starker Schiffahrtsverkehr, und da die Strassenhöhe etwa 2 bis 3 m über dem Wasserspiegel sich befindet, können die Strassen nur durch bewegliche Brücken über den Fluss geführt werden. Da durch das Offenhalten der Brücken während gewisser Tageszeiten der Strassenbahnverkehr stark gehindert werden würde und zudem die Hinüberführung von Kabelbahnen (um diese handelt es sich hier) über Drehbrücken grosse Schwierigkeiten verursacht, so hat man die drei Hauptlinien mittelst Untertunnelung unter dem Flusse hindurchgeführt. Die Tunnel liegen im Zuge der La Sallestr., Washingtonstr. und neben der Van Burenstr. und sind auf beiden Seiten durch Rampen zugänglich. Der Tunnel neben der Van Burenstr. (erbaut 1891/94) hat eine Länge von 277 m, die Rampen haben 85 und 96 m Länge; die Tunnelweite beträgt 9,1 m, die Tiefe der Tunnelsohle unter der Strassenkrone 8,5 m. Der Tunnel im Zuge der La Sallestr. war zuerst als Strassentunnel geplant, wurde aber, nachdem die Baugesellschaft in Zahlungsschwierigkeiten gerathen war, von der Strassenbahngesellschaft angekauft und für ihre Zwecke ausgebaut. Von dem Van-Burenstrassentunnel unterscheidet er sich im wesentlichen dadurch, dass der unter dem Fluss befindliche Theil aus 2 durch eine Pfeilerwand getrennten Tunneln für je ein Gleis besteht. Sämmtliche Tunnel werden allein von den Strassenbahnwagen benutzt.

Dritter Abschnitt.

Oberbau.

Schiene und Schwelle.

Für die Entwicklung des Strassenbahnoberbaus ist der Umstand von Bedeutung gewesen, dass die Strassen der amerikanischen Städte zu der Zeit, als mit dem Bau der Strassenbahnen vorgegangen wurde, fast stets ungepflastert waren und es bis heute zu einem grossen Theile noch sind. Die Wahl eines Querschwellenoberbaus war daher verständlich, besonders da man in dem damaligen Eisenbahnbau ein Vorbild hatte, bei dicht gelegten Holzschwellen mit geringwerthiger oder ganz ohne Unterbettung auszukommen.

Als Gegenleistung für die in der Regel unentgeltliche Benutzung der Strasse wurde der Bahngesellschaft häufig die Bedingung auferlegt, für das übrige Strassenfuhrwerk eine Laufbahn zu schaffen, und so entstand die bekannte Form der Stufen- oder Nasenschiene (vergl. Abb. 38 [2]). Wenn sie eingepflastert wird, hat sie zwar gegenüber der Rillenschiene den Vortheil, dass der Reibungswiderstand wesentlich geringer ist, sie ist aber nur in solchen Strassen zu gebrauchen, wo der Fuhrverkehr verhältnissmässig gering ist. Dies trifft, wie bemerkt, im allgemeinen in den amerikanischen Städten zu, indem eine Personenbeförderung auf den Strassen neben der Strassenbahn kaum stattfindet. Der allein verbleibende Lastverkehr benutzt wesentlich leichtere Wagen als bei uns, wohl hauptsächlich in Rücksicht auf die schlechte Beschaffenheit der Wege.

Eine besondere Form ist die Schiene mit Doppelnase (Abb. 38 [3]): hier soll der Schienenkopf vom Strassenfuhrwerk mit benutzt werden,[2]) und die äussere Nase hat den Zweck, das Pflaster von der Schiene

fernzuhalten, damit nicht die Kante desselben durch den Laufkranz der Bahnräder und der Fuhrwerksräder getroffen wird. In Krümmungen werden die Schienen ohne Rille gewöhnlich mit einer Zwangsschiene versehen, wie in Abb. 39 dargestellt.

In den Strassen mit lebhafterem Fahrverkehr und besonders in Asphaltstrassen kommen neuerdings mehr und mehr Rillenschienen zur Anwendung. Der Flansch der Rille ist entweder schmal und etwas tiefer als der Schienenkopf (Abb. 38 [6]) und alsdann nicht zum Befahren bestimmt, oder er soll die Nase ersetzen und ist dann u. U. sogar höher als der Schienenkopf und am oberen Ende besonders verbreitert. (Abb. 38 [9]).

Nachdem man die in ungepflasterten Strassen verlegten Holzquerschwellengleise später eingepflastert hatte, hat man auch in den Fällen, wo Schienen in gepflasterten Strassen verlegt werden, in der Regel die Holzquerschwellen beibehalten, u. U. unter Verwendung von Stühlen (Abb. 42), um die Pflasterhöhe zu gewinnen; erst neuerdings beginnt man auch die Schienen unmittelbar auf eine Betonunterbettung zu verlegen. Als Grund, dass viele Strassenbahngesellschaften auch für völlig gepflasterte Strassen die Holzunterstützung beibehalten, wird angegeben, dass es sich darauf weicher und ruhiger fahre.

Die Höhe der Schienenprofile schwankt zwischen 102 und 229 mm, in Abstufungen von 12,7 oder 25,4 mm für jedes Profil; 152 bis 178 mm können bei Querschwellenoberbau, 203 bis 229 mm für Schwellenschienen als Regel gelten. Die Fussbreite schwankt zwischen 102 und 152 mm. Der Oberbau ist also stärker als bei uns. Die Seitensteifigkeit der Nasenschiene ist ausserdem für die Gleislage der nicht einge-

---

[1]) Vergl. Zeitschrift für Kleinbahnen, 1902, S. 253.

[2]) In diesem Falle hat natürlich das ortsübliche Fuhrwerk eine breitere Spur als bei Benutzung der einfachen Nasenschienen.

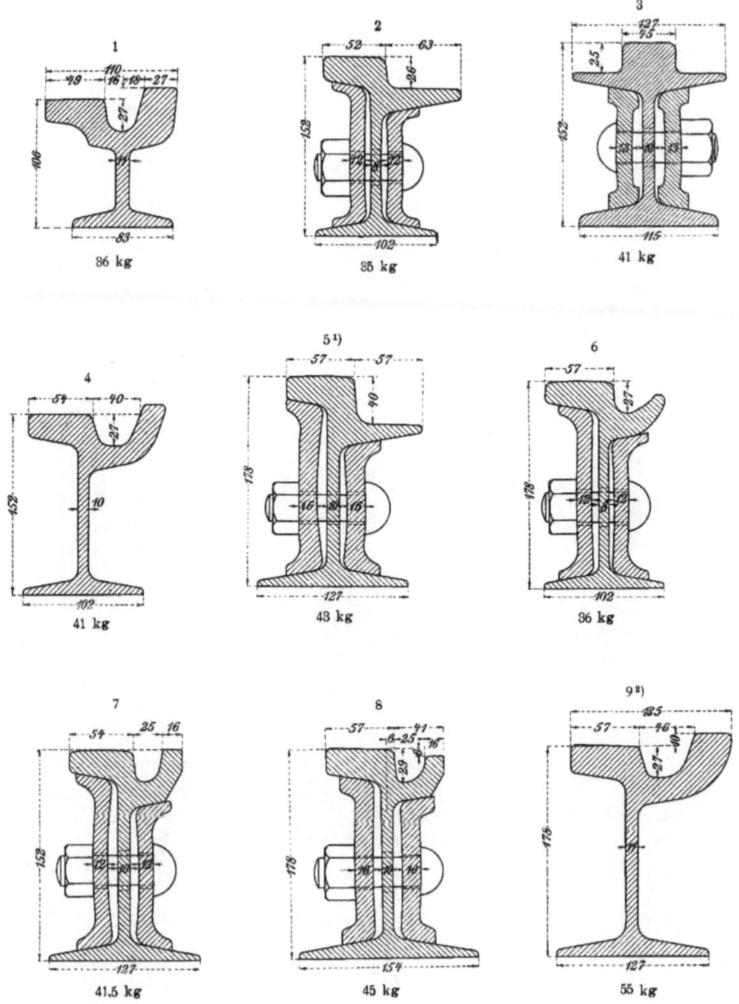

Schienenquerschnitte der Pennsylvania Steel Co. und Lorain Steel Co. (1—12 geringster, 13—18 grösster Höhe).

---

[1]) Für Eisenbahngleise in gepflasterten Strassen. — [2]) Schiene der Metropolitan-Strassenbahn in New-York.

pflasterten Strecken von grossem Vortheil, besonders bei den üblichen grösseren Geschwindigkeiten auf den ungepflasterten Strassen der Aussenbezirke.

Auf Zusammensetzung und Festigkeit des Materials der Schienen wird im allgemeinen recht geringer Werth gelegt. Während bei Beschaffung von Eisenbahn-schienen stets besondere Lieferungsbedingungen zu Grunde gelegt werden, ist dasselbe für Strassenbahnschienen nur ganz ausnahmsweise geschehen. Man konnte häufig aus der starken Abnutzung der Strassenbahnschienen ersehen, dass das Material offenbar zu weich war. Wenn neuerdings stellenweise Lieferungsbedin-

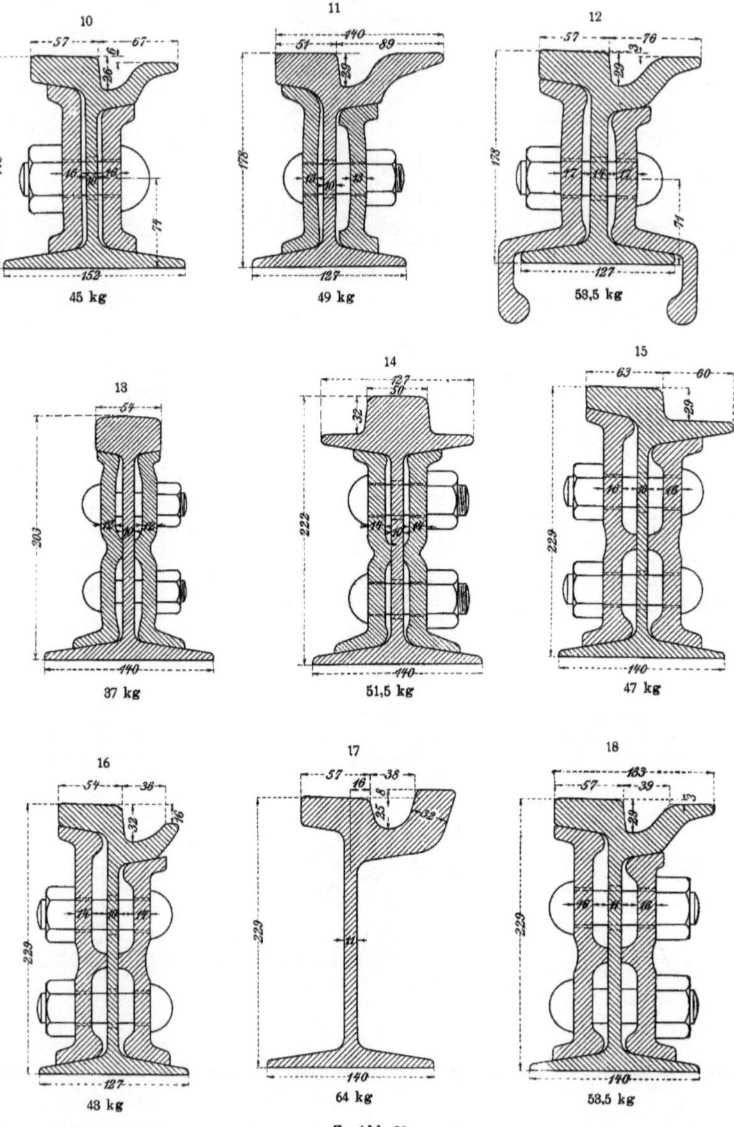

Zu Abb. 88.

Schienenquerschnitte der Pennsylvania Steel Co. und Lorain Steel Co. (1—12 geringster, 13—18 grösster Höhe).

gungen vorgeschrieben wurden, so hat man dazu die der Eisenbahnen übernommen.[1]

Festigkeitszahlen werden nicht für Schienen, wohl aber für Laschen vorgeschrieben.

---

[1] Die wesentlichsten Bestimmungen der Lieferungsbedingungen für Eisenbahnschienen sind folgende:

Zulässige Abweichungen in der Höhe (je nach dem Alter der Walzen): — 0,4 mm, + 0,8 mm, in der Länge ± 6 mm.

Die Bolzenlöcher im Steg sind zu bohren.

Chemische Zusammensetzung:

Die übliche Schienenlänge beträgt 18,3 m.

Die Schwellen erhalten eine Länge von 1,83 bis 2,44 m; der Querschnitt ist der

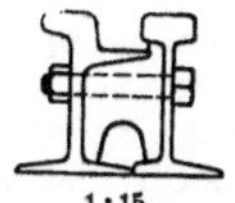

1 : 15.

Abb. 39. Nasenschiene mit Zwangsschiene (für Krümmungen).

Die Dauer der Holzschwellen wird zu 7 bis 12 Jahren angegeben, sie ist ebenso gross wie die der Schienen.

Die Schienen werden auf den Schwellen mittelst Unterlagsplatten und Hakennägel befestigt. Spurhalter aus Flacheisen, die der seitlichen Verschiebung und dem Kippen der Schienen entgegenwirken sollen, werden wenig angewendet. Diesem Zwecke dienen meistens die Winkelecken, welche auf den Schwellen befestigt werden und

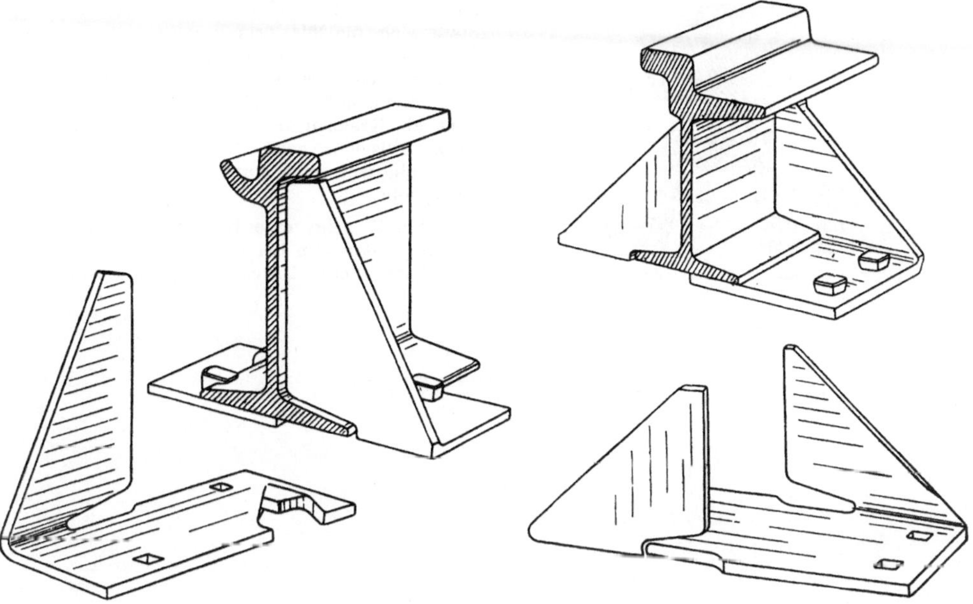

Abb. 40 und 41. Unterlagsplatten mit Winkelecken.

Regel nach 152/203 mm, flachliegend; sie werden in Abständen von 0,61 m verlegt. Das Material ist grösstentheils Eichenholz, doch werden auch Zeder, Kastanie und Kiefer (Yellow pine) angewendet. Kiefernschwellen werden zur Erhöhung der Haltbarkeit gedämpft (vulkanisirt), seltener mit Theeröl getränkt.

a) für Schienen bis zu 35 kg Gewicht:

Kohlenstoff . . . . . . 0,37—0,45 %
Schwefel unter . . . . . 0,05 %
Phosphor unter . . . . . 0,10 %
Silizium . . . . 0,07—0,15 %
Mangan . . . . 0,70—1,80 %.

b) für Schienen über 35 kg Gewicht:

Kohlenstoff . . . . . . 0,45—0,55 %
Schwefel unter . . . . . 0,05 %
Phosphor unter . . . . . 0,10 %
Silizium . . . . 0,10—0,20 %
Mangan . . . . 0,80—1,00 %

gewöhnlich aus einem Stück mit der Unterlagsplatte bestehen (Abb. 40 und 41).

Wo die Schienen unmittelbar auf der Unterbettung liegen, werden als Spurhalter Eisenquerschwellen aus Winkel- oder U-Eisen von beispielsweise 180 mm Breite in Abständen von 1,5 bis 3 m angeordnet, auf denen die Schienen mit Klemmplatten befestigt werden.

Unter den Holzschwellen wird bei den neueren Ausführungen eine durchlaufende Steinschlag- oder Kiesbettung von 15 bis 30 cm Stärke angeordnet, die beiderseits um dasselbe Mass den Schwellenköpfen vorgelagert ist. In Abb. 43 ist die Gleislage in den breiten Strassen in New-Orleans dargestellt, wo die Gleise auf einem besonderen eingepflasterten Mittelstreifen

liegen. Die Gleise sind verfüllt; der unbe-
festigte Streifen wurde zur Vermeidung
von Staubentwickelung mit Rasen bedeckt.

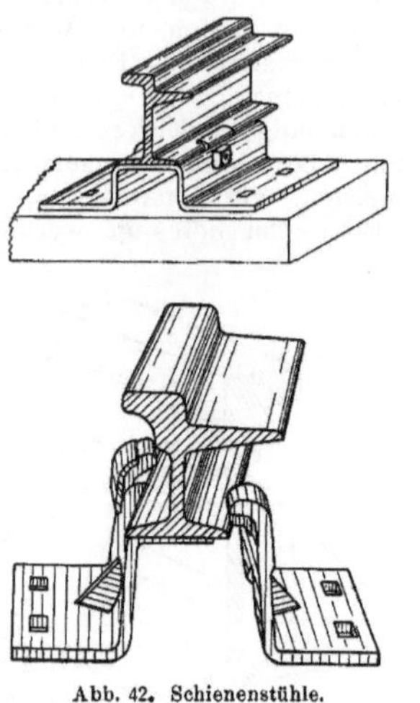

Abb. 42. Schienenstühle.

Bei Einpflasterung (Abb. 44 und 45)
soll zwischen Oberkante Schwelle und
Unterkante Pflaster noch ein Zwischenraum von mindestens 5 cm Stärke bleiben,
der mit Kies oder Sand ausgefüllt wird.

Stellenweise findet man, dass nur der
Streifen zwischen den Schienen und Gleisen,
nicht aber der übrige Fahrdamm gepflastert
ist, z. B. in Kansas City, wobei die äusseren
Schienen über die ungepflasterte Strassen-
fläche vorstehen (Abb. 46). Die Herstellung
des Pflasters zwischen den Gleisen ist
Sache der Strassenbahn, während die
Stadt sich die Pflasterung ausserhalb der
Gleise für später vorbehalten hat. Wenn
auch an den Querstrassen kurze Rampen
zur Schienenhöhe hinaufführen, so erscheint
doch ein Kreuzen der Gleise durch Fuhrwerk zwischen zwei Querstrassen nicht
ausgeschlossen und dürfte etwas unbe-
quem sein.

Abb. 47 zeigt eine Betonunterbettung
für Asphaltstrassen bei Holzquerschwellen-
bau (Milwaukee). Die Schwellen sind voll-

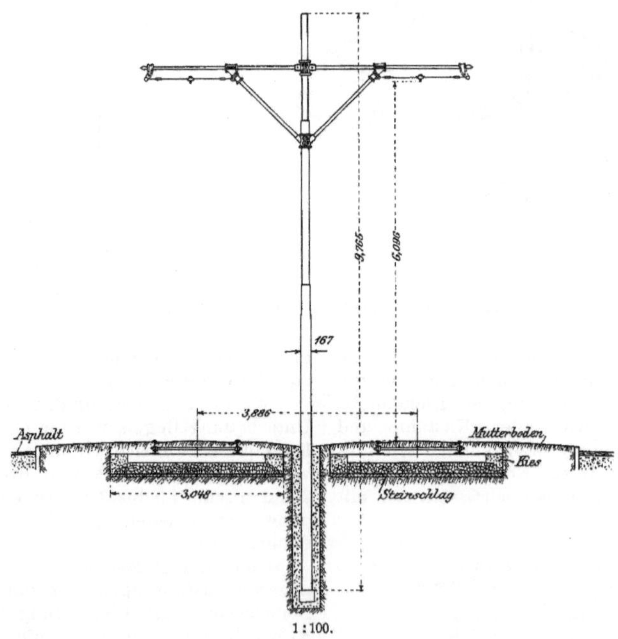

Abb. 43. Strassenbahn-Oberbau in New-Orleans.

Wegen des sumpfigen Untergrundes ruht
die Bettung auf einer Lage von 32 cm
starken, getränkten Brettern.

ständig mit Beton umgeben. Seitlich der
Schienen liegen Granitsteine, abwechselnd
breit und schmal, so dass eine Verzahnung

entsteht, in welche der Asphalt eingreift. Als Schienen sind hier, abweichend von der sonstigen Gepflogenheit, gewöhnliche Breitfussschienen angewandt, indem die Spurrille aus den entsprechend geformten Granitsteinen gebildet wird.

Asphaltpflaster mit Spurhaltern aus U-Eisen stellt Abb. 49 (Buffalo) dar. Der nach Verlegung der Schienen zwischen dem Betonlängsstreifen und dem Schienenfuss verbleibende Raum ist hier wie auch bei uns üblich mit Cementmörtel ausgegossen.

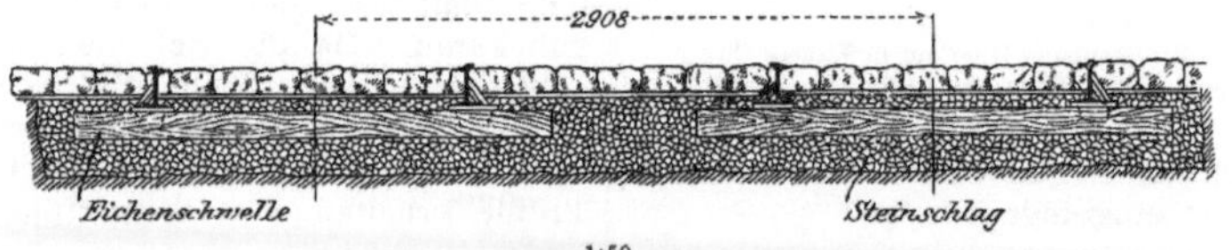

1:50.
Abb. 41. Strassenbahn-Oberbau in Chicago.

1:50.
Abb. 45. Strassenbahn-Oberbau mit Spurstangen.

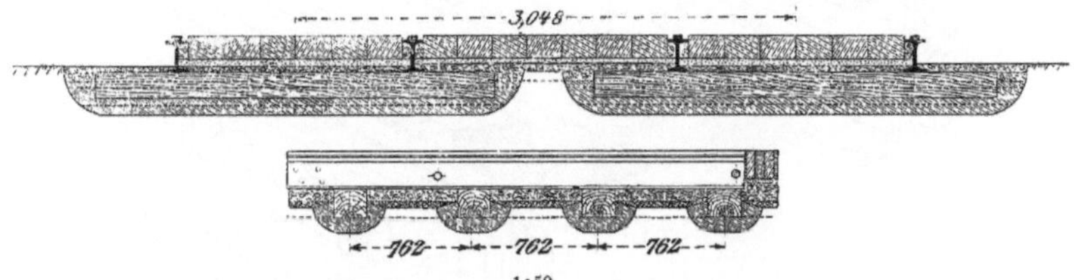

1:50.
Abb. 46. Strassenbahn-Oberbau in Kansas City.

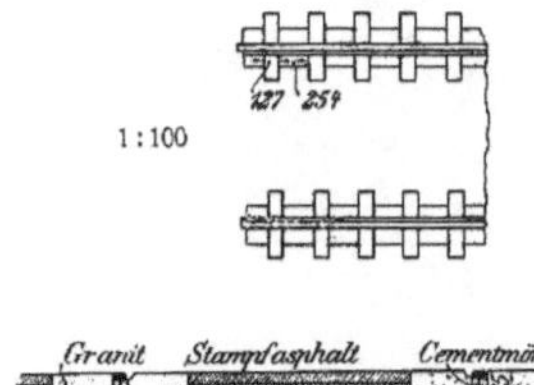

1:100

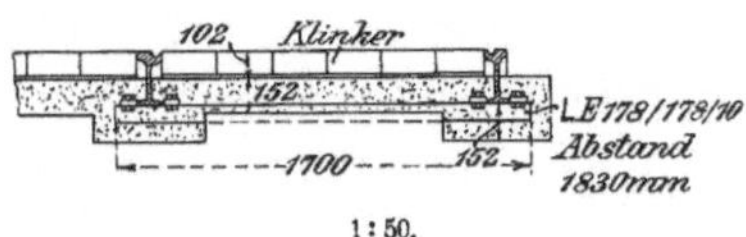

1:50.
Abb. 48. Strassenbahn-Oberbau in Detroit.

1:50.
Abb. 47. Strassenbahn-Oberbau in Milwaukee.

1:50.
Abb. 49. Strassenbahn-Oberbau in Buffalo.

Eine Betonunterbettung mit Spurhaltern aus Winkeleisen zeigt Abb. 48 (Detroit). Hier ist der Beton unter den Schienen tiefer herabgeführt. Die Stärke des Betonbettes beträgt 15 cm unter dem Schienenfuss bezw. unter dem Klinkerpflaster. Einen ähnlichen Querschnitt für

Bei der Anordnung in Abb. 50 (Kansas City) handelte es sich darum, in eine vorhandene Asphaltbahn Schienen einzulegen, ohne zuviel von der Fahrbahn aufzubrechen. Es sind zwei Längsschlitze von 46 cm mittlerer Breite ausgehoben, in diese im Abstande von 3 m Holzklötze gebracht und auf ihnen die Schienen befestigt. Dann wurde der Raum um die Schienen mit Beton

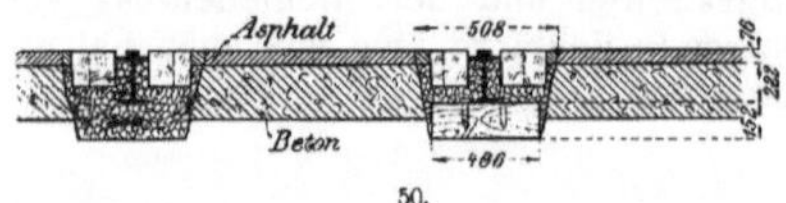

Abb. 50. Strassenbahn-Oberbau in Kansas City (in die gepflasterte Strasse nachträglich eingelegt).

ausgestampft, in den oben die üblichen Saumsteine eingelegt wurden.

Stossverbindungen.

Im Gegensatz zu dem amerikanischen Eisenbahnoberbau werden die Stösse bei Strassenbahnen stets einander gegenüber angeordnet.

Als gewöhnliche Stossverbindung ist die mit Seitenlaschen (Abb. 38) zu betrachten; Blattstoss und Halbstoss sind völlig unbekannt. Da die Schienen sehr hoch sind, so erhält auch die gewöhnliche Laschenverbindung ein grosses Widerstandsmoment. Die Laschen der höheren Profile erhalten eine Mittelrippe, welche

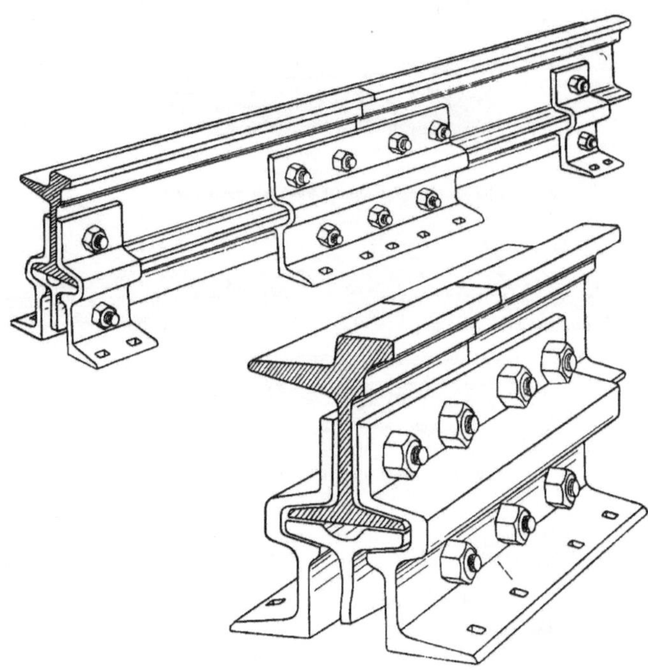

Abb. 51. Fusslaschen (Lorain Steel Co.).

Eine befriedigende Lösung für die Einlegung der Schienen in die Asphaltfahrbahn findet sich auch in Amerika nirgends. Man machte überall die bekannte Erfahrung, dass sich die Schienen unabhängig von Beton und Asphalt selbständig bewegen, wobei sich die einfassenden Reihensteine losrütteln. Wenn die Schiene noch dazu auf einer Holzschwelle ruht, so wird durch die Zusammendrückung des Holzes die senkrechte Beweglichkeit der Schiene noch gesteigert und die Zerstörung der Fahrbahndecke beschleunigt.

zur Aussteifung der Lasche im wagerechten Sinne dient. Die Laschenlänge beträgt 800 bis 900 mm. Die Stösse sind schwebend angeordnet.

Wenn die niedrigeren Schienenprofile mittelst Stüble auf den Schwellen befestigt sind, so wird der Raum zwischen Schiene und Schwelle in zweckmässiger Weise zur Erhöhung der Tragfähigkeit des Stosses ausgenutzt, indem unter den Schienenfuss ein gleich breites T-Eisen gelegt und mit von den Laschen umschlossen wird. (Abb. 51.)

Neben diesen gewöhnlichen Bauweisen sind eine Unmasse von besonderen Anordnungen entstanden. Die verbreitetste ist der Weber-Stoss (Abb. 52). Eine Anwendung gewöhnlicher Fusslaschen zeigt der Stoss der Continuous Rail Joint Co. (Abb. 53); der Churchill-Stoss (Abb. 54) vereinigt Winkellasche und Fusslasche. Die Fusslasche erscheint im Verhältniss zur Schienenhöhe etwas kurz.

Spielraum; dieser Spielraum wird mit Zink ausgegossen, wozu in der unteren schrägen Fläche der Lasche nächst dem Schienensteg Eingusslöcher gebohrt sind. Eine elektrolytische Zerstörung zwischen Eisen und Zink hat sich nicht gezeigt.

Um verschiedene Profile zu verbinden, sind Uebergangsschienen mit ausgeschmiedeten Enden (Abb. 56) in Anwendung.

Das zeitweise in Aufnahme gekommene

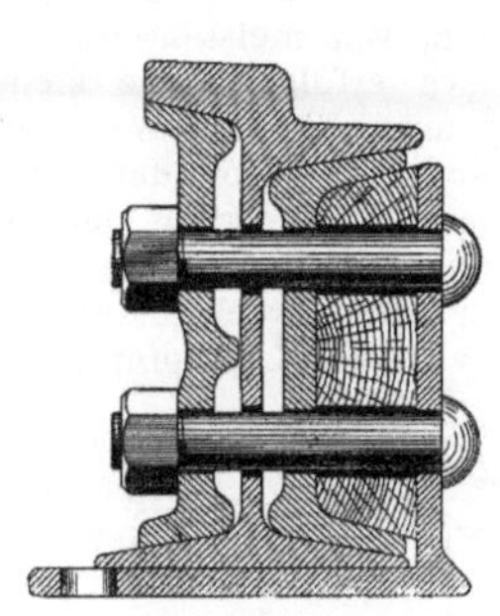

1:5.

Abb. 52. Weber-Stoss.

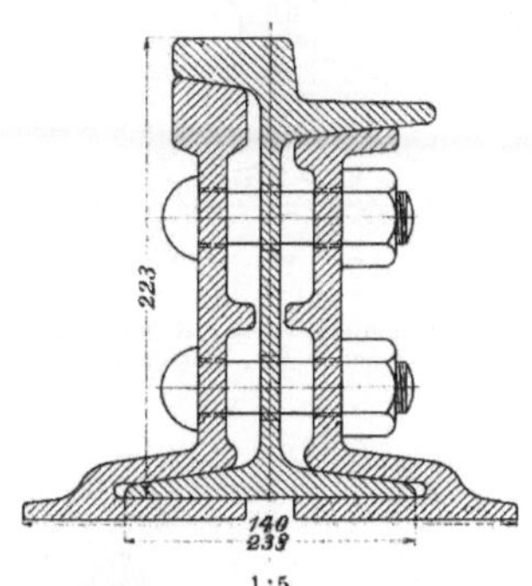

1:5.

Abb. 53. Stoss der Continuous Rail Joint Co.

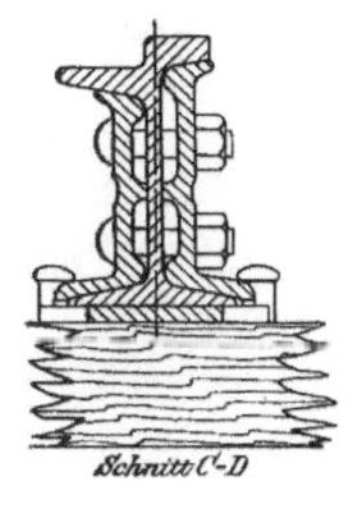

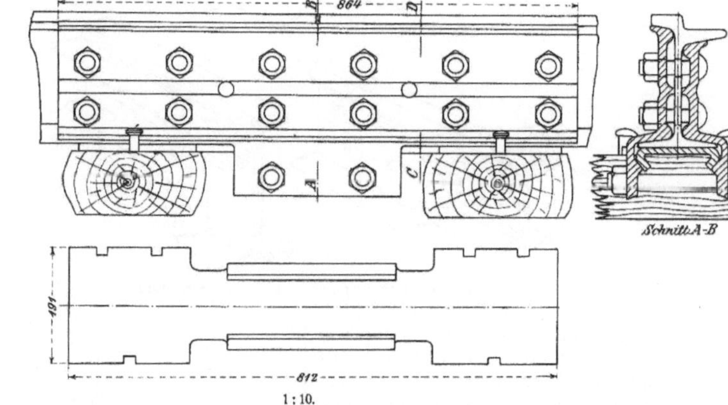

1:10.

Abb. 54. Churchill-Stoss der Diamond State Steel Co.

Ein ganz neuer Gedanke liegt einer eigenartigen Stossanordnung zu Grunde, die von der Union Traction Co. in Philadelphia angewendet wird (Abb. 55); er geht davon aus, dass die Abnutzung zwischen Eisen und einem weicheren Metall, wie Zink, weit geringer als zwischen Eisen und Eisen ist. Die Laschen sind fest gegen den Steg genietet, haben aber gegen Schienenkopf und -Fuss überall 5 mm

elektrische Verschweissen der Schienenenden wird neuerdings nur noch vereinzelt angewendet, da es ziemlich kostspielig und umständlich ist und häufig Brüche der geschweissten Stösse vorkamen. Die Brüche der Schweissstellen werden darauf zurückgeführt, dass durch das Erhitzen der Kohlenstoff in dem Schienenstahl sich ausscheidet und dadurch die Stelle weicher wird. Bei kaltem Wetter zerreisst dann

die Schweissstelle am ehesten; doch will
die Lorain Steel Co. in neueren Ausführungen durch Verbesserungen die Bruch-
gefahr völlig vermieden haben. [1])

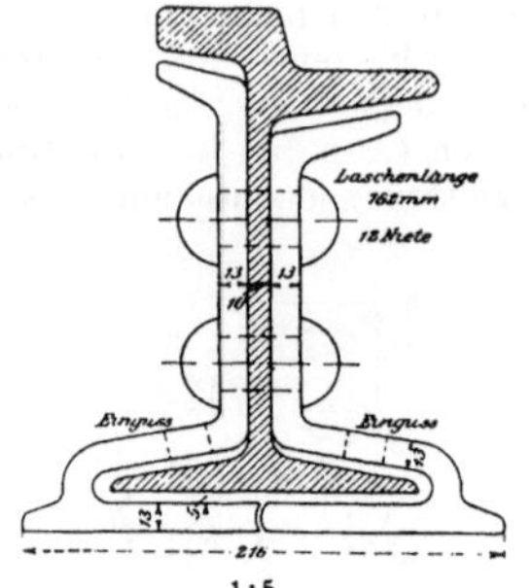

Abb. 55. Genieteter Stoss mit Zinkfüllung
(Union Traction Co., Philadelphia)

mern oder Bolzen befestigt werden. Dann
werden Schiene und Hülse angewärmt und
der Zwischenraum mit Gusseisen ausgegossen. Nach dem Erstarren werden die
Klammern gelöst; die Form bleibt an dem
Gussstück haften und dient zur weiteren
Versteifung.

Zum guten Gelingen des Umgiessens
ist eine rein metallische Berührung zwischen
Schiene und Gussstück erforderlich. Man
muss daher vor Anlegung der Form die
Enden der Schienen von Rost und Walz-
haut reinigen, was meistens mittelst Sandstrahlgebläses erfolgt. Eine kleine fahr-
bare Luftpumpe, die mit einem Motor ge-
koppelt, den Strom von der Oberleitung
erhält, dient zur Erzeugung der Druckluft.

Die Union Traction Co. in Philadelphia
benutzt für die Zwecke des Schienen-
schweissens einen Kupolofen-Motorwagen

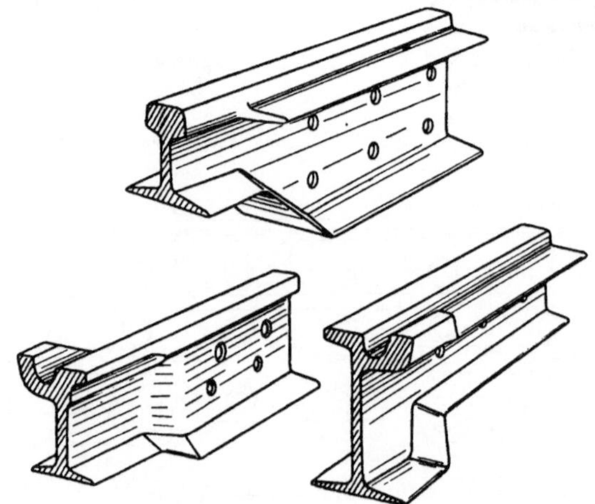

Abb. 56. Uebergangschienen (Lorain Steel Co.).

Im ausgedehnten Masse und mit gutem
Erfolge wird dagegen das auch bei uns
häufig angewandte Vergiessen der Schienenenden angewendet und zwar hauptsächlich
nach dem Verfahren von Falk. Der Erfolg ist wesentlich abhängig von der Masse
des Gusskörpers. Man rechnet auf denselben das doppelte Gewicht eines Meters
Schienenlänge.

Etwas abweichend von dem Falk'schen
Verfahren ist das der Milwaukee Rail Joint
& Welding Co. (Abb. 57). Die Gussform
wird aus zwei Flusseisenhülsen gebildet,
die beiderseits angelegt und mit Klam-

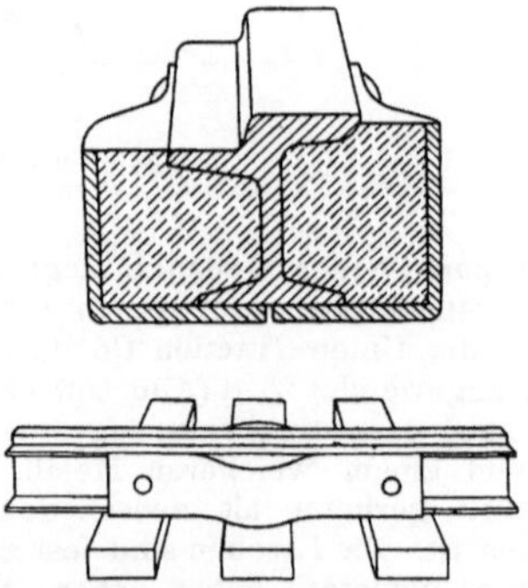

Abb. 57. Umgossener Stoss der Milwaukee Rail Joint &
Welding Co.

---

[1]) Street Railway Journal, 1899, S. 362 und 584.

(Abb. 58). Um den Fahrdraht gegen die heissen Gase zu schützen, ist ein Asbestschirm angebracht.

Um die beim Verschweissen namentlich älterer Schienenstösse leicht eintretende Ungleichheit in der Höhenlage der Schienenköpfe und die sonstigen Unebenheiten der Stossstelle zu beseitigen, dienen tragbare Schmirgelräder, die mittelst Elektromotors und biegsamer Welle angetrieben und von einem Mann gegen die abzugleichende Stelle gepresst werden.

Zum Aufbrechen der Stösse in abgefahrenen Gleisen, die ausgewechselt werden sollen, benutzt die Gesellschaft eine elektrisch angetriebene Ramme, die auf einem Plattformwagen aufgebaut ist. Das

Abb. 58. Kupolofen-Motorwagen.

Zersägen der Schienen verursacht wesentlich höhere Kosten.

Während von vielen Seiten der umgossene Stoss als die vollendetste Form des Stosses gefeiert wird, mag es immerhin interessiren, an dieser Stelle das absprechende Urtheil eines bekannten amerikanischen Elektrikers, Harold P. Brown, wiederzugeben (nach El. World vom 8. Januar 1898):

„Der Umstand, dass ein gussgeschweisstes Gleis sich bei warmem Wetter nicht wirft (?), zeigt, dass eine Schweissung nicht eintritt, und in dem Vorhandensein eines geringen Spielraums liegt das Geheimniss des konstruktiven Erfolges. Dieser Zwischenraum wird offenbar durch die Ausdehnung der Schiene verursacht, während sie mit dem geschmolzenen Metall umgeben ist. Naturgemäss

erstarrt dieses Metall, ehe die Schiene ihre ursprüngliche Länge wieder angenommen hat, so dass eine Spalte zurückbleibt, welche genügt, um Feuchtigkeit eindringen zu lassen, wodurch ein Rosten der Anliegefläche hervorgerufen wird." — Brown beweist seine Behauptung durch Anführung von Messungsergebnissen des elektrischen Widerstandes derartiger Schweissstellen, dessen Werth, entsprechend der fortschreitenden Zerstörung der Anlageflächen, eine starke Zunahme beobachten lässt.

Schienenbunde.

Die ältere Form des Schienenbundes, der — bei uns allgemein eingeführte — „Columbia"- oder „Chicago"-Bund, bestehend aus einem Kupferdrahte, dessen Enden ausserhalb der Laschen mit Kupferhülsen in dem Steg befestigt sind, wird nur noch wenig angewendet. Wegen seiner verhältnissmässigen Starrheit ist er dem Bruche ausgesetzt, ferner wird er bei eingebetteten Gleisen beim Stopfen, das bei den amerikanischen Oberbauarten meist nothwendig ist, leicht beschädigt. Wo er mit feuchtem Erdboden in Berührung tritt (den man häufig zum Verfüllen benutzt hat), tritt eine rasche Zerstörung durch Oxydation ein. Liegen die Schienen dagegen vollständig frei, so wird er auf unbewachten Aussenlinien leicht gestohlen.

Man ordnet daher den Bund neuerdings überwiegend „in geschützter Lage" zwischen Lasche und Steg an und stellt ihn möglichst wenig starr her, damit er den unvermeidlichen Bewegungen der Schienen gegeneinander gut nachgeben kann. Die verbreitetste Anordnung ist der biegsame Bund, aus einer Anzahl Kupferdrähte oder Kupferstreifen (oder einem Kupferseil) bestehend, deren Länge untereinander gleich und so reichlich bemessen werden muss, dass der Bund auch bei der grössten möglichen Ausdehnung des Stosses nicht zerreisst (Abb. 59). Die Oese wird in dem Loche des Schienensteges durch Einstauchen mit einer Art Bohrknarre befestigt. Je nach dem erforderlichen Leitungsquerschnitt werden beiderseits des Steges 1 bis 2 Bunde angebracht. Je nachdem, wo die Laschenschrauben für die Oesen des Bundes Platz lassen, ergeben sich verschiedene Anordnungen (Abb. 60). Die mittleren Abmessungen der Bunde (der Protected Rail Bond Co.) betragen: Stärke (Höhe) der Drähte oder Streifen 6 mm; Gesamtbreite des Bundes 41 mm; entsprechend einem Leitungsquerschnitt von 107 qmm.

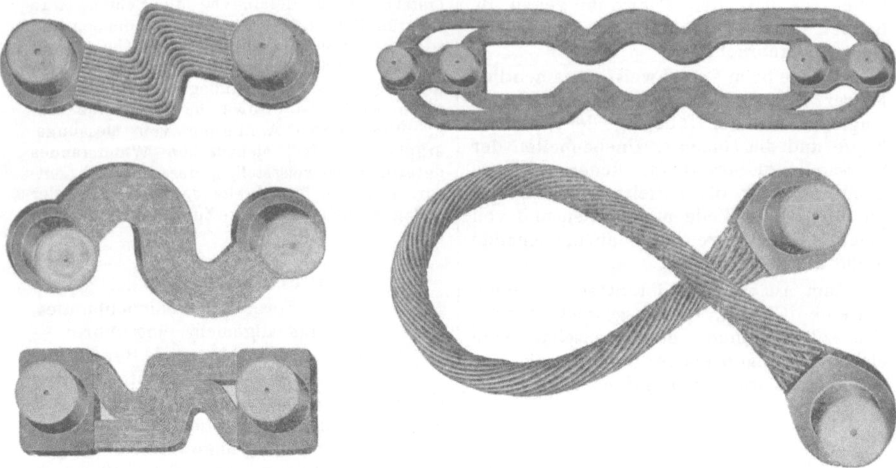

Abb. 59. Biegsame Schienenbunde.[1]

Statt zwischen Lasche und Steg werden die Bunde auch unter dem Schienenfuss oder -Kopf angebracht (Abb. 61). Die
Anordnung unter dem Schienenfuss wird
besonders für Bahnen auf eigenem Bahn-

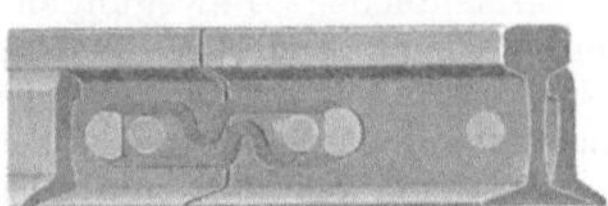

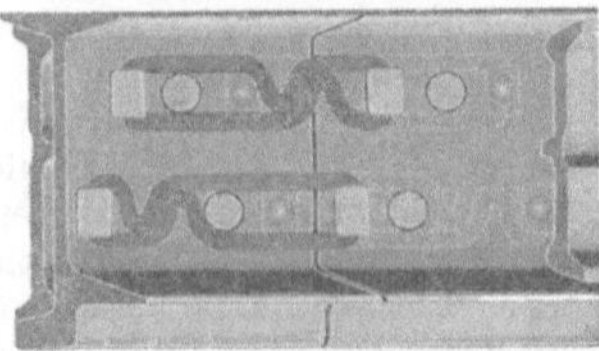

Abb. 60. Anordnung biegsamer Schienenbunde unter der
Lasche (verdeckter Bund).

körper und Querschwellenoberbau gewählt,
die Anordnung unter dem Kopf (der
Nase) soll bei eingepflasterten Schienen
den Bund leichter zugänglich erhalten.

1) Abb. 59—61 aus dem Katalog von Mayer & Englund:

Die in gewissen Abständen nothwen-
dige Verbindung zwischen den Schienen

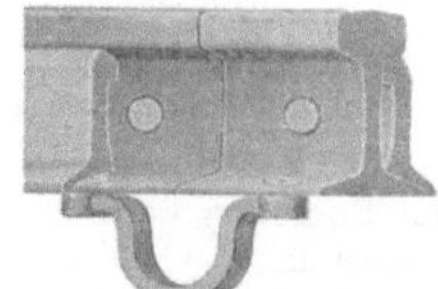

Abb. 61. Schienenbund am Fuss oder Kopf.

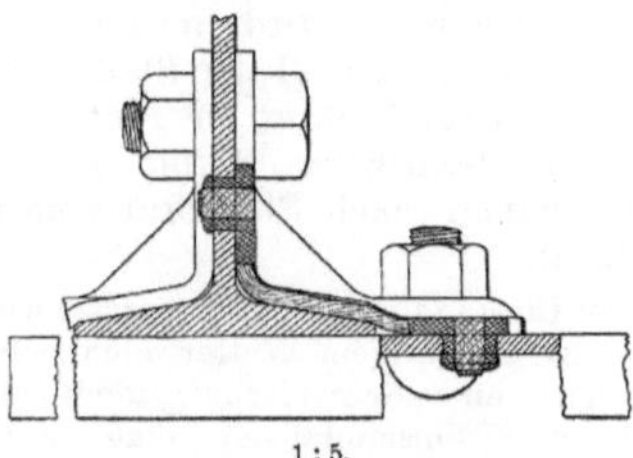

1 : 5.
Abb. 62. Leitende Querverbindung zwischen den Fahrschienen eines Gleises.

desselben Gleises wird bei Holzschwellen
durch ein Kabel aus Kupferdrähten herge-

stellt, das ebenso wie die Bunde in dem Schienensteg befestigt wird; sind eiserne Querschwellen vorhanden, so werden diese zur Herstellung der leitenden Verbindung benutzt.

Man hat im Laufe der Zeit an vielen in der üblichen Weise angebrachten Schienenverbindungen die Bemerkung gemacht, dass an der Stelle, wo Kupfer und Eisen in Berührung treten und der Strom von einem Metalle zum anderen übergeht, nach und nach eine elektrolytische Zerstörung und Rostbildung auftritt, die dem Stromübergang einen hohen Widerstand entgegensetzt, so dass der Zweck des

buckelungen werden durch spiralförmige Stahlfedern (Sprengringe) gegen die beiden zu verbindenden Stege gepresst. Die beiden durch einen Bügel oder eine mit entsprechendem Ausschnitt versehene Linoleumplatte gehaltenen Sprengringe stützen sich von hinten gegen die Lasche. Zwischen Kupferblech und Sprengringen liegt ein dünnes Stahlblech, welches das Eindrücken der Sprengringe verhindern soll.

Alle mit dem Amalgam in Berührung kommenden Eisenflächen müssen vorher mittelst Sandstrahlgebläses oder Schmirgelrades rein metallisch gemacht werden.

Die Verluste in der Rückleitung auf

Bund ohne Linoleumplatte.

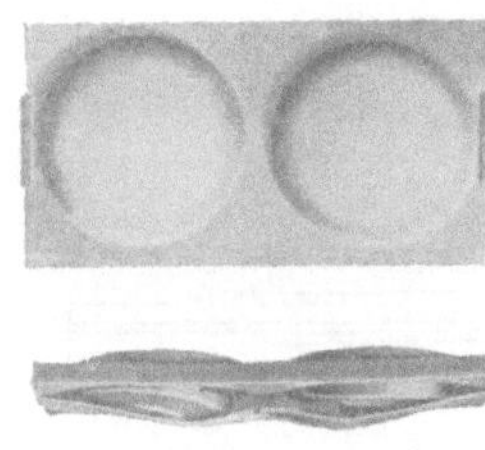

1 : 2.
Ansicht des Bundes ohne Linoleumplatte.

Querschnitt, Bund mit Linoleumplatte.

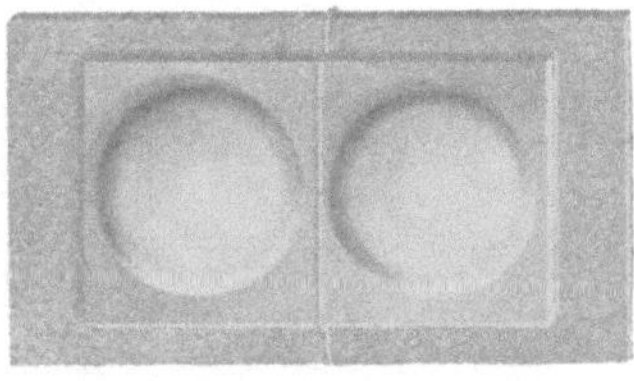

1 : 2.
Ansicht des Bundes mit Linoleumplatte.

Abb. 63. Schienenbund von Edison und Brown.

Bundes damit verloren geht. Um eine innige, widerstandslose Verbindung der beiden Metalle zu ermöglichen, haben Edison und Brown zwischen beiden eine Schicht von plastischem Amalgam angeordnet und die Seitenflächen des Schienensteges dadurch dass sie mit einer festen Quecksilber-Legirung abgerieben werden, mit einer dünnen Schieht alkalischen Amalgams überzogen. Der Bund (Abb. 63) liegt zwischen Lasche und Schiene und besteht aus einem Kupferblech von 3 mm Stärke, 40 mm Höhe und 75 mm Länge, das mit zwei runden Ausbuckelungen versehen ist. Diese Aus-

eine Gleislänge von 1,61 km betrugen bei einem Stromdurchgang von 500 Ampère durch jede Schiene bei Anwendung des

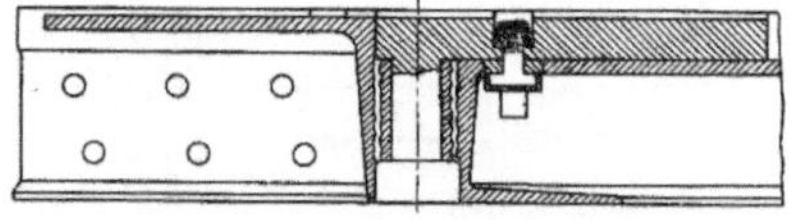

Abb. 64. Zungendrehpunkt (Lorain Steel Co.).

gewöhnlichen freiliegenden Bundes 21,7 KW, beim verdeckten Bund 8,8 KW, beim Edison-Brown-Bunde 2,6 KW.

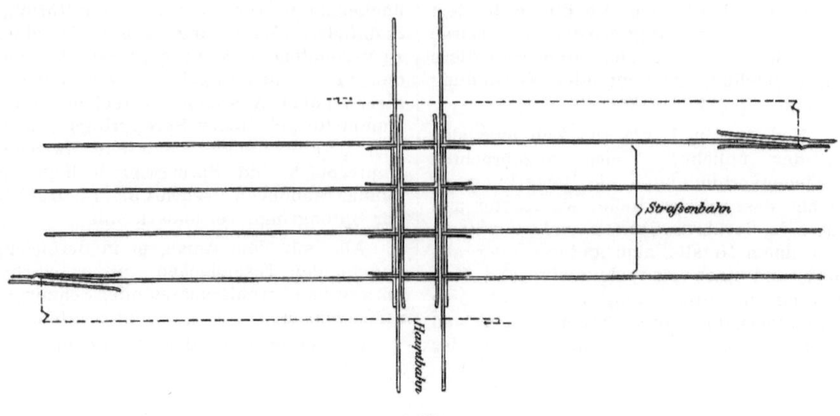

1 : 200.
Abb. 65. Hauptbahnkreuzung.

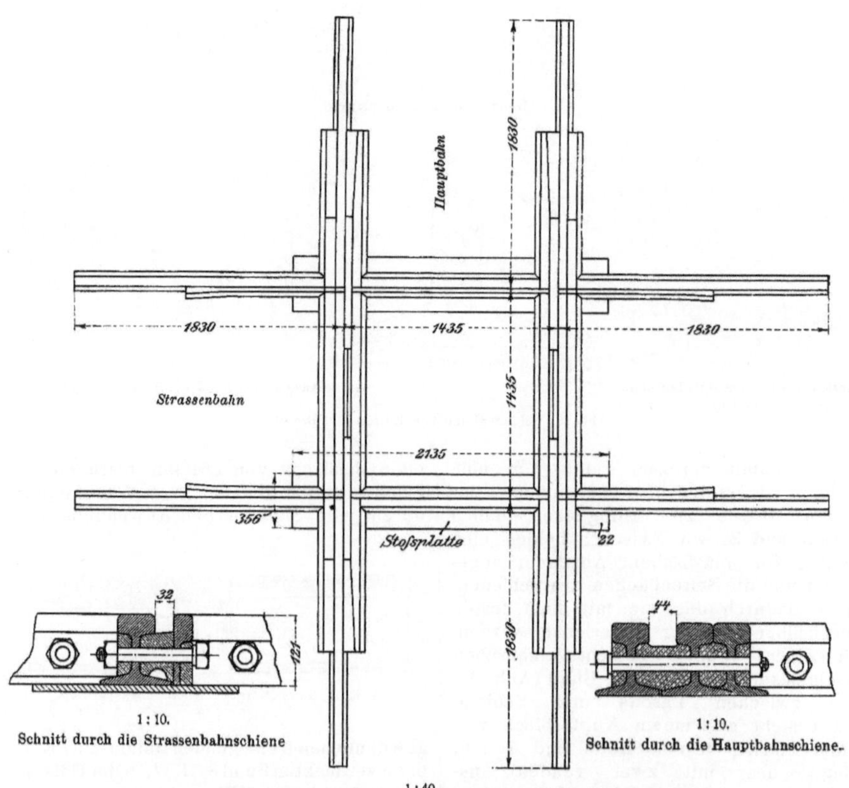

1 : 10.
Schnitt durch die Strassenbahnschiene

1 : 10.
Schnitt durch die Hauptbahnschiene.

1 : 40.
Abb. 66. Hauptbahnkreuzung. Einzelheiten. (Muster der Strassenbahn in Milwaukee.)

Weichen und Herzstücke.

Weichen und Herzstücke werden wie bei uns überwiegend aus Schienen in bekannter Weise hergestellt, mit Ausnahme der beweglichen Zungen. Die Herzstücke und festen Zungen erhalten häufig eingesetzte gehärtete Stahlspitzen. Die beweglichen Zungen werden aus Gussstahl gefertigt. Bei den Weichen werden in der Regel auf der äusseren Seite des Krümmungsgleises bewegliche, auf der Innenseite feste Zungen angewendet. Die beweglichen Zungen sind meist etwas unterschlagend geformt. Federnde Zungen kommen bisweilen vor.

Den Zungendrehpunkt, Bauart der Lorain Steel Co., zeigt Abb. 64. Der Drehzapfen ist aus einem Stück mit der Zunge und wird von oben lose eingesetzt; gegen das Abheben ist vor dem Drehpunkt ein kleiner Bolzen angebracht, auf dem die Zunge mit einer Schraubenmutter befestigt ist. Das Loch der Mutter wird durch eine Zinkkappe zugedeckt, die zugleich als Schraubensicherung dient. Diese Sicherung muss etwas Spielraum haben, damit die Drehung der Zunge um ihren Bolzen gewahrt bleibt.

Hauptbahnkreuzungen.

Da die Eisenbahnen auch im Innern der Städte fast durchweg in Geländehöhe, häufig unmittelbar in den Strassen liegen, so sind Plankreuzungen zwischen Strassenbahnen und Hauptbahnen sehr häufig. Hierbei ist überall, auch für Personenzuggleise, gestattet worden, die Spurrille in die Schienenköpfe der Hauptbahnen einzuschneiden; die Verschwächung des Schienenquerschnittes wird dadurch ersetzt, dass aussen neben die Schiene eine zweite Kopf an Kopf daneben gelegt wird (ähnlich wie bei der Stossfangschiene), und beide auf genügende Länge verlascht werden (Abb. 66). Als Strassenbahnschiene wird dieselbe Schiene wie für die Hauptbahn benutzt, um eine gemeinsame Kreuzungsplatte anwenden zu können.

Schranken zur Absperrung des Ueberwegs sind selten vorhanden; in der Regel wird auch eine Bewachung des Ueberwegs nicht für nöthig befunden.[1]). Um Zusammenstösse zwischen Strassenbahn und Vollbahn zu vermeiden, muss der Strassenbahnwagen stets vor der Kreuzung halten, worauf der Schaffner bis in die Mitte der Hauptbahngleise vorzulaufen und sich zu überzeugen hat, dass kein Eisenbahnzug herannaht. Er giebt dann dem Führer das Zeichen zur Weiterfahrt. Um diese Thätigkeit des Schaffners zu erzwingen, ist neuerdings häufig in das Strassenbahngleis eine Schutzweiche eingelegt, die durch Federdruck in Ruhe auf Ablenkung gestellt ist (Abb. 65). Meist ist nur eine Zunge, seltener ein kurzes Abzweiggleis vorhanden. Der Umstellhebel für die Weiche befindet sich jenseits der Kreuzung, der Schaffner muss also zunächst über die Hauptbahn hinübergehen und von dort aus während des Befahrens der Ablenkung den Hebel im gezogenen Zustande festhalten.

Dass die Betriebssicherheit durch diese Anlage nicht immer gewährleistet ist, zeigt folgender Unfall, der im Jahre 1898 an der Kreuzung der Cincinnati & Miami Valley Traction Co. mit der Big Four-Eisenbahn in der Nähe von Dayton sich zutrug und allerdings vereinzelt dasteht.[1]) Die Beschreibung dieses Unfalles ist insofern charakteristisch, als sie zeigt, mit welcher Lässigkeit der Eisenbahnbetrieb stellenweise in Amerika gehandhabt wird.

„Das zweite Drehgestell des elektrischen Wagens war entgleist, weil der Schaffner den Hebel der Entgleisungsweiche losgelassen hatte, ehe beide Drehgestelle dieselbe durchlaufen hatten. Nach einigen vergeblichen Versuchen, das Drehgestell wieder einzugleisen, hörte man das Herannahen eines Zuges, und Schaffner und Führer liefen mit einer Laterne dem Zuge entgegen, um ihn zum Halten zu bringen. Sie kamen aber nicht mehr weit genug, so dass der Zug nicht eher zum Halten kam, als bis er die Kreuzungsstelle vollständig durchfahren hatte. Der elektrische Wagen wog 20 t, und hätte die Lokomotive eines der Drehgestelle getroffen und nicht gerade die Mitte des Wagens, so wäre der Zusammenstoss für den Zug von üblen Folgen gewesen: so wurde nur die Laterne der Lokomotive abgebrochen und die Vorderwand der Rauchkammer etwas eingedrückt. Da die Kreuzung der Gleise nicht rechtwinklig, sondern unter einem Winkel von etwa 30⁰ stattfindet, so wurde der elektrische Wagen auf die Seite geworfen und theilweise zertrümmert. Die Reisenden hatten den Wagen bereits verlassen, so dass niemand verletzt wurde. — Der Eisenbahnzug war der New-York and Buffalo Fast Express“.

---

[1]) Bei nicht bewachten Planübergängen ist eine Ermässigung der Zuggeschwindigkeit — etwa auf 30 km — vorgeschrieben. Weiteres über die gesetzlichen Vorschriften für die Kreuzungen in den verschiedenen Staaten s. Street Railway Review, Dezember 1897, S. 839.

[1]) Street Railway Review, Februar 1899, S. 142.

Vierter Abschnitt.

Betriebssysteme.

Geschichtliches.

Auch in den Vereinigten Staaten waren die ersten Strassenbahnen Pferdebahnen; 1845 wurde die erste Linie in New-York, 1858 in Philadelphia eröffnet. Mit dem starken Wachsthum der Städte wurden aber die Entfernungen innerhalb der Stadtgrenze bald so gross, dass die Reisegeschwindigkeit der Pferdebahnen nicht mehr ausreichte; da, wo die Stärke des Verkehrs eine grössere Kapitalaufwendung rechtfertigte, wie in New-York, fand man in der Hochbahn ein Mittel, die grossen Entfernungen in der Stadt schneller zurückzulegen; für kleinere Städte war eine Verzinsung derartiger Anlagen jedoch ausgeschlossen.

Dampfstrassenbahnen wurden vereinzelt ausgeführt, konnten aber eine weitere Verbreitung nicht erlangen.

Die Nothwendigkeit, für die steilen Strassen der Stadt San Francisco, deren Neigungen für den Betrieb von Pferdebahnen zu gross war, ein Verkehrsmittel zu schaffen, gab den Anlass zur Erfindung der Kabelbahnen. Nachdem dort die erste Bahn dieser Art im Jahre 1873 eröffnet war und sich gut bewährt hatte, erkannte man, dass dieses System auch für ebene Bahnstrecken wohl geeignet sei, einen schnelleren und leistungsfähigeren Betrieb als mit Pferden zu erreichen. So wurden Kabelbahnen in rascher Folge in vielen grösseren Städten eingeführt. Genannt seien Chicago,[2] Washington, Cleveland, Cincinnati, Kansas City und St. Louis. Im Jahre 1892 waren Kabelbahnen von rund 1000 km Gleislänge im Betriebe. Welch' hohen Kapitalaufwand diese Anlagen erfordert hatten, geht daraus hervor, dass das Kilometer doppelgleisige Strecke an Baukosten stellenweise 500 000 Doll. erforderte; und in wenigen Jahren wird das System von San Francisco vielleicht abgesehen, nur noch geschichtliches Interesse bieten. Nachdem 1885 die erste elektrische Bahn, von Sprague erbaut, in Baltimore eröffnet worden war, konnten die Kabelbahnen dem Siegeslauf der Elektrotechnik nicht widerstehen und sind seit 1894 stetig zurückgegangen. Heute sind Kabelbahnen, ausser in San Francisco, nur noch in St. Louis, Chicago und Cleveland im Betriebe, und ihr Ersatz durch elektrische Bahnen in St. Louis und Cleveland ist beschlossen.

Rein technische Bedenken waren wohl nicht dafür entscheidend, die Kabelbahnen aufzugeben, denn sie waren im Laufe der Zeit so vervollkommnet worden, dass sie den elektrischen Bahnen kaum etwas nachgaben. Als ein schwerer Fehler war es im Anfang empfunden worden, dass die Geschwindigkeit im Inneren der Stadt und auf den Aussenstrecken die gleiche war. Man hatte deshalb das Seil in mehrere Abschnitte zerlegt und die Geschwindigkeit

---

[2] In Chicago fand die Kabelbahn eine besonders zweckmässige Anwendung, indem man auf den Diagonalstrassen und einigen anderen in die innere Stadt führenden Strassen Kabelbahnen anlegte, während die weiter draussen in diese Hauptlinien einmündenden kürzeren Seitenlinien Pferdebetrieb erhielten. Die von den Pferdebahnlinien kommenden Wagen wurden dann an den Greifwagen der Kabelbahn zu drei oder vier angehängt und nach der inneren Stadt geschleppt. Dadurch wurde die kostspielige Anlage der Kabelbahn auf wenige Strassen beschränkt, wo sie sich wegen der starken Ausnutzung gut bezahlt machte, und trotzdem eine schnelle Beförderung zwischen Wohnbezirk und innerer Stadt ohne Wagenwechsel erreicht. Nachdem die Zweiglinien mit der wachsenden Stadt verlängert und in elektrische umgewandelt worden waren, verloren die Kabelbahnen ihren Hauptzweck. Wie man unter den veränderten Verhältnissen den Anschluss der elektrischen Linien an die Kabelbahn eingerichtet hat, wurde im zweiten Abschnitt (Abb. 27) bereits beschrieben. Auf die Dauer wird der gegenwärtige Zustand sich nicht halten lassen; da kann nur Durchführung der elektrischen Bahnen, zum Theil unter Benutzung von Nebenstrassen, nach dem Stadtinneren helfen. Auf die Schwierigkeiten, die sich der Ausdehnung des Oberleitungsbetriebs in die innere Stadt entgegenstellen, wird weiter unten eingegangen.

der einzelnen Umkreise nach Bedarf abgestuft. Während in den meisten Städten des Westens schwerfällige Kabelbahnzüge noch in Anwendung sind, wurden für New-York Einzelwagen gebaut, die in Ausführung und Lenkbarkeit einem elektrischen Wagen nichts nachgaben. (Diese Wagen konnten nach geringen Umänderungen für den elektrischen Betrieb wieder Verwendung finden.)

Die zwei ausschlaggebenden wirthschaftlichen Nachtheile der Kabelbahn waren einmal die schnelle Abnutzung der Kabel, besonders durch das Gleiten des Wagengreifers beim Anfahren verursacht, und die Energieverluste an der Seiltrommel und in den mächtigen Zahnradvorgelegen der Kraftstation.[1]) So hat man denn nach kurzem Bestehen der Kabelbahnen die kostspieligen, meist noch tadellosen Maschinenanlagen als altes Eisen verkauft und ist zum elektrischen Betriebe übergegangen.

Man sollte meinen, da Abschreibungen auf die Bahnanlagen allgemein in Amerika nicht gemacht zu werden pflegen, müssten derartige Umänderungen, durch welche ein grosser Theil der bisherigen Kapitalanlage werthlos und die Aufnahme neuer Gelder in grossem Umfange nöthig ist, schwierig durchzuführen sein. Thatsächlich scheint aber das Fehlen derartiger Abschreibungen fast niemals ein Hinderniss für die Vermehrung des Anlagekapitals zu bilden. Durch das Unterlassen von Abschreibungen kann man die Verzinsung des Kapitals höher halten, und so lange die Aktien eine gute Dividende abwerfen, ist es um so leichter, neues Kapital für die Gesellschaft zu beschaffen, und bei den dunklen Wegen, auf welchen die Finanzgesellschaften drüben zu wandeln pflegen, kann es auch nicht schwer sein, eine glänzende Verzinsung herauszurechnen. Wenn allerdings die Lage der Gesellschaft schon vor der Umwandlung eine schlechte war, so ist es wohl vorgekommen, dass die Kosten der Neuanlagen die Finanzkräfte der Gesellschaft überstiegen; so ist z. B. die Dritte Avenue-Bahn in New-York wohl hauptsächlich infolge der Umwandlung in elektrischen Betrieb im März 1900 zu Fall gekommen.[2])

[1]) Der Wirkungsgrad der Kraftübertragung zwischen Dampfmaschine und Wagen beträgt nur 40 bis 50%.

[2]) Eine unglaublich nachlässige finanzielle Verwaltung vor und während des Umbaues hat den Untergang der Gesellschaft wesentlich beschleunigt. Die Geschichte der Umwandlung der Dritten Avenue-Bahn ist so interessant und bezeichnend für die amerikanischen Strassenbahn-

Elektrische Bahnen mit oberirdischer Stromzuführung.

Weitaus die meisten Strassenbahnen in den Vereinigten Staaten sind elektrische Bahnen mit oberirdischer Stromzuführung. Das Stromleitungssystem unterscheidet sich wenig von dem bei uns üblichen. Es ist nur die gewöhnliche Kontaktrolle, kein Bügel in Anwendung, wobei der Fahrdraht stets in Gleismitte ausgespannt ist.

verhältnisse, dass es verlohnt, an dieser Stelle eine Schilderung einzufügen, welche die New-Yorker „World" vom 2. März 1900 von den Verhältnissen der Dritten Avenue-Bahn gab. Dass die folgende Schilderung einer amerikanischen Sensations-Tageszeitung übertrieben sein muss, ist selbstverständlich; es lässt sich aber daraus ohne Mühe herauslesen, inwieweit die der Bahngesellschaft gemachten Vorwürfe berechtigt sind. Zu dem Gegenstande sei erläuternd bemerkt, dass es sich bei der Umwandlung in der Hauptsache handelte um den Umbau der Hauptlinie in der Dritten Avenue, die mittelst Kabels betrieben wurde, und der 125. Strasse, die noch Pferdebahn war, sowie den Neubau der Linie in der Kingsbridge Road (aller dieser Linien für unterirdische Stromzuführung), und die Erbauung einer neuen Drehstromkraftstation an der Ecke der 216. Strasse und 9. Avenue, die mit Hilfe mehrerer Unterstationen das Netz der Dritten Avenue-Gesellschaft und der angegliederten Union Railway mit Strom versorgen sollte. Die Umwandlung der übrigen mit Pferden betriebenen Zweiglinien in New-York war vorderhand nicht einbegriffen.

Die „World" schreibt:

„Als die Dritte Avenue-Bahn die Genehmigung für die Kingsbridge-Strecke nachsuchte, wurden unerwartete Schwierigkeiten von den Stadtverordneten (Board of Aldermen) gemacht. Entsprechend dem Berichte der Prüfungsbeamten wurde der Strassenbahngesellschaft deutlich zu verstehen gegeben, dass die Genehmigung, die sie nachsuchten, eine kostspielige wäre, und dass verschiedene Personen besucht werden müssten, wenn ein Erfolg versprochen werden sollte.

Mancherlei Geschichten mit Nennung von Namen und Zahlen sind im Umlauf. Eine, die einige Einzelheiten der Verhandlungen enthält, erzählt, dass schliesslich 500000 Doll. für die Genehmigung gefordert wurden. Als Persönlichkeit, die das Geld in Empfang nehmen sollte, wurde ein Herr Maloney, ein ehemaliger Angestellter des Board of Aldermen, bezeichnet.

Kurz vor der ersten Abstimmung über die Genehmigung verschwand Herr Maloney aus New-York. Niemand wusste, wohin er gegangen sei; es wurde aber festgestellt, dass die 500000 Doll. nicht zur Vertheilung gekommen waren.

Die Beamten, welche die Verhandlungen zu führen hatten, waren verblüfft. Aber es war nichts zu machen, da die Angelegenheit nicht öffentlich bekannt werden durfte; so wurde die halbe Million in den Rauchfang geschrieben und eine neue halbe Million für die Genehmigung gezahlt. Diese Summe wurde richtig vertheilt, sodass die Genehmigung gesichert schien.

Aber man hatte nicht mit der öffentlichen Meinung gerechnet. Die Stimmung war gegen die freie Ueberlassung der Strassen; es wurde eine Ausschreibung der Strecke vorgenommen, und die Dritte Avenue-Bahn war Meistbietende mit 500000 Doll., so dass die Gesammtsumme, die für die Genehmigung bezahlt wurde, 1½ Mill. Doll. betrug.

Als die Dritte Avenue-Bahn einsah, dass sie mit der Einrichtung des Kabelsystems, das Millionen verschlungen hatte, einen grossen Fehler gemacht hatte, entschied man sich dafür, um dies wieder gut zu machen, das elektrische Unterleitungssystem einzuführen. Angebote wurden von Hopper & Co., John D. Crimmins und Naughton & Co. eingereicht. Das von Naughton & Co. war das günstigste, die Gesellschaft entschied sich aber dafür, die Arbeit an

Das Material für die Oberleitung ist Kupferdraht. In den Städten sind Drähte mit rundem, auf den Aussenstrecken solche mit 8-förmigem Querschnitt in Anwendung. Die gebräuchlichsten Querschnitte sind (nach der Lehre von Brown & Sharpe):

a) Runder Draht.

No.	Durch-messer mm	Quer-schnitt qmm	Widerstand für 1 km Draht bei + 15 Celsius Ohm
0000	11,7	107	0,158
000	10,4	85	0,199
00	9,3	67	0,251
0	8,3	54	0,317

Crimmins zu übertragen. Beim Bau entstanden Schwierigkeiten dadurch, dass Crimmins bei den Herren in Tammany Hall (den Beherrschern der Stadtverwaltung) nicht beliebt war. Infolgedessen wurde die Verbindung der Gesellschaft mit Crimmins gelöst, und dieser erhielt eine Abstandssumme. Hierauf wurde mit Naughton & Co. ein Vertrag über die Bauausführung abgeschlossen. Der Vertrag hatte etwa folgenden Inhalt:

Wir, die Dritte Avenue-Bahn, geben Naughton & Co. das Recht, die Bahn nach ihrem Belieben umzubauen. Wir geben ihnen das Recht, ohne Beschränkung so viel Leute zu beschäftigen, wie sie wollen. Wir geben ihnen das Recht, Materialien ohne Beschränkung zu beschaffen. Wir verlangen nicht, dass die Bahn innerhalb einer bestimmten Zeit fertiggestellt wird. Wir bezahlen das Gehalt für alle Angestellten des Unternehmers. Wir bezahlen alles beschaffte Material.

Was bekam die Dritte Avenue-Bahn als Entgelt für diesen Vertrag? Eine halbfertige Bahn und 22 Mill. Doll. Schulden.

Die „World" hat den Vertrag mehreren Unternehmern und Rechtsanwälten vorgelegt. Sie waren einig darin, dass er die sonderbarste Urkunde dieser Art darstellt, die je von einer angesehenen Erwerbsgesellschaft ausgestellt wurde. Er stellt in der That eine Auslieferung der Bahn an den Unternehmer dar. Er bestimmte, dass Naughton & Co. 15 % des Betrags der Lohnlisten als Generalunkosten erhalten sollten, d. h. je grösser der Rechnungsbetrag war, desto grösser waren Naughtons Einnahmen. Als einzige Beschränkung war auferlegt, dass der Präsident oder der Vizepräsident der Bahn die Beträge anerkennen musste.

Zeitweise wurden 10 000 Mann an den Umbauten beschäftigt, die „nach dem üblichen Lohnsatze" bezahlt wurden. Es wäre aber gerade Naughton besser im Stande gewesen, einen Lohnsatz mit festen Zahlen zu berechnen, als jeder andere Unternehmer.

Der Unternehmer wurde ferner ermächtigt, das Material zu beschaffen, das für die Umwandlung der Betriebskraft gebraucht wurde. Hierfür erhielt er 10 % des Betrags und ausserdem alle erzielten Preisnachlässe (Sconto u. s. w.).

Im ganzen empfingen Naughton & Co. in den 15 Monaten der Bauausführung 6,6 Mill. Doll. Darin einbegriffen waren die 15 % für Bauleitung und die 10 % für Beschaffungen mit zusammen 1 650 000 Doll. Das war das Einkommen für die Herren B. Naughton & D. F. McMahon für 15 Monate. Ein hübsches Einkommen für Leute, die vor Abschluss des Vertrags höchstens jeder 5000 Doll. jährlich verdienten. Hierzu kommt noch die Einnahme aus den Preisnachlässen, die auf mindestens eine halbe Million Dollar geschätzt wird, so dass sich der Gesammtbetrag auf 2 150 000 Doll. erhöht.

Jetzt überreichten sie der Bahn eine weitere Rechnung für geleistete Arbeit und beschafftes Material, und

b) 8-förmiger Draht (Abb. 67).

No.	Höhe mm	Breite oberer Wulst mm	Breite unterer Wulst mm	Steg mm	Quer-schnitt qmm	Wider-stand Ohm
4 1)	22,6	7,8	11,6	5,0	240	0,074
3 1)	19,1	8,0	14,2	4,7	216	0,079
5 1)	16,7	10,1	10,1	3,5	159	0,106
0000	15,2	6,4	11,5	3,8	136	0,124
000	13,5	5,6	10,1	3,3	108	0,156
00	12,3	7,4	7,4	2,7	86	0,197
0	12,0	5,1	7,9	3,0	86	0,197

gaben die innerhalb des Vertrags verbleibende Restforderung auf 2½ Mill. Doll. an.

Ferner ist im Vertrage ausgemacht worden, dass der Unternehmer jede Erlaubniss und Zustimmung der städtischen Behörden einzuholen hat, die für die Vollendung der Arbeiten erforderlich werden.

Es entsteht die Frage, wer für den Inhalt des Vertrags verantwortlich ist. Es wurden deswegen zwei der Aufsichtsrathsmitglieder (directors) der Dritten Avenue-Bahn befragt. Auf die Frage, wer den Vertrag gutzuheissen habe, wurde geantwortet: alle solche Angelegenheiten wurden den ausführenden Beamten überlassen. Es wurde ferner die überraschende Auskunft ertheilt, dass niemand von den Aufsichtsrathsmitgliedern den Vertrag zu sehen bekommen habe.

*   *   *

Der Konkursverwalter (Receiver) Grant machte heute die Entdeckung, dass die Bücher der Gesellschaft sich in einer schrecklichen Unordnung befinden. Wenn es gelingt, sie zu entwirren, so werden sie eine seltsame Geschichte von dem erzählen, was ein Aufsichtsrathsmitglied als unerhörte Verschwendung bezeichnet.

Nachdem Receiver Grant mehrere Stunden mit der Durchsicht der Bücher zugebracht hatte, rief er aus: „Chaos ist das einzige Wort dafür".

Die Aktionäre fragen heute: „Was ist aus all den Millionen geworden, die in den letzten 15 Monaten von der Gesellschaft vereinnahmt wurden?

Es giebt Leute, die weise genug sind, darauf Antwort zu wissen. Die Antwort lautet: „Das meiste bekamen die Politiker (will sagen, dass als Unterlieferanten nur Firmen einer besonderen politischen Richtung herangezogen wurden). Einige wenige Angestellte erhielten den Rest.·

*   *   *

Eine die Bahngesellschaft vertretende Gruppe fragte bei der Bankfirma Kuhn, Loeb & Co. an, ob sie die Finanzirung der Bahn übernehmen würde. Nach Einsichtnahme in die Bücher sagte die Bankfirma: „Ja, unter einer Bedingung." „Die wäre?" fragte der Aufsichtsrath. „Dass die Bahn in unser unumschränktes Eigenthum übergeht." „Nein," sagte der Aufsichtsrath. Damit waren die Verhandlungen am Eude. Dann kam eine andere Bankengruppe, mit demselben Erfolge."

Das „Street Railway Journal" stellt fest, dass die schwebende Schuld seit 1897 stetig und stark gewachsen ist. Die Geschäftsberichte enthielten folgende Endsummen:

	Kapital	Schuld-briefe	Schwebende Schuld
1889	2 000 000	3 500 000	—
1895	8 600 000	5 000 000	
1897 30. Juni . . .	10 000 000	5 000 000	645 900
1897 31. Dezember .	10 000 000	5 000 000	4 663 562
1899 30. September	12 000 000	5 000 000	12 868 215

1) Roebling.

Von runden Drähten werden in der Regel die Nummern 0000 oder 00 angewendet. Der 8-förmige Querschnitt hat den Vorzug, dass die Flanschen des Stromabnehmerrades nicht die Befestigungshülsen streifen (Abb. 68).

Die Isolator-Aufhängung des Fahrdrahtes bildet die Regel. Auf Aussenstrecken hat man (unter Anwendung von Holzmasten) zur Vereinfachung auch wohl leitende Aufhängung gewählt. Aber auch wenn Isolator-Aufhängung überall durchgeführt ist, hat man auf solchen Strecken häufig etwa jeden zehnten Aufhängepunkt leitend gewählt, um mit Hilfe des Querdrahtes auf einer doppelgleisigen Strecke, auf der nur ein Wagen zur Zeit sich befindet, die Leitung des anderen Gleises zur Stromzuführung mit heranzuziehen.

Die Maste stehen in der Regel an den Bordkanten, nur wenn die Gleise in den breiten Strassen auf besonderem Bahnkörper liegen, sind Auslegermaste zwischen den Gleisen aufgestellt. Die Maste sind grösstentheils aus Holz; nur in wenigen

Abb. 67. 8-förmiger Leitungsdraht.

besseren Ausführungen sind eiserne Maste in Anwendung, die alsdann in Beton versetzt werden. Irgendwelche Schmuckformen an den Masten kommen nirgends vor. Hausrosetten sind an keiner Stelle in Anwendung; „in einem freien Lande wäre die damit verknüpfte Beschränkung des Grundeigenthums undenkbar".

Auf die äussere Erscheinung der Leitungen, die möglichste Verminderung der Zahl der Abspanndrähte u. s. w. wird in der Regel wenig Werth gelegt. Im Verein mit den meist recht krummen Holzmasten macht also die Oberleitung selbst auf das

Die schwebende Schuld nach Vollendung der Umbauten wird auf 30 bis 40 Millionen geschätzt, so dass die Anlagekosten der Meile zweigleisiger Bahn sich alsdann auf etwa 2 Millionen (= 5,3 Mill. M für das Kilometer) belaufen würden.

Ein Jahr vor dem Zusammenbruch standen die Aktien noch auf 230.

Die weitere Entwicklung der Angelegenheit erfolgte, wie schon erwähnt, dahin, dass die Dritte Avenue-Bahn von der Metropolitan-Gesellschaft angekauft wurde. Man kann wohl annehmen, dass die Forderungen der Unternehmer erheblich heruntergesetzt worden sind; die Kraftstation an der 216. Strasse, von der die Gründungsarbeiten grösstentheils fertiggestellt waren, ist zunächst nur zur Hälfte ausgebaut worden.

an ihren Anblick von Europa her gewohnte Auge einen sehr hässlichen Eindruck. Es würde aber wirklich keinen Sinn haben, auf den Strassen, die mit einem Gewirr von anderen Stark- und Schwachstromleitungen überdeckt, mit hässlichen Häusern bestanden und ungepflastert sind — und ein derartiges Aeussere besitzen meistentheils die Strassen aller weniger vornehmen Viertel — auf die äussere Erscheinung der Oberleitung etwas zu geben.

Die Oberleitungsdrähte reissen im allgemeinen häufig. Man wird aber diese Erscheinung in der Hauptsache nicht einer lässigen Ausführung oder der Abnutzung der Drähte, sondern wohl vor allem den grossen und plötzlichen Wärmeunterschieden in Amerika zuzuschreiben haben.

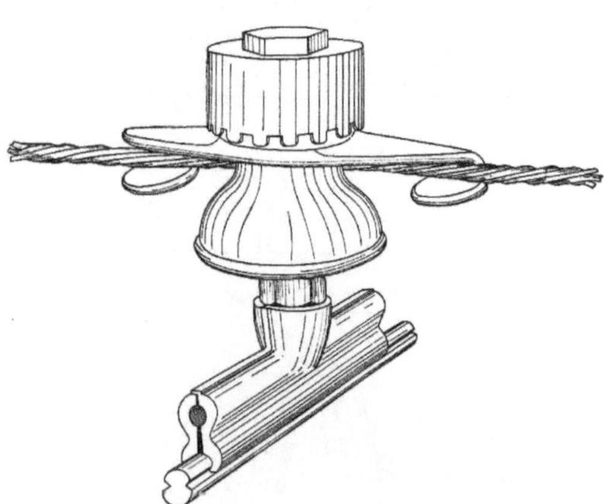

Abb. 68. Isolator-Aufhängung für 8-förmigen Draht.

Um die Schäden eines Leitungsbruchs schnell beseitigen zu können, wird auf allen Strassenbahnhöfen, also über die ganze Stadt vertheilt, je ein leichter einspänniger Wagen (Abb. 69) bereit gehalten, der mit einem hochklappbaren und drehbaren Leitergerüst versehen ist und die nöthigen Ersatzmaterialien, Werkzeuge und Geräthe mit sich führt. Das Pferd steht in einem besonderen Raume dauernd angeschirrt bereit, und die nöthige Bedienungsmannschaft muss stets zur Stelle sein (also ähnlich wie bei uns bei der Feuerwehr). Auch bei anderen Betriebsstörungen (Entgleisungen u. s. w.) wird der Hilfswagen sofort herbeigerufen.

Einrichtungen an der Oberleitung zum Zwecke des Fernsprechschutzes sind in Amerika unbekannt. Das Fernsprechwesen wird von privaten Gesellschaften betrieben, die meistens beim Legen ihrer Leitungen die elektrischen Strassenbahnen bereits vorfanden. Die Fernsprechleitungen wurden daher bei allen besseren Ausführungen so gelegt, dass sie mit den Strassenbahnleitungen in keine Berührung kommen konnten. Ueberwiegend sind an den Kreuzungsstellen Kabel angewandt worden, wie überhaupt in den meisten Grossstädten wenigstens in der inneren Stadt das gesammte Fernsprechnetz unterirdisch verlegt ist.

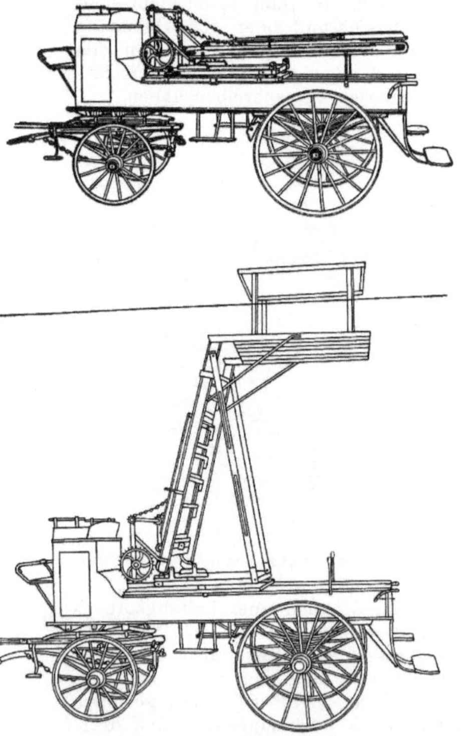

Abb. 69. Hilfswagen mit Drehleiter

Zur Vermeidung von Erdströmen sind in zwei Städten Doppelfahrdrähte verlegt worden; in Washington und Cincinnati. In Washington, wo es sich nur um einige Aussenlinien handelt, wurde Doppelleitung mit Rücksicht auf die physikalischen und meteorologischen Institute (u. a. United States Wether Bureau) vorgeschrieben. In Cincinnati hat die Strassenbahngesellschaft das System gewählt mit Rücksicht auf die hohen Ersatzansprüche, welche an andere Strassenbahngesellschaften wegen der elek-

trolytischen Zerstörungen von Rohrleitungen gestellt wurde. Die Wagen haben zwei getrennte Abnehmerstangen der üblichen Form erhalten.

Beispiele für die Anordnung der Doppelleitung an Knotenpunkten des Bahnnetzes in Cincinnati sind in Abb. 70 und 71 gegeben. Der Abstand der beiden Fahrdrähte beträgt 350 mm. Kreuzungen sind mittelst isolirter Stücke durchgeführt. Weichen sind nach Möglichkeit vermieden. Wo zwei Linien auf eine kurze Strecke dasselbe Gleis benutzen, sind je nach der Polarität der Leitungen 3 bis 4 Fahrdrähte neben einander angebracht. Wo es ohne Weiche nicht anging, sind isolirte Herzstücke angewendet.

Unterirdische Stromzuführung.

Drei Städte sind es, welche die Anbringung der Oberleitung im Stadtinneren nicht zugelassen haben, New-York, Washington und Chicago.

In New-York erstreckt sich das Verbot der Oberleitung auf die Insel Manhattan. In Brooklyn, Bronx, Queens und Richmond ist die Oberleitung zugelassen. Den Ausschlag gab hier die Betriebsgefährlichkeit der Oberleitung, verursacht durch das Reissen der Drähte. Wenn nur ästhetische Bedenken vorgelegen hätten, so wäre kein Grund vorhanden gewesen, auch für die vollständig unter Hochbahnviadukten sich hinziehenden Linien die Oberleitung auszuschliessen.

In Washington, das eine Wohnstadt ist und mit seinen vielen Schmuckplätzen, den breiten Alleestrassen u. s. w. mehr den Eindruck eines mit Häusern durchsetzten Parkes macht, wollte man das Stadtbild nicht durch die Oberleitungsdrähte verunzieren, um so mehr, als wegen der Rücksicht auf die Institute, wie erwähnt, Doppelleitung hätte gewählt werden müssen.

In Chicago wurde der Theil der City innerhalb der Hochbahnschleife (vergl. Abb. 37 S. 22), der Oberleitung verschlossen, mit Ausnahme einer Strasse, der Clark-Strasse. Hier scheinen weniger Gründe des Aussehens oder der Sicherheit, als politische Gründe ausschlaggebend gewesen zu sein. Vermuthlich wollten einige der leitenden Persönlichkeiten der Stadtverwaltung das Oberleitungsverbot benutzen, um einen Druck auf die Strassenbahngesellschaften auszuüben, vielleicht auch die weitere Vereinigung der beiden Gesellschaften zu verhindern. Die Strassenbahn hat sich hier geholfen, indem sie in einigen Strassen der inneren Stadt, um die elektrischen Linien in die City hineinzubringen, das von der Lutherkirchenstrecke in Berlin noch in so schöner Erinnerung gebliebene „gemischte System" anwendet, d. h. die elektrischen Strassenbahnwagen mit Pferden über die leitungslose Strecke mit dem unter der Fahrschiene gelegenen Schlitzkanal schon längere Zeit im Betriebe und allgemein bekannt. Man übernahm den Grundgedanken des Siemens-Systems, die zweipolige Anlage, wich aber insofern von dem europäischen Vorbilde ab, als man den Mittelkanal der Kabelbahn auch für den elektrischen Betrieb übernahm,

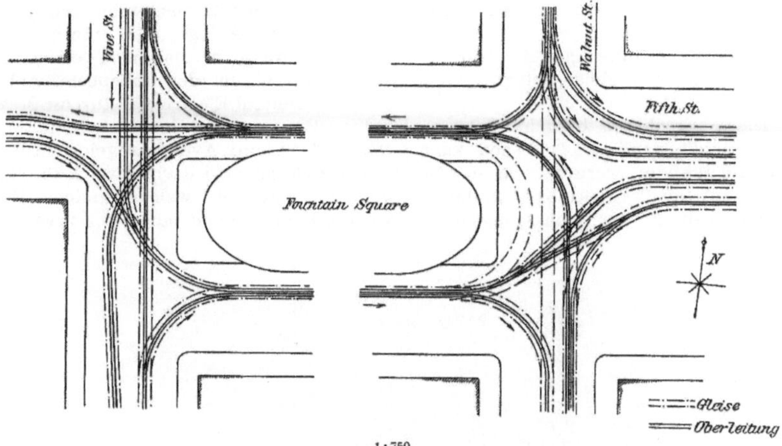

Abb. 70. Zweipolige Oberleitung in Cincinnati. Anordnung im Mittelpunkt der Stadt.

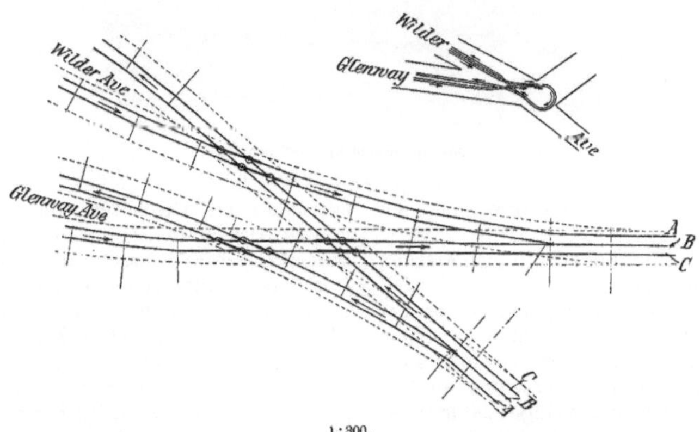

Abb. 71. Zweipolige Oberleitung in Cincinnati. Anordnung einer Endschleife für 2 Linien.

befördern lässt, Abb. 72. Eine solche Lösung der Schwierigkeit ist also auch in dem „praktischen Amerika" möglich.

Die unterirdische Stromzuführung ist in Washington und New-York zur Anwendung gekommen. Als die ersten Anlagen dieser Art erbaut wurden, war die Budapester Ausführung von Siemens & Halske einmal aus dem Grunde, um, falls sich der elektrische Betrieb nicht bewähren sollte, leicht den Kabelbetrieb dafür einführen zu können, und ferner, um nach späterer Umwandlung der Kabelbahnen ein einheitliches System zu bekommen.

Der Mittelkanal hat den Nachtheil, dass die das Pflaster unterbrechenden Rillen-

streifen um einen vermehrt werden, besitzt
aber dabei so zahlreiche technische Vorzüge, dass es erwünscht wäre, überall da,
wo die Anlage bei uns überhaupt noch in
Frage kommt, ihn statt der Seitenlage in
Anwendung zu bringen. Diese Vorzüge
sind:

1. Bei den doch unvermeidlichen späteren Um- und Erneuerungsbauten an den
Kanälen können die Fahrschienen liegen
bleiben und der Betrieb mit Leichtigkeit
über die Baustelle hinweggeführt werden,
während bei uns Nothgleise gelegt werden
müssen.

2. Die Fahrschiene braucht nicht zugleich als Schlitzwandung zu dienen, kann
also so ausgebildet werden, wie es die
Rücksicht auf ihr Tragvermögen gestattet.
Die Auswechslung der Fahrschienen ist

in der Pflasteroberfläche, da er nur den
Durchgang des an dieser Stelle 15 mm
breiten Stromabnehmers zu gestatten
braucht, mit 20 mm also reichlich weit bemessen ist, während der Seitenkanal mit
Rücksicht auf die Breite der Radflansche
etwa 32 mm weit sein muss. Da in Amerika
häufig leichte Fuhrwerke mit Felgen bis
herab zu 25 mm Breite vorkommen, war
ein weiterer Schlitz ausgeschlossen.[1]

Die erste Anlage der unterirdischen
Stromzuführung wurde nach einem ein-
gehenden Studium der Budapester Anlage
von der General Electric Co. für die Metropolitan Strassenbahn-Gesellschaft im Jahre
1894 in der Lenox-Avenue angelegt, Abb. 73.
Der Mittelschlitz wird von zwei Z-förmigen
Schienen gebildet, welche gleiche Höhe
wie die Fahrschienen haben und zusammen

Abb. 72. Das „gemischte System" in Chicago.

nicht unbequemer als beim gewöhnlichen
Gleise.

3. Die Weichenkonstruktionen werden
wesentlich einfacher.

4. Die Kanalwandungen und die zur
Unterstützung der Schlitzschienen dienenden Böcke haben nicht die schweren Rad-
lasten der Strassenbahnfahrzeuge, sondern
nur die leichteren und weniger zahlreichen
Lasten der Strassenbahnfuhrwerke aufzunehmen.

5. Gleisdreiecke lassen sich befahren,
ohne dass der Stromabnehmer an der
einen Seite herausgenommen und an der
anderen eingesetzt zu werden braucht. Es
ist nur ein oder eine Reihe Stromabnehmer
an jedem Triebwagen erforderlich.

6. Weiter hat der Mittelkanal den besonders für Amerika ausschlaggebenden
Vorzug der geringeren Weite der Spalte

mit ihnen auf Gusseisenböcken mit eiför-
migem Ausschnitt ruhen, die in Abständen
von rd. 1,5 m angebracht sind. Ausserdem
sind die Schlitzschienen durch Gestänge
gegen die Fahrschienen abgesteift, um zu
verhüten, dass bei Wärmeausdehnung des
Pflasters der Schlitz verengt wird. Die
Wandungen des Kanals zwischen den
Böcken werden aus Beton hergestellt. Die
Böcke ruhen gleichfalls auf Betonunter-
lage. In Abständen von rd. 9 m sind
zwischen zwei Böcken Kammern mit gemauerten Wänden hergestellt, die durch
Einsteigöffnungen zugänglich sind. In
diesen Kammern befinden sich je zwei

---

[1] Eine eigenthümliche Verbindung von Mittelkanal
und Seitenkanal ist in Paris ausgeführt, indem der Kanal
auf der freien Strecke, den Anforderungen der Aufsichtsbehörde entsprechend, auf der Seite liegt, vor Weichen
und Kreuzungen dagegen allmählich in die Mittellage
übergeht.

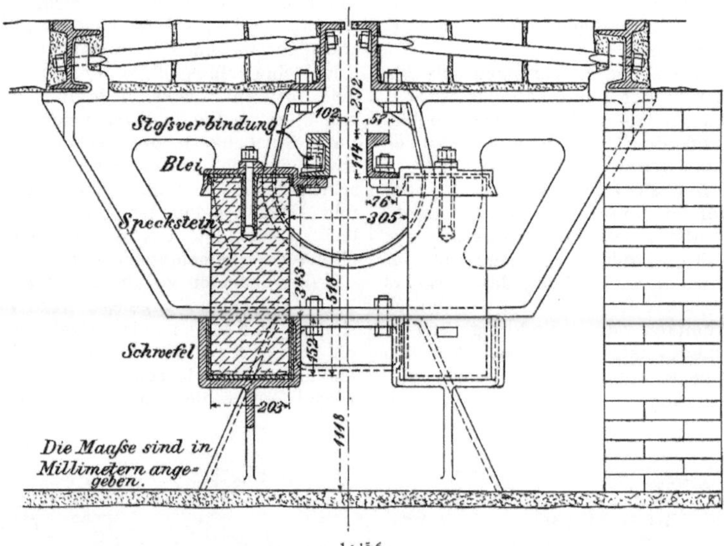

1 : 15,6.
Abb. 73. Unterirdische Stromzuführung in der Lenox-Avenue in New-York.

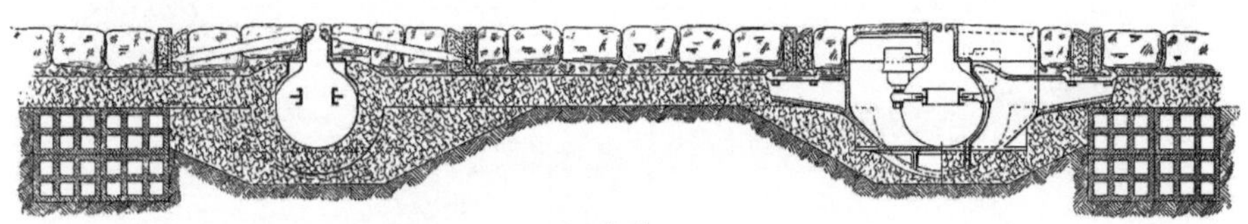

1 : 40.
Abb. 74. Unterirdische Stromzuführung in New-York. (Metropolitan-Strassenbahn.)

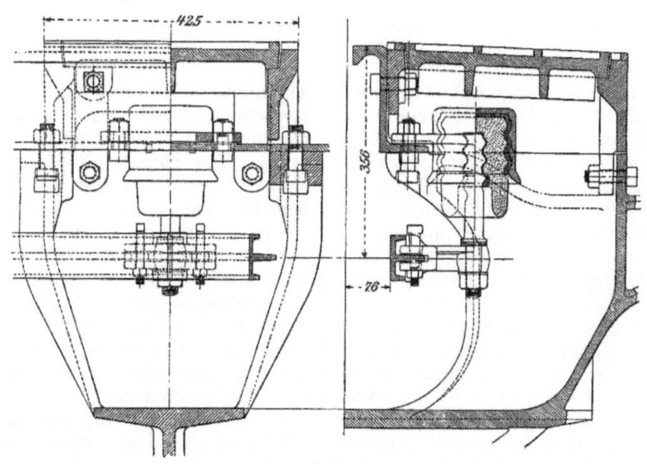

1 : 10.
Abb. 75. Isolator.

Pfeiler aus Speckstein, welche die aus je einem U-Eisen bestehenden Stromleitungsschienen tragen.

Auf Grund der Erfahrungen mit der Anordnung in der Lenox-Avenue wurden in den Jahren 1897 und 1898 mehrere bisher mit Pferden betriebene Linien der Metropolitan-Gesellschaft umgewandelt.

Der Betrieb während des Umbaus wurde auf einigen Linien mit Rücksicht auf die nahe gelegenen Parallellinien für 10 bis 14 Tage vollständig eingestellt, auf anderen, wo eine Ablenkung des Verkehrs nicht möglich war oder der Hochbahn zu gute gekommen wäre, mit Nothgleisen an der Bordkante aufrecht erhalten. Von den alten Gleisen konnte nichts wieder verwendet werden.

Die Isolatoren, welche die Stromleitungsschienen tragen, Abb. 75, sind aus Porzellan und nicht zwischen zwei Böcken auf der Kanalsohle aufgestellt, sondern in der Mitte jedes dritten Bockes, d. h. in Abständen von 4,5 m, an den Schlitzschienen befestigt. Der Porzellankern des Isolators ist von unten in die gusseiserne Hülse eingeschraubt und die Fuge mit Zement ausgefüllt. Ueber jedem Isolator ist ein Handloch angebracht, das durch einen Gusseisendeckel verschlossen wird.

In Abständen von im Mittel 45 m sind Einsteigeschächte angelegt, Abb. 76; hier sind beide Kanäle zu einer Grube vereinigt, die in der Mitte einen an die Sielleitung angeschlossenen Sumpf enthält. Diese Grube dient auch dazu, erforder-

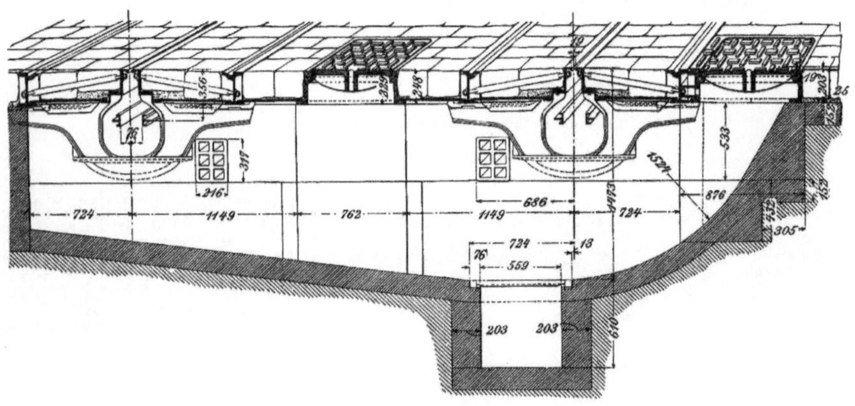

1 : 42,5.

Abb. 76. Einsteigeschächte mit Entwässerungsgrube.

Der Kanalquerschnitt, Abb. 74, ähnelt im allgemeinen der Lenox-Avenue-Ausführung, ist aber etwas niedriger, so dass von Schienenoberkante bis zur Unterkante des Unterbettungsbetons nur 780 mm erforderlich waren. Die Bauausführung erfolgte so, dass zuerst das gesammte Eisengerippe, Böcke und Schienen, aufgestellt und erst dann der Beton eingebracht wurde. Für die Speiseleitungskabel wurden zellenförmige Thonkästen seitlich der Gleise angeordnet. Die Schlitzschiene hat eine nach unten gerichtete Nase, die verhindern soll, dass das Tagewasser an den Kanalwänden herunterläuft. Die Stromleitungsschiene hat einen T-förmigen Querschnitt erhalten, der grosse Seitensteifigkeit besitzt; ihr Gewicht beträgt 10 kg für das laufende Meter.

lichenfalls die Verbindung zwischen den Speisekabeln und den Stromleitungsschienen herzustellen (in Abständen von etwa 25 m). Die Sümpfe dienen zugleich zur Ansammlung des in den Kanälen sich bildenden Schmutzes.

In den Jahren 1899 und 1900 wurde von der Dritten Avenue-Bahn der Neubau von Unterleitungsstrecken in der 125. Strasse, Amsterdam-Avenue und Kingsbridge-Road nach dem Vorbild der Metropolitan-Bahn hergestellt. Um einen Uebergang der Wagen zwischen beiden Strassenbahnsystemen nicht auszuschliessen, wurden Tiefe und lichter Abstand der Stromleitungsschienen (356 und 152 mm) genau wie bei der Metropolitanbahn gewählt.

Die Böcke bestehen aus zwei Theilen,

einem unteren **I**-Eisen und zwei oberen Gussstücken, die mit dem **I**-Eisen verschraubt sind (Abb. 77 und 78). Die Schienen ruhen nicht unmittelbar auf den Böcken, sondern durch Vermittlung einer Holzlängsschwelle von 152/140 mm, die ein weicheres Fahren der Wagen gewährleisten soll, als es sonst auf den betonunterstützten Gusseisenböcken der Fall ist.

Bei der Bauausführung ist mit der Legung der Betonsohle von 10 cm Stärke begonnen worden, auf welche die Böcke gestellt wurden, dann wurden die Kanalwände über Blechformen hergestellt. Die Isolatorengehäuse sind nicht an den Schlitzschienen befestigt, sondern an daneben befindlichen Kästen (oder viereckigen Rahmen), die auf den Böcken aufruhen und die Handlochdeckel tragen. Gewölbe mit Speisestellen sind alle 80 m und da-

von derselben Höhe. 2. Einbau der Handlöcher für die Isolatoren und Einbringung dieser selbst. 3. Einbringung der Stromleitungsschienen, Wegschaffen des Kabels und seiner Unterstützungs- und Führungsrollen.

Meist wurde die Forderung gestellt, den Kabelbetrieb während des ersten und zweiten Theiles des Umbaus ungestört fortzusetzen und den dritten mit gänzlicher Betriebseinstellung verbundenen Theil des Umbaus möglichst zu verkürzen. Eine möglichste Abkürzung der gesammten Umwandlungsdauer war erstrebenswerth; und so war eine grosse Anzahl Arbeiter erforderlich, für eine der ausgedehnten Längslinien New-Yorks mehrere Tausend.

Beim Umbau der Hauptlinie der Dritten Avenue-Bahn wurde der Querschnitt des Kanals ähnlich wie bei den Neubauten derselben Gesellschaft hergestellt. Da eine

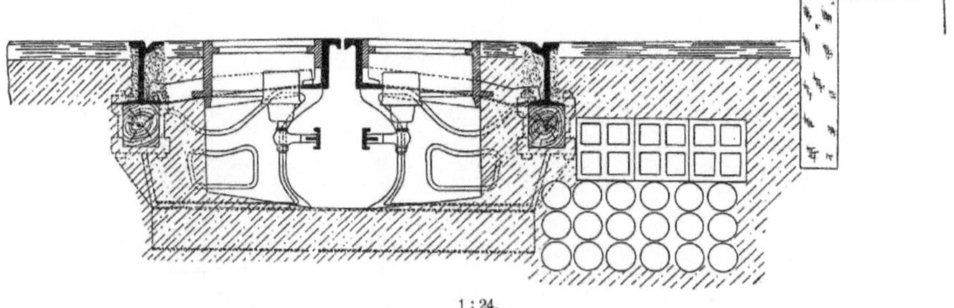

1 : 24.

Abb. 77. Unterirdische Stromzuführung der Dritten Avenue-Bahn.

zwischen je zwei Reinigungsgewölbe angeordnet. Mannlochdeckel zwischen den Gleisen liegen über jedem Gewölbe. Die seitlichen Stromleitungskabel sind theils solche für die Betriebsspannung (eckige Löcher), theils für die Vertheilungsspannung (runde Löcher).

In verschiedenen Strassen werden kurze Gleisstücke von beiden Gesellschaften gemeinsam benutzt; hier sind zur Vermeidung von Weichen zwei Kanäle zwischen den Fahrschienen eingebaut, Abb. 79.

Umbauten aus Kabelbahnen.

Nachdem die neugebauten Linien sich bewährt hatten, ging man in New-York und Washington daran, die vorhandenen Kabelbahnen in elektrische umzubauen. Der Umbau erforderte folgende Massnahmen: 1. Auswechselung der stark abgenutzten Fahrschienen gegen ein stärkeres Profil

nachträgliche Anbringung von Holzlangschwellen zwischen Schiene und Böcken hier unmöglich war, so wurden bei der Auswechslung der Fahrschienen Federn dazwischengelegt, um ein weicheres Fahren zu erzielen. Nach der Auswechslung der Schienen wurden die Oeffnungen für die Handlöcher hergestellt und nach Durchbrechung der Wandungen des Kanals die Kästen eingesetzt, welche die Isolatoren tragen. Nun wurden die Stromleitungsschienen eingebracht und an ihnen die Isolatoren befestigt, diese aber nicht in ihre Stützen eingesetzt, sondern die Leitungsschienen seitlich im Kanal so aufgehängt, dass sie von dem schwingenden Kabel und dem Greifer des Wagens nicht getroffen werden konnten. Zuletzt wurde an einem Sonntage auf 24 Stunden der Betrieb unterbrochen und während dieser Zeit zuerst das Kabel auf seine Trommeln

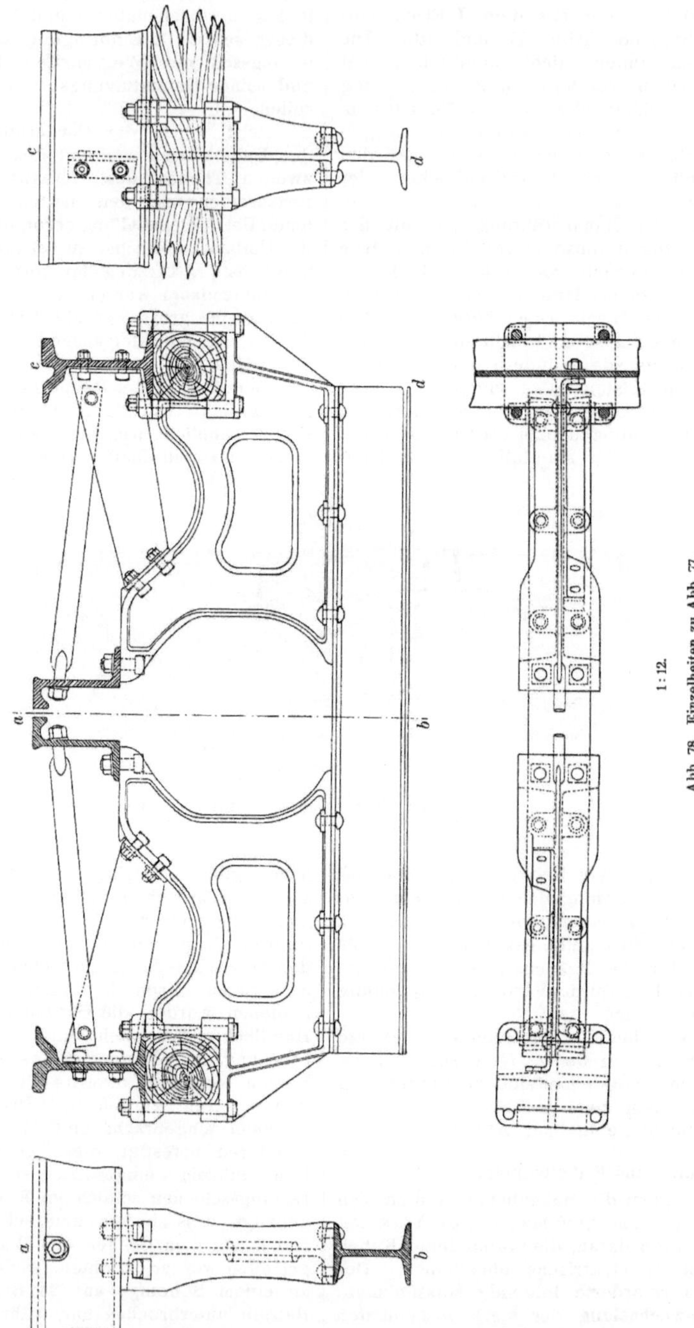

1:12

Abb. 78. Einzelheiten zu Abb. 77.

aufgewunden, dann die Tragrollen u. s. w. entfernt, die Isolatoren richtig eingesetzt und zuletzt die Speiseleitungen mit den Stromleitungsschienen verbunden, worauf die Bahn betriebsfähig war. Am Montag früh wurde der elektrische Betrieb aufgenommen und, von einigen unwesentlichen Störungen abgesehen, auch regelmässig durchgeführt.

Besonders schwierig war die Umwandlung der Broadway-Kabelbahn für elektrischen Betrieb wegen der engen Wagenfolge auf dieser Linie und des starken sonstigen Strassenverkehrs. Man wählte zum Umbau die Monate Juli und August, in denen der Strassenbahnverkehr am schwächsten ist. Ausser den Fahrschienen mussten hier auch die Zugstangen, welche die Schlitzschienen halten, ausgewechselt werden. Diese Arbeiten konnten, abgesehen von der Nacht, wo die Wagen-

Pferdebahnwagen betrieben. Ausser der Herstellung der Handlöcher und der Anbringung der in Abb. 81 dargestellten Isolatoren wurde an den Oberkanten der Schlitzschienen die bisher fehlende Traufnase durch ein angenietetes kleines Winkeleisen ersetzt.

In Krümmungen werden die Böcke näher zusammengerückt und der Abstand der Isolatoren bis auf 1,5 m verringert.

Für die Herstellung von Weichen und Gleiskreuzungen ist es von Vortheil, wenn die Höhe der Fahrschiene und Schlitzschiene die gleiche ist, damit man dieselben auf einer gemeinsamen Blechplatte befestigen kann. Abb. 82 bis 85 zeigen die Anordnung einer Weichenverbindung zwischen zwei parallelen Gleisen. Die Böcke werden hier aus Winkeleisen zusammengenietet und sind für 2 oder 3

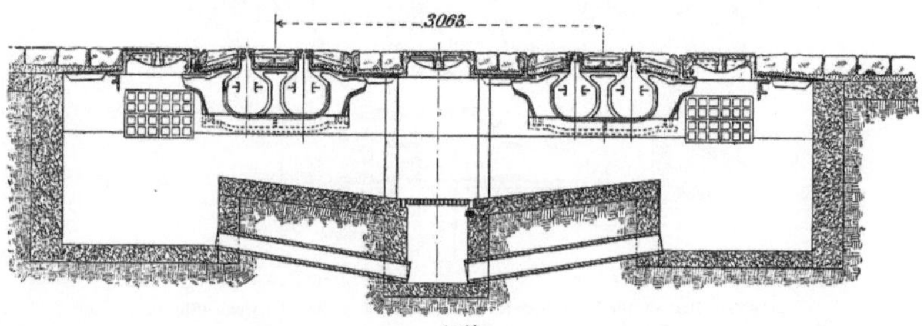

1 : 66.

Abb. 79. Unterirdische Stromzuführung mit Doppelkanal.

abstände grösser sind, nur so ausgeführt werden, dass man 3 bis 4 Wagen sich ansammeln liess und dann dicht hintereinander über die Baustelle hinüberleitete.

In Abb. 80 ist der Querschnitt durch eine Grube dargestellt. Die Kabel, die Tragrollen und der Greifer sind eingetragen. Die Mannlöcher liegen nur auf einer Seite der Mittelschiene, in Abständen von 8,2 bis 9,2 m. Gegenüber wurde ein neues Handloch hergestellt, und zwischen zwei Mannlöchern je ein Paar Handlöcher. Die Isolatoren liegen senkrecht unter den Handlöchern und sind an den Schlitzschienen befestigt; da unter dem Mannloch der Raum freibleiben musste, so ist hier ein anders geformter Isolator an der Decke der Grube angebracht.

 In Washington wurde die Umwandlung vorgenommen, nachdem die Kabelkraftstation durch Feuer zerstört war; während des Umbaues wurde die Strecke mit

Gleise gemeinsam. Unter den Abzweigungs- und Kreuzungsstellen sind durchgehende Gruben mit Mannlöchern angeordnet, um bequem zu den beweglichen Theilen der Weichen und den Isolatoren kommen zu können. Die Stromführungsschienen sind an diesen Stellen unterbrochen. Entsprechend der Weichenzunge liegen unter den Schlitzschienen zwei Führungsplatten, die parallel mit der Weichenzunge sich bewegen und den Stromabnehmer an der Abzweigungsstelle führen. Die Stellung der Weiche geschieht mittelst besonderen Hebels von einem Standpunkte zwischen den Gleisen oder vom Bürgersteig aus. Die Stellvorrichtung der spitzbefahrenen Weiche (Abb. 84) ist mit einem Spitzenverschluss versehen. Die andere Weiche, welche nur in einer Richtung spitz befahren wird, zeigt Abb. 85. Dieselbe ist durch Federdruck auf den spitzbefahrenen Strang gestellt und kann in der anderen

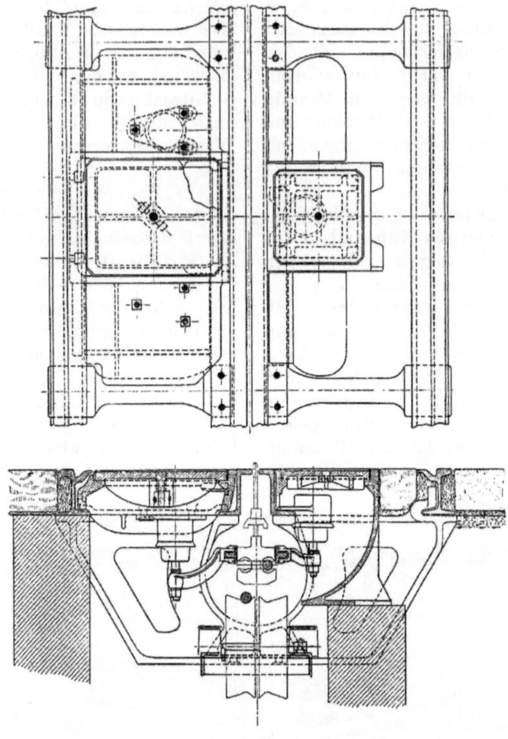

1 : 24.

Abb. 80. Umbau der Broadway-Kabelbahn für unterirdische Stromzuführung.

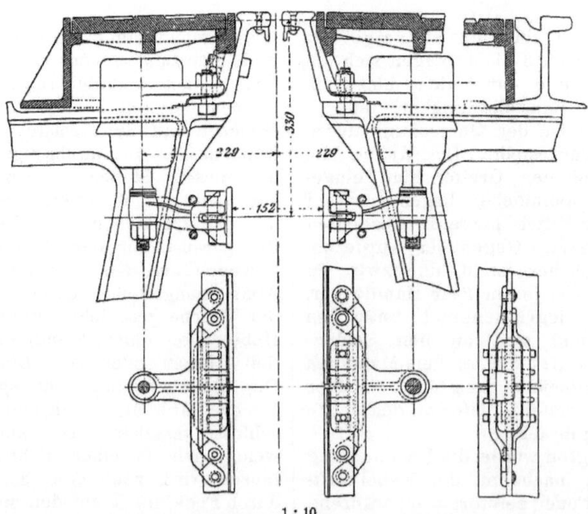

1 : 10.

Abb. 81. Umbau einer Kabelbahn in Washington für unterirdische Stromzuführung.

Fahrrichtung aufgeschnitten werden. Ausserdem kann sie aber auch durch einen Stellhebel umgelegt werden, wenn ein abweichendes Befahren vorkommen soll.

Abb. 86 giebt eine Ansicht einer Kurvenabzweigung während des Baues wieder.

durch Federn mit einem Druck von 3 kg gegen die Stromleitungsschienen gepresst. Die beiden Stromleitungen, $+$ und $-$, bestehen innerhalb des Stromabnehmers aus Kupferstreifen, welche isolirt in die Stahlplatten eingebettet sind. Kurze Kabelstücke führen zu den Schleifplatten. In

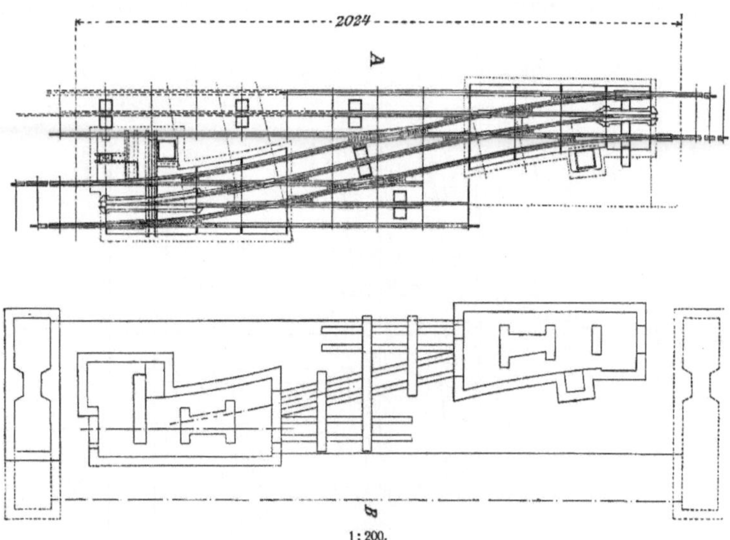

Eine Kreuzung mit einem Eisenbahngleise ist in Abb. 87 gegeben. Der Kanal an dieser Stelle musste so stark ausgebildet werden, dass er die Betriebslasten der Vollbahn tragen konnte. Auch hier ist die Kreuzung durch eine Grube von unten zugänglich gemacht.

Höhe der Schlitzschienen ist der Schaft des Pfluges durch besondere Reibplatten aus Stahl verstärkt, die ebenso wie die Schleifplatten nach 800 km Wegleistung, d. h. alle 4 bis 5 Tage ausgewechselt werden. Die hölzernen Verstärkungsplatten am unteren Ende des Schaftes dienen zur Führung des

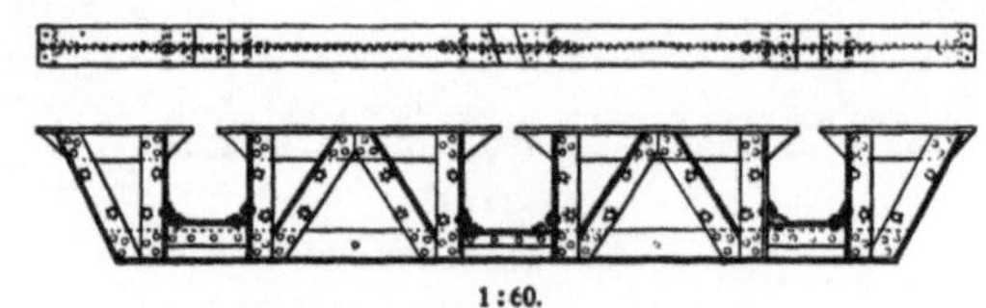

Abb. 83. Schnitt A—B. (Abb. 82.)

Der Stromabnehmer, „Pflug" genannt, in der von der Metropolitangesellschaft verwendeten Ausführung, ist in Abb. 88 dargestellt. Der Schaft desselben besteht aus einer dreifachen Stahlplatte, welche am unteren Ende beiderseits die eigentlichen Stromabnehmerflächen trägt. Diese bestehen aus Gusseisenplatten und werden

Pfluges in Kurven, indem sie auf Metallplatten schleifen, die im Kanal befestigt sind. Diese Holzplatten sind gleichfalls auswechselbar.

Der von der Westinghouse - Gesellschaft hergestellte Stromabnehmer der Dritten Avenue-Gesellschaft gleicht in der äusseren Form dem der Metropolitan-Gesellschaft; der Schaft ist hier nur als Rahmwerk ausgebildet, sodass die Stromleitungskabel auf eine gewisse Strecke durch die Luft gehen; der untere Theil mit den Schleifplatten ist durch eine dachförmige Gummiabdeckung gegen Regentropfen und dergleichen geschützt, Abb. 90.

Der Stromabnehmer ist regelmässig an zwei Querstangen aufgehängt, welche runden Querschnitt und werden vom Querbalken des Stromabnehmers mittelst zweier Oesen umfasst.

Jeder Wagen hat nur einen Stromabnehmer. Das ist offenbar ein Nachtheil mit Rücksicht auf die Unterbrechung der Stromleitungsschienen an den Weichen und Kreuzungen. Der Wagen kann nur durch das Beharrungsvermögen diese Stelle durch-

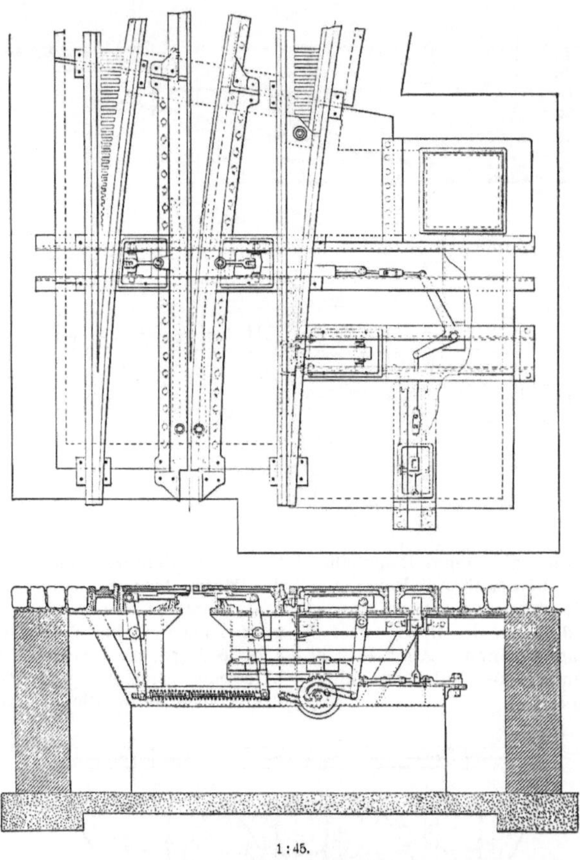

1 : 45.

Abb. 84. Spitz befahrene Weiche.

beiderseits an den Längsträgern des Untergestells befestigt sind. Die (federnde) Aufhängung der Capital Traction Co. in Washington zeigt Abb. 89. Eine Querverschiebung des Stromabnehmers ist hier unnöthig, da der Kanal stets in Gleismitte sich befindet. Die New-Yorker Aufhängung, die eine beliebige Querverschiebung des Stromabnehmers zulässt, ist in Abb. 91 dargestellt. Die Querstangen haben einen laufen, darf dort keinesfalls stehen bleiben, und ein sehr störendes Erlöschen der Beleuchtung ist die weitere Folge. Die Anordnung zweier Stromabnehmer würde dem sofort abhelfen.

Zur Personenbeförderung dienende Linien mit gemischtem Betriebe, mit Oberleitung in den Aussenbezirken, kommen in Amerika nicht vor; in New-York und Washington muss an solchen Stellen,

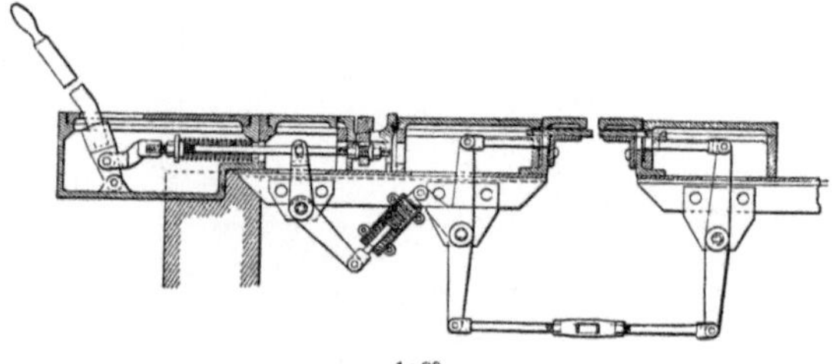

1 : 30.

Abb. 85. Aufschneidbare Weiche.

Abb. 86. Kurvenabzweigung bei unterirdischer Stromzuführung.

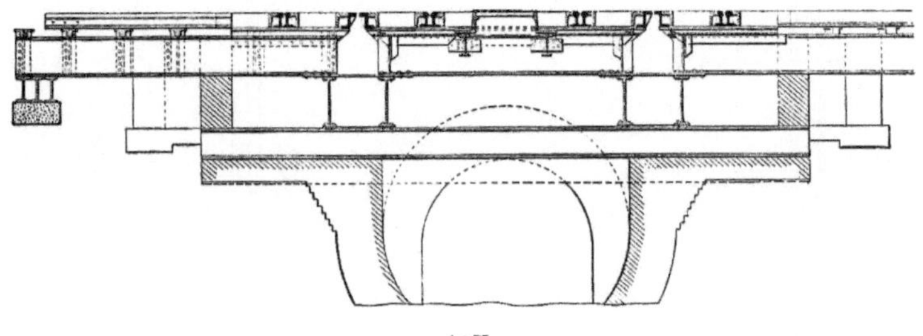

1 : 75.

Abb. 87. Unterirdische Stromzuführung bei Plankreuzung mit einer Eisenbahn

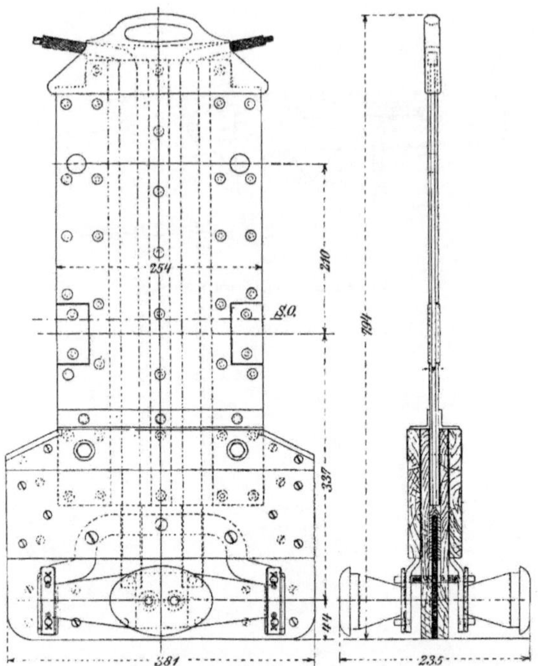

Abb. 88. Stromabnehmer der General Electric Co.

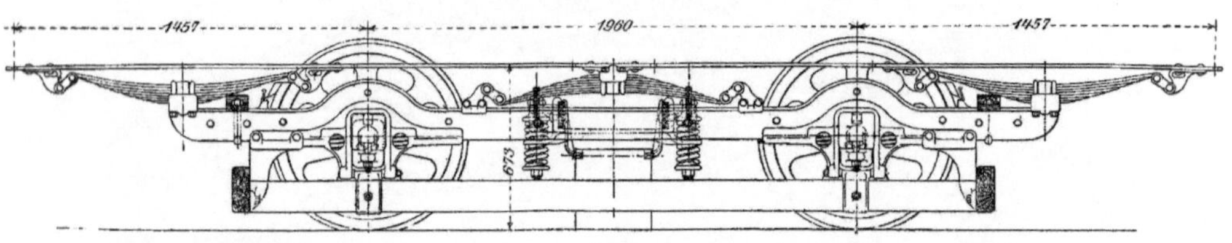

1 : 30.

Abb. 89. Untergestell eines Strassenbahnwagens in Washington mit angehängtem Pfluge.

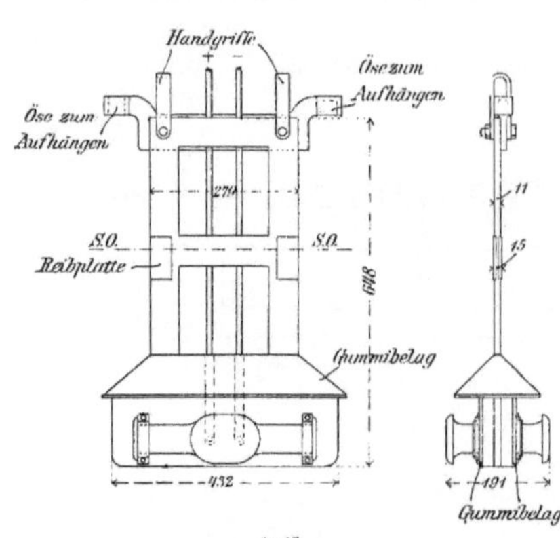

1 : 15.

Abb. 90. Stromabnehmer von Westinghouse.

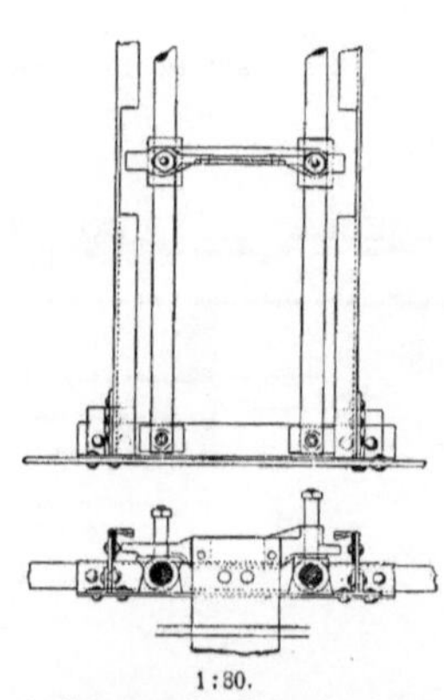

1 : 30.

Abb. 91. Aufhängung des Stromabnehmers bei der
Metropolitan-Strassenbahn.

wo die Leitungsart wechselt, umgestiegen werden. Da diese Stellen sehr weit vom Stadtinnern entfernt liegen, ist das unbedenklich.

Um in New-York einen Uebergang von Güterwagen von den Strecken mit unterirdischer Stromzuführung zu denen mit Oberleitung zu ermöglichen, hat man dieselben mit einem hochnehmbaren Stromabnehmer ausgerüstet, und da die Schleifplatten beim Hochziehen an die Schlussschienen anstossen würden, so hat man in diese an den Uebergangsstellen ein seitlich verschiebbares Stück eingeschaltet, Abb. 92.

schreiben (wobei die Schienen als Rückleitung dienten). Um nun zu vermeiden, dass, wenn an verschiedenen Stellen einmal der positive Pol, das andere Mal der negative Pol Erdschluss hat, ein Kurzschluss eintritt, ist die in Abb. 93 dargestellte Stromvertheilung in Anwendung. Die Stromleitungsschienen sind in isolirte Abschnitte von höchstens 1600 m Länge getheilt; jeder erhält ein besonderes Speisekabel (daher die grosse Anzahl Speiseleitungskanäle seitlich des Gleises). Wenn alle Stücke einer Stromleitungsschiene gleich Polarität haben und dann

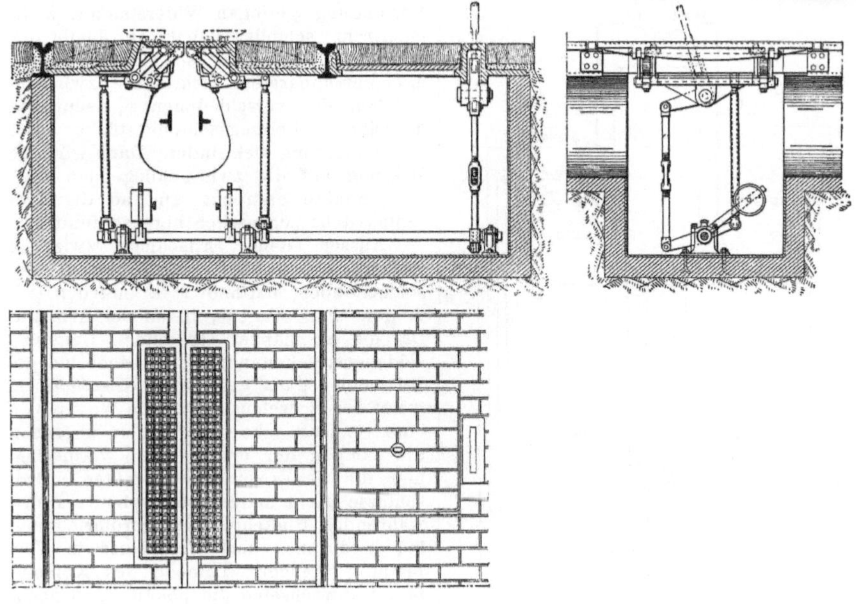

1 : 30.

Abb. 92. Einrichtung zum Verschieben der Schlitzschienen.

Stromvertheilung.

Die Stromleitung ist stets zweipolig; die Erde liegt in der Mitte. Bei der Unsichtbarkeit der Leitungen, der geringen Entfernung zwischen Stromabnehmer und Schlitzschiene u. s. w. ist dies durchaus nothwendig, denn Erdschlüsse, d. h. Verbindungen eines Poles mit der Erde, kommen sehr häufig vor, besonders infolge Eindringens eines leitenden Fremdkörpers in den Kanal. Das häufige Versagen der im Jahre 1896 angelegten Unterleitung der Grossen Berliner Strassenbahn war wohl in erster Linie der Einpoligkeit der Leitung zuzu-

beispielsweise zunächst auf einer positiven Schiene, dann auf einer negativen ein Erdschluss vorkommt, so wird durch Handhabung eines Umschalters im Kraftwerk die Polarität der zweiten Schiene umgekehrt und so alle Erdschlüsse auf dieselbe Seite gebracht.

Die Untertheilung der Stromleitungen hat noch einen anderen Zweck. Wenn ein Kurzschluss stattgefunden hat oder aus einem anderen Grunde das ganze Netz stromlos geworden ist, so würden beim Wiedereinschalten sofort alle Wagen zugleich anfahren; um die hierdurch entstehenden Stromstösse zu vermeiden, werden in solchen Fällen die Streckenaus-schalter alle geöffnet und nach einander wieder geschlossen.

Das Vorhandensein eines Erdschlusses wird auf folgende Weise in der Kraftstation festgestellt:[1])

Es sind dort zwischen den positiven und negativen Sammelschienen eine Reihe von 2×5 Lampen hintereinander geschaltet, und in der Mitte zwischen beiden Lampen-gruppen ist eine Erdleitung angeschlossen. Im Ruhezustand kommt die Spannung von

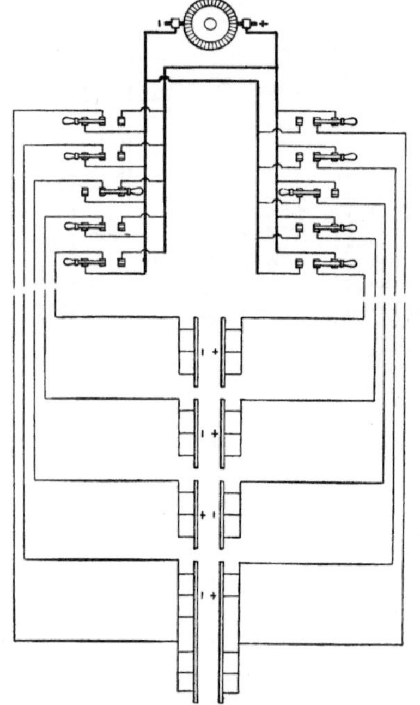

Abb. 93. Stromvertheilung für unterirdische Stromzuführung.

550 V auf zehn hintereinandergeschaltete Lampen, die demnach nur dunkel brennen. Ist nur an einer Stelle ein Stromübergang zwischen der positiven Leitung und der Erde vorhanden, so sind die positiven Lampen kurzgeschlossen und die negativen, die jetzt die volle Spannung von 550 V erhalten, leuchten hell auf. Durch Um-legen aller Streckenumschalter kann man die Erdschlussstelle feststellen und wie vorher beschrieben, vorläufig unschädlich machen.

<hr>

[1]) Street Railway Journal, April 1900, S. 296.

Um nun ferner feststellen zu können, wo innerhalb einer Leitungsschiene der Erdschluss sich befindet, ist ein mit einem Wasserwiderstand verbundenes Schaltbrett vorhanden (links in Abb. 94). Man kann den Wasserwiderstand zwischen Erde und einer der Sammelschienen schalten. Ist z. B. ein Erdschluss auf einer positiven Strecke vorgekommen, so wird der Wasser-widerstand zwischen negative Sammel-schiene und Erde geschaltet und ein Strom von 200 Ampère Stärke durch den Wasser-widerstand, Erde, Erdschluss nach der positiven Sammelschiene geleitet. Eine den Erdschluss herstellende metallische Verbindung geringen Widerstandes, z. B. ein Draht, schmilzt alsbald ab; bleibt der Erdschluss bestehen, so wird draussen mit Messapparaten festgestellt, zwischen welchen der verschiedenen Speisepunkte desselben Leitungsschienenstücks der Stromübergang sich findet. Dann wird die Messung auf die zwischenliegenden Auf-hängepunkte erstreckt und so die Erd-schlussstelle schliesslich herausgefunden.

Ausser dem Erdschluss zwischen Leitungsschiene und Erde kann ein solcher noch stattfinden: a) mit den Lei-tungen eines Wagens, b) an der Armatur. Da die aneinander stossenden Leitungs-schienenstrecken normal abwechselnd po-sitiv und negativ gespeist sind, so müssen, wenn der Erdschluss führende Wagen von einer Speisestrecke in die andere übergeht, die Lampen der ersten Reihe verlöschen und die der zweiten aufleuchten. Erd-schlüsse der Armatur verursachen ein fort-während Umkehren der Stromrichtung, indem die mit dem Erdschluss in Ver-bindung stehende Lamelle des Kommu-tators abwechselnd die positive und nega-tive Bürste berührt. Die Folge ist ein Flimmern beider Lampenreihen.

Bei der ersten Ausführung in New-York wurde nach dem Muster der Budapester Anlage zur Verminderung der Heftigkeit der Erdschlüsse die Spannung auf 350 V vermindert, man ist aber später überall zu der Normalspannung von 550 V überge-gangen. Besondere Uebelstände haben sich nicht gezeigt.

Die Untergrundverhältnisse New-Yorks sind der Anlage von Leitungskanälen im allgemeinen günstig, da der grösste Teil der Stadt hoch über der Meeresoberfläche liegt, so dass eine mehr als ausreichende Vorfluth vorhanden ist. Ferner liegen die meisten Sielleitungen, die Gas- und Wasserrohre, die elektrischen, Rohrpost- und etwaigen Fernheizleitungen in der Länge der Stadt auf beiden Seiten längs den Avenuen, so dass für die in den Avenuen laufenden Linien verhältnissmässig wenige fremde Leitungen zu kreuzen und zu verändern waren. Für die mit den Längslinien in Verbindung stehenden kurzen Querlinien waren allerdings stellenweise recht zahlreiche Leitungen im Wege, namentlich nahe der City.

Sieht man von den Kosten der Verlegung fremder Leitungen ab, so haben sich die Baukosten für 1 km einfaches Gleis wie folgt, gestellt: in Washington

mung der Kanäle mit Meerwasser würde nicht nur sofortigen Kurzschluss verursachen, sondern auch auf die Dauer jede Isolation der Stromleitungen u. s. w. zerstören.

Es ist heute noch nicht bestimmt, welches Betriebssystem auf den Querlinien der unteren Stadt eingeführt werden soll. Die grössten Aussichten hat das System der Drucklufttriebwagen, Bauart Hardie, mit dem probeweis die Linie in der 28./29.-Strasse ausgerüstet ist. Die Betriebskosten der Druckluftbahnen sind zwar etwas höher als die der elektrischen Bahnen (mit unterirdischer Stromzuführung); da aber die

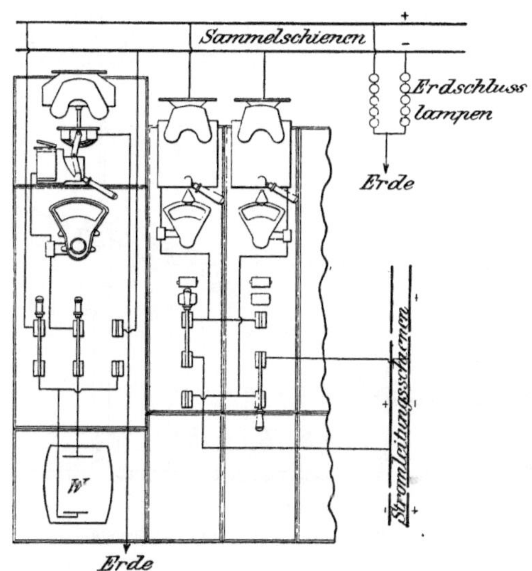

Abb. 94. Schaltbrett für unterirdische Stromzuführung.

190 000 M, in New-York (Zweite Avenue) 270 000 M.

Mit Rücksicht auf die grossen Kosten der Leitungsverlegungen hat man bisher in New-York die Unterleitung nur für die Querlinien der oberen Stadt in Aussicht genommen oder eingeführt, wo dies wegen des Wagenübergangs von den Längslinien unumgänglich war, und als einzige selbständige Querlinie die der 23. Strasse.

Ein fernerer Grund sprach noch gegen die Einführung des Kanalsystems für die weiter südlich — down town — gelegenen zahlreichen Querlinien. Die Uferstrassen senken sich hier fast überall unter Hochwasser-Springtide, und eine Ueberschwem-

Anlagekosten wesentlich niedriger sind, weil die Aufwendungen für die Kanäle und Arbeitsleitungen entfallen, so kann der Druckluftbetrieb wirthschaftlich recht gut mit dem Unterleitungsbetrieb in Wettbewerb treten.

Ausser in New-York sind Druckluftbahnen noch in Rome N. Y. und in Chicago im Betrieb, in dieser Stadt allerdings nur im Nachtbetrieb einer Kabellinie während des Stillstands des Kabelmaschinenhauses. Ein besonderer Vorzug der Druckluftwagen ist, dass sie auch den stärksten Schneefall mit Leichtigkeit überwinden; sie wurden häufig dazu gebraucht, um stecken gebliebene elektrische Wagen durch Schieben weiterzubefördern. Weiter soll auf dieses noch recht entwicklungsfähige Betriebssystem nicht eingegangen werden, da dasselbe an anderer Stelle ausführlich geschildert ist.[1])

Neben dem Druckluftbetriebe hat die Metropolitangesellschaft auf der Querlinie der 34.-Strasse ihre Wagen versuchsweise mit elektrischen Akkumulatoren ausgerüstet. Die Linie hat eine Länge von 3,6 km. Am westlichen Endpunkt befindet sich die Ladestation. Die zweiachsigen Wagen haben ein besonders für diesen Zweck gebautes Untergestell erhalten, welches zwischen den 2,2 m entfernten Achsen die Akkumulatorenbatterie trägt, während die zwei Motoren von je 50(!) PS Leistung ausserhalb der Achsen aufgehängt sind. Die Batterie ist auswechselbar (mittelst Versenk-

linien, beispielsweise auf der 125.-Strasse, Akkumulatorenwagen im Probebetrieb, sind aber überall sehr bald wieder verschwunden. In Chicago wurde eine Aussenlinie, die Englewood- und Chicago-Bahn, mehrere Jahre mit Akkumulatoren betrieben, ist aber jetzt in eine Oberleitungsbahn umgebaut worden.

Sonstige Anwendungen eines reinen oder gemischten Akkumulatorenbetriebs sind nicht zu verzeichnen. Wenn man daran denkt, wie Millionen über Millionen durch die Einführung dieser unseligen Betriebsart auf so vielen Strassenbahnnetzen in Deutschland weggeworfen sind, so kann man die Amerikaner nur dazu beglückwünschen, dass sie in dieser Beziehung einsichtsvoller gewesen sind, als unsere Stadtverwaltungen und Strassenbahngesellschaften.

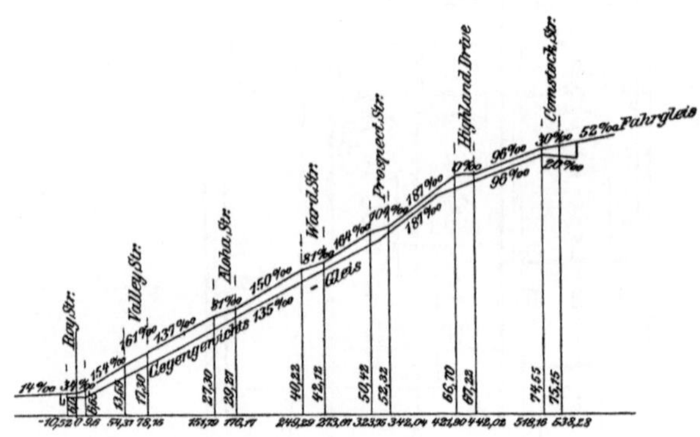

Längen 1:8000. Höhen 1:2000.

Abb. 95. Seilbahn in Seattle, Wash. Längenprofil.

grube); sie besteht aus 72 Zellen, die in 2 Gruppen von je 36 angeordnet sind; die Entladespannung jeder Gruppe beträgt 72 V, die beiden Gruppen können hinter oder neben einander geschaltet werden. Die (5) negativen Platten einer Zelle haben Gitterform, die (4) positiven bestehen aus spiralförmigen Bleistreifen. Im ganzen sind 46 Wagen im Betriebe. Ueber die Betriebsergebnisse liegen noch keine Angaben vor. Es kann aber wohl kein Zweifel sein, dass der Vergleich zwischen Akkumulatorenbetrieb und Druckluft sich zu gunsten der Druckluft entscheiden wird.

Schon früher waren auf anderen Quer-

Seilbahnen mit Gegengewichten.

Da die grösste Steigung, welche von elektrischen Wagen auch ohne Anhängewagen noch gut genommen werden kann, auf 1:10 beschränkt ist und die Sicherheit der Thalfahrt eher noch für eine Ermässigung dieser Neigung spricht, so war man gezwungen, wenn man in stärker geneigten Strassen elektrische Bahnen betreiben wollte, ein besonderes System hierfür anzuwenden. Man hat nicht etwa wie bei der Barmer Bergbahn eine Zahnstange zur Hilfe genommen, sondern hat es vorgezogen, die elektrischen Wagen mittelst einer Seilbahn mit Gegengewicht hinaufzubefördern. Derartige Bahnen sind in Providence, St. Paul und Seattle Wash. (bei Tacoma) im Betriebe.

Das Längenprofil einer der Seilbahnen

[1]) Buhle und Schimpff: Ueber die Verwendung von Druckluftbetriebsmitteln bei Kleinbahnen und städtischen Strassenbahnen. Deutsche Bauzeitung 1902, No. 82 ff.

Dieselben, Druckluftlokomotiven. Zeitschrift des Vereins Deutscher Ingenieure 1902, No. 17.

in Seattle zeigt Abb. 95. Bei 550 m Streckenlänge und 76 m Höhenunterschied beträgt die mittlere Steigung 138 %.

Unterhalb des Gleises läuft in einem Doppelkanal ein endloses Seil, das den Greifer, an den der Wagen angehängt wird, und das Gegengewicht trägt. Das Seil läuft am oberen Ende über eine feste Rolle, am unteren Ende über einen beweglichen Spannungswagen, Abb. 96.

Das Gegengewicht ist so bemessen, dass es dem leeren Wagen plus dem Greifer das Gleichgewicht hält. Der elektrische Wagen hat also nur die Reibung des Seiles und der Fahrzeuge plus oder

Abb. 98 zeigt den Greifer, einen senkrechten Rahmen, der eine Anzahl Rollen trägt, die sich entweder an den Boden des Kanals oder gegen die Schlitzschienen legen. Der Greifer befindet sich stets bergwärts des elektrischen Wagens und wird mit ihm durch eine starre Zugstange verbunden, die an dem oberen Drehgestell angreift und, wenn sie nicht gebraucht wird, unter der Plattform aufgehängt ist. Der Gegengewichtswagen, Abb. 99, läuft auf einem Gleis von 775 mm Spur. Die Kanäle in der Strasse sind vollständig aus Holz hergestellt.

Der Betrieb mittelst des Seiles geschieht

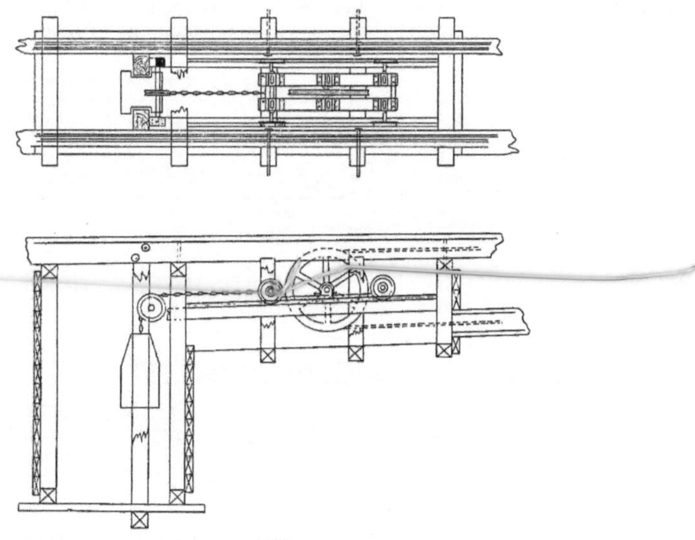

1 : 100.

Abb. 96. Spannungswagen.

minus dem Gewichte der beförderten Personen zu überwinden.

Der Greifer läuft in einem Schlitzkanal unmittelbar unterhalb des Gleises; der breitere Kanal für das Gegengewicht liegt in verschiedener Tiefe unter der Strassenoberfläche, bis zu 3,5 m Höhenunterschied, da wegen der Ungleichmässigkeit der Neigung eine parallele Lage von Fahrgleis und Gegengewichtsgleis eine ungleiche Zugkraft ergeben hätte. Die höchste Lage des Gegengewichtskanales ist in Abb. 97 dargestellt. Am oberen Ende hat der Gegengewichtskanal eine entgegengesetzte Neigung, um das Herabrollen des Gewichts zu verhindern.

für beide Fahrtrichtungen, so dass im Betriebe der Strecke Berg- und Thalfahrt stets abwechseln müssen.

Bei einer Reisegeschwindigkeit von 10 km erfordert das Durchfahren der Strecke etwas über 3 Minuten. Mit Berücksichtigung des Zeitaufwandes für das An- und Abkuppeln und einem Spielraum für Unregelmässigkeiten kann also ein 10 Minutenverkehr auf der eingleisigen Strecke bequem aufrecht erhalten werden. Auf den Linien gleicher Rampenlänge, wo dieser Wagenabstand nicht ausreichen würde, sind zweigleisige Kabelbahnen eingerichtet worden.

Das in Seattle angewendete Gegengewichtssystem ist nur brauchbar, solange die geneigte Strecke sich in der Geraden

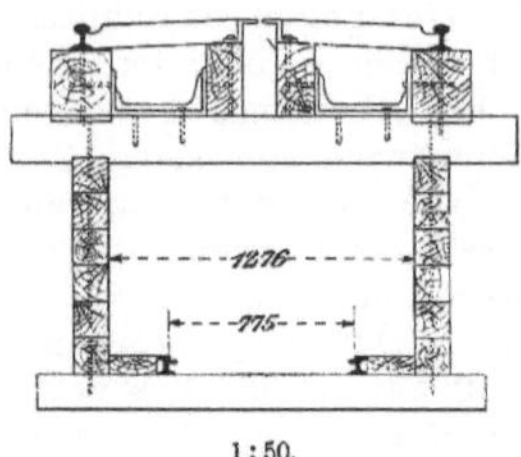

1 : 50.

Abb. 97. Seilbahn in Seattle. Querschnitt. Oben Schlitz für den Greifer, unten Kanal für das Gegengewicht.

befindet, da das Durchlaufen eines Bogens für das Gegengewicht ausgeschlossen ist.

Fahrzeug, nur den halben Weg zurücklegt und so die Krümmung vermeidet.

Die Rampe in der Selby Avenue, Abb. 100, hat eine Länge von rd. 280 m, der Höhenunterschied beträgt 33 m, so dass eine mittlere Steigung von $1:8,5$ ($118\,^0/_{00}$) vorhanden ist. Die grösste Steigung beträgt $159,5\,^0/_{00}$. Etwas unterhalb der Mitte der Linie liegt eine Krümmung von 60,9 m Halbmesser; an derselben Stelle befindet sich der durch eine Ausrundung vermittelte Uebergang zwischen den Steigungen von $95\,^0/_{00}$ und $159,5\,^0/_{00}$.

Der Strassenbahnwagen wird auf der Rampe mit Hilfe eines Greifwagens befördert, der sich stets thalwärts befindet, so dass jeder beliebige Triebwagen des Bahnnetzes die Strecke befahren kann, da

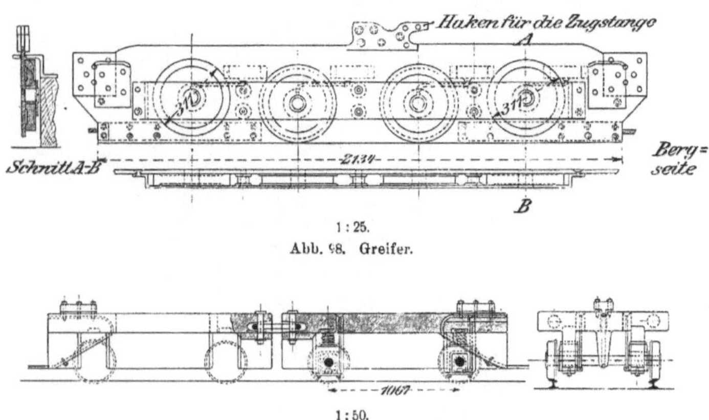

1 : 25.

Abb. 98. Greifer.

1 : 50.

Abb. 99. Gegengewichtswagen.

In den Strassenbahnnetzen von Providence und St. Paul befindet sich je eine kurze Steilstrecke, die (in der Horizontalen) aus zwei Geraden mit dazwischen liegender Krümmung besteht, College Hill-Linie in Providence und St. Anthony Hill- (Selby Avenue) Linie in St. Paul. In beiden Fällen handelte es sich um eine wichtige Verbindung der oberen Wohnstadt mit der unteren Geschäftsstadt, welche zuerst mit einer Kabelbahn betrieben wurde. Bei der Umwandlung des gesammten Strassenbahnnetzes für elektrischen Betrieb kam an dieser Stelle ein Gegengewichtssystem zur Anwendung, das auf den Grundgedanken des Flaschenzuges beruht und von dem Oberingenieur der Union R. R. in Providence, Herrn M. H. Bronsdon, herrührt. Das Seil ist so geführt, dass das Gegengewicht, bei doppelter Schwere wie das

keine besondere Einrichtung an dem Personenwagen erforderlich ist.

Das Gegengewicht besteht aus zwei Wagen, deren jeder eine Seilscheibe trägt. Das Seil von 25 mm Durchmesser ist am oberen Endpunkt der Strecke befestigt, läuft um die untere Seilscheibe des Gegengewichts, um eine feste Rolle am oberen Ende der Rampe, und von da nach dem Greifwagen (vergl. Abb. 101). Weiter läuft das Seil über eine am unteren Ende der Strecke angebrachte feste Rolle, dann über die obere Rolle des Gegengewichts und endet am unteren Ende der Laufstrecke des Gegengewichts in ein Spannungsgewicht. Das Seil ist also stets gespannt, ganz gleich ob die bewegende Kraft vom Greifwagen oder dem Gegengewicht ausgeht, und ein etwaiges Steckenbleiben des Gegengewichts ist nicht zu befürchten.

Der untere Theil des Seiles, unterhalb des Gegengewichts, dient zum Ausgleichen des Seilgewichts.

Das Gegengewicht (obere Hälfte) ist in Abb. 102 dargestellt. Es besteht je aus einem zweiachsigen Wagen von 762 mm Spurweite. Durch den gusseisernen Rahmen wird das Gewicht jeder Hälfte anf 15 t gebracht. Der Rahmen ist gegen die

Den Doppelkanal der oberen Hälfte der Bahn, in welchem unten das Gegengewicht läuft, zeigt Abb. 103. Seitlich der Laufschienen des Führungsgerüstes sind die Führungsrollen für das Seil angebracht. Der obere Theil des Kanales ist für den Greifer bestimmt, die Wandungen des Kanales sind aus Holz hergestellt, mit eisernen Pfosten. Der einfache Kanal der

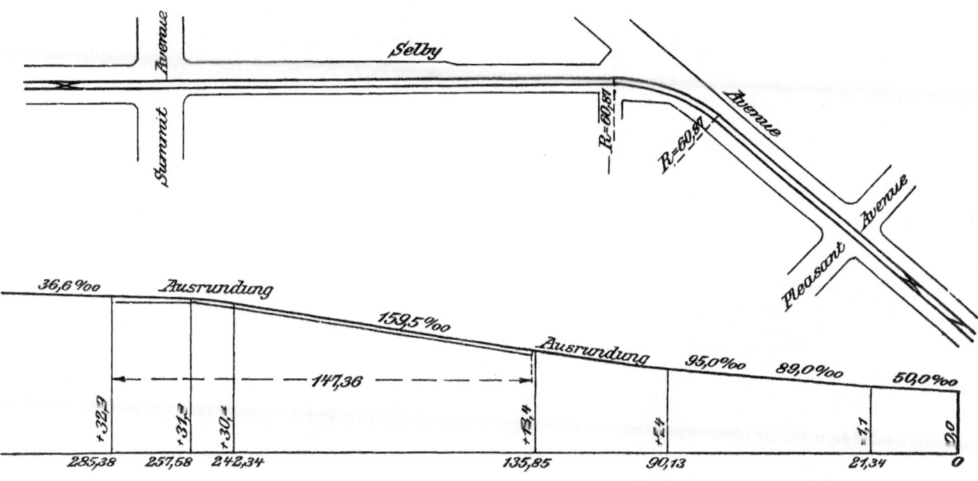

Abb. 100. Seilbahn in St. Paul, Lage- und Höhenplan.

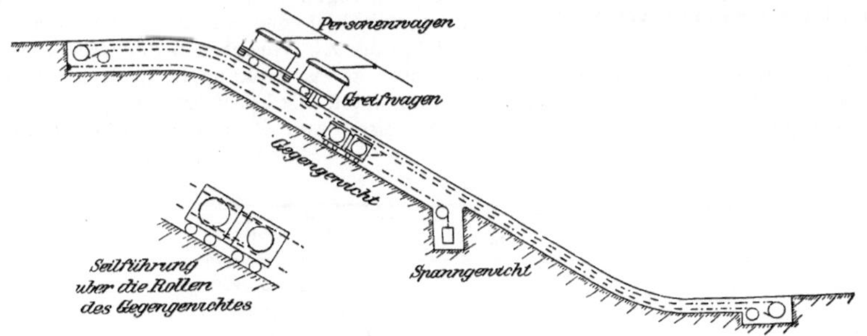

Abb. 101. System der Seilbahn in St. Paul.

Wagenachse in der üblichen Weise abgefedert. In der Mitte trägt jeder Wagen des Gegengewichtes eine horizontale Seilscheibe von 1219 mm Durchmesser und an einer Längsseite zwei Führungsrollen für das Seil. Die linke Führungsrolle trägt das über die Scheibe des oberen Gewichtes laufende, die rechte für das von oben kommende, über die untere Rolle laufende Seil.

unteren Hälfte der Bahn gleicht dem gewöhnlichen Kabelkanal. Die das Seil tragenden Rollen sind in der Kurve schräg gestellt.

Der Greifer ist in Abb. 104 dargestellt. Der untere Theil, A, ist mit dem Seil fest verbunden, der obere Theil, B, mit dem Greifwagen. Wenn der Greifer eine bestimmte Stelle des Gleises nahe dem unteren Ende durchläuft, so erhebt sich am Endpunkte des Kanals ein Pflock neben dem Schlitze, gegen den der Hebel *H* des unteren Greifertheils anstösst, worauf

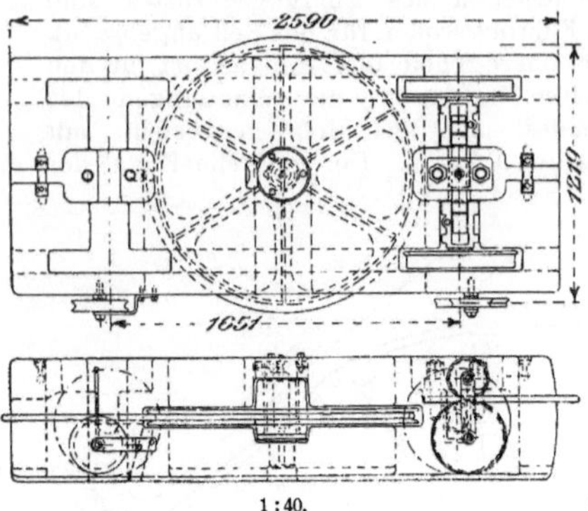

1 : 40.

Abb. 102. Seilbahn in St. Paul. Gegengewicht (obere Hülfte).

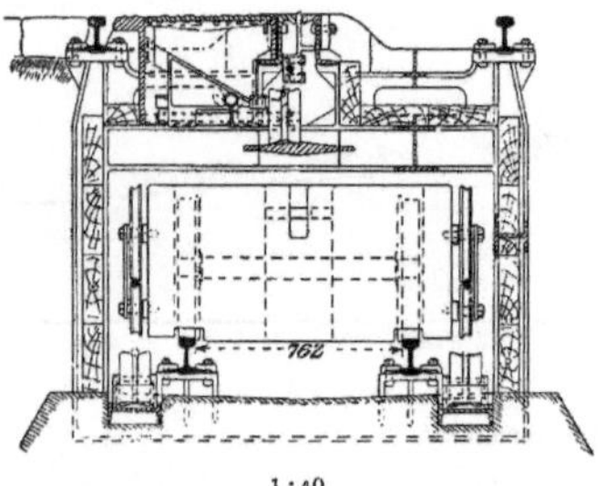

1 : 40.

Abb. 103. Seilbahn in St. Paul. Querschnitt.

die Verbindung zwischen *A* und *B* gelöst wird und der Greifwagen ohne Greifer weiterfahren kann. Dieselbe Vorrichtung

Es wurde bereits erwähnt, dass sich der Greifwagen stets thalwärts zum Personenwagen befindet. Bei der Thalfahrt wird die Verbindung zwischen Greifer und Greifwagen bei L_1 oder L_2 gelöst, der Greifwagen fährt alsdann nach *G*, um den

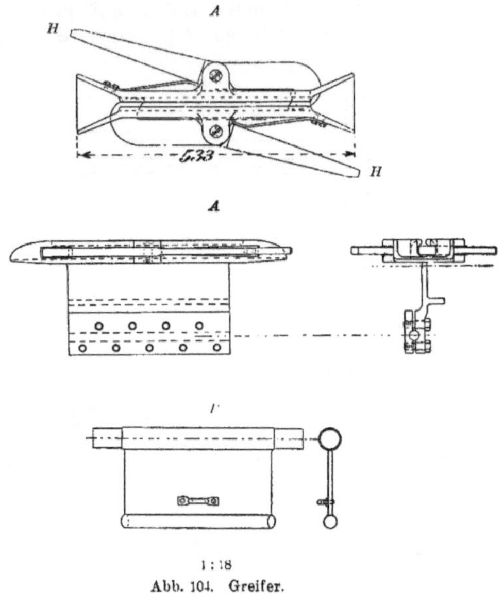

1 : 18

Abb. 104. Greifer.

Personenwagen vorbeizulassen. Bei der Bergfahrt hält der angekommene Wagen bei L_1 oder L_2, worauf sich der Greifwagen dahinter setzt. Gekuppelt werden beide Wagen nicht. Die Lösevorrichtung zwischen Greifwagen und Greifer am oberen End-

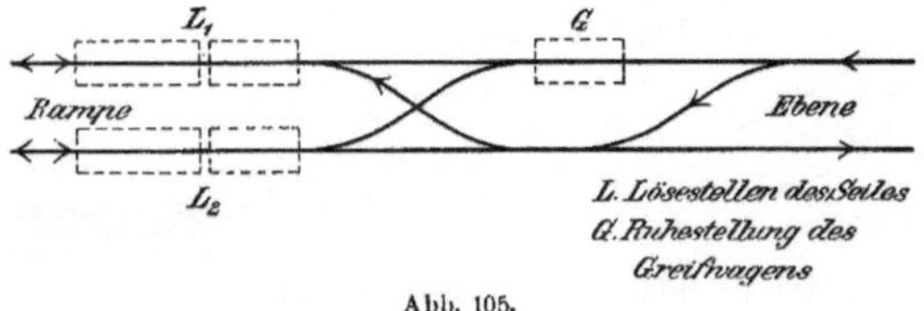

Abb. 105.

ist am oberen Ende der Rampe vorgesehen. Die Rampenstrecke ist, wie die übrige Strassenbahnline, zweigleisig, jedes Gleis wird aber für sich eingleisig betrieben. Der Betrieb wird so geregelt, dass, wenn der eine Greifer am oberen Ende der Strecke sich befindet, der andere gleichzeitig am unteren Endpunkt ist. Den unteren Beginn der Rampe zeigt die Skizze Abb. 105.

punkt wird nicht benutzt, da hier ein Umfahren des Personenwagens nicht vorkommt.

Die Gewichtsverhältnisse sind:

1 vierachsiger Triebwagen (mit 2 Motoren): 15 t,

1 zweiachsiger Triebwagen nebst Anhängewagen: 10 t,

1 zweiachsiger Triebwagen allein: 6 t (während des grössten Theiles des Tages genügt ein zweiachsiger Triebwagen; des

Abends fahren abwechselnd zweiachsige Wagen mit Anhänger und vierachsige Wagen).

Der Greifwagen wiegt 7 t und hat 2 Motoren von je 30 PS Leistung.

Das Gegengewicht beträgt, wie erwähnt, 30 t; infolge der Flaschenzugwirkung sind am Greifer 15 t als Gegengewicht wirksam. Es bleibt demnach bei der Bergfahrt im ungünstigsten Falle ein Gewicht von 7 t zu befördern (abgesehen von den Reibungswiderständen); im günstigsten Falle ein Gewicht von minus 2 t.

Der Triebwagen wird im allgemeinen von dem Greifwagen geschoben, läuft also ohne Strom; in Ausnahmefällen werden seine Motoren zur Unterstützung herangezogen. Eine Zugsteuerung, die alle Motoren vom vorderen Führerstande aus zu steuern gestattet, wäre hier sehr am Platze.

Die Gewichtsverhältnisse bei der Thalfahrt entsprechen denen bei der Bergfahrt.

Für den Verschubdienst am unteren Ende der Strecke sind etwa 40 Sekunden erforderlich. Da das Gegengewicht nur die halbe Geschwindigkeit wie der Wagenzug hat, so kann eine grössere Fahrgeschwindigkeit als in Seattle auf der Rampe eingehalten werden. Rechnet man mit 15 km, so ist ein Zugabstand von 2 Minuten noch durchführbar; das ist erheblich kürzer, als erforderlich ist.

In Pittsburgh[1]) sind die Hänge, die den oberen Stadttheil mit den Ufern des Monongahela verbinden, so steil, dass ein Hinauffahren von Strassenbahnwagen ausgeschlossen ist. Die Personenbeförderung wird daher hier durch Seilbahnen mit 2 an einem Seile hängenden Wagen bewirkt, wie sie auch bei uns (Schweiz u. a.) üblich sind; es sind aber weder eine Zahnstange noch etwa Zangenbremsen zur Sicherung des Wagens bei Seilbruch vorhanden. Die grösste Steigung beträgt 1 : 3; der Antrieb des Seiles geschieht durch Dampfkraft vom oberen Ende aus. Die Einzelheiten der Anlagen enthalten nichts Bemerkenswerthes. Für die Beförderung von Fuhrwerken sind Plattformen in Anwendung; der Antrieb ist der gleiche wie bei der Personenbeförderung. Aehnliche „Bergseilbahnen" sind auch an anderen Stellen, wie z. B. am Niagarafall, im Betriebe.

---

[1]) Vergl. auch Abb. 125, Tafel II.

Betriebsmittel.

Die Betriebsmittel der elektrischen Strassenbahnen (nur von solchen wird fernerhin die Rede sein) unterscheiden sich wenig von den bei uns üblichen. Sind doch die ersten Pferdebahnwagen von Amerika zu uns gekommen und haben drüben wie hier als Vorbild für den Aufbau des Wagens für elektrischen Betrieb gedient. Zudem haben wir Muster des amerikanischen Wagenbaus in den neuerdings von amerikanischen Firmen, wie der St. Louis Car Co., für deutsche Strassenbahngesellschaften, insbesondere die Grosse Berliner Strassenbahn, gelieferten Wagen. Die Beschreibung der amerikanischen Strassenbahnwagen kann sich daher auf das uns weniger Geläufige beschränken.

Wagenkästen.

Geschlossene Wagen.

Entsprechend der grösseren Gleisentfernung sind die Strassenbahnwagen im Durchschnitt breiter, als bei uns; üblich sind 2,2 bis 2,4 m äussere Breite. Die Sitzbreite wird nach unseren Begriffen sehr schmal angenommen, meistens zu 42 bis 47 cm. Dabei ist zu bemerken, dass eine Vorschrift für die Sitzbreite oder eine amtliche Festsetzung der Platzzahl des Wagens nicht besteht, so dass insbesondere auf Längssitzen so viel Personen als irgend möglich Platz nehmen. (Uebrigens sieht man auffallend starke Personen selten in Amerika.) Es sind daher auch Theilungsbügel auf den Längsbänken nicht üblich. Der einzige Zusammenhang zwischen Sitzbreite und Wagenbauart bei Längssitzen ist der, dass häufig die Fenstertheilung gleich der doppelten Sitzbreite, also zu 85 bis 95 cm gewählt wird.

Neben den Wagen mit Längssitzen sind solche mit Quersitzen in Anwendung, und zwar sind stets zwei Reihen zweisitziger Bänke angeordnet, so dass beispielsweise bei 2,2 m innerer Weite des Wagens und 85 cm Bankbreite ein Mittelgang von nur 0,5 m Weite übrig bleibt. Die Theilung der Bänke wird zu 0,75 bis 0,91 m angenommen. Die Rücklehnen sind verstellbar, so dass man stets „vorwärts" sitzt (nach dem Muster der amerikanischen Eisenbahnwagen).

Die Kastenlänge beträgt bei Längssitzen 4.877 bis 8,534 m; die Zahl der Sitzplätze 22 bis 40. Die Wagen mit Quersitzen sind im Durchschnitt etwas länger; übliche Kastenlängen für Strassenbahnwagen sind 7,518 bis 9,296 m. Die Zahl der Plätze beträgt 32 bis 44. Wagen zu 40 bis 44 Plätzen können als Regel betrachtet werden. Der auf den Sitzplatz entfallende Theil der Kastenlänge beträgt demnach bei Längssitzen 0,21 bis 0,24 m, bei Quersitzen 0,19 bis 0,23 m; die Ersparniss bei Quersitzen ist also nicht erheblich.

Die Anwendung beider Wagenformen ist eine verschiedene. Wagen mit Quersitzen sind in Städten mittlerer Grösse (100 000 bis 500 000 Einwohner) in Gebrauch. Sie sind für längere Fahrten (von den Wohnbezirken zur Stadt) bestimmt, wobei jeder Reisende gern einen Sitzplatz zu haben wünscht, und wo dies wegen des nicht allzugrossen Verkehrsumfangs auch durchführbar ist.

Die grösseren Städte haben in der Regel ein Schnellverkehrsmittel für die längeren Fahrten, so dass die Strassenbahn hauptsächlich für kürzere Strecken, namentlich auch innerhalb der City, benutzt wird und ein fortwährendes und rasches Aus- und Einsteigen nothwendig ist. Ausserdem ist der Verkehr zu gewissen Tageszeiten so stark, dass bei der engsten Wagenfolge die Zahl der Sitzplätze dafür nicht ausreicht, so dass zahlreiche Personen stehen müssen. Für beide Zwecke ist der Quersitzwagen mit seinem engen Mittelgang nicht am Platze; es werden daher hier stets Längssitze bevorzugt.[1]) So hat z. B. die Metropolitan-Strassenbahn in New-York die drei äussersten Reihen in ihren verwandelbaren Quersitzwagen (Abb. 115) nachträglich durch Längsbänke ersetzt.

Die längeren Wagen werden für die Hauptlinien mit sehr starkem Verkehr benutzt, die kürzeren Wagen für Nebenlinien, bei denen der Verkehr geringer ist, wegen des Umsteigeverkehrs aber ein gewisser Zeitabstand zwischen zwei Wagen nicht überschritten werden soll.

In den Städten New-York und Boston sind beispielsweise folgende Wagengrössen in Anwendung:

	Kasten-länge m	Achsen-zahl	Zahl der Sitz-plätze	Sitz-breite m
New-York				
Manhattan 1.	6,706	2	54	0,39 (!)
„ 2.	8,534	4	40	0,42 [2])
Brooklyn 1.	6,096	2	28	0,43
„ 2.	7,633	4	34	0,45
Boston . . . . 1.	6,096	2	28	0,43
„ . . . . 2.	7,620	4	34	0,45

(Die kürzeren Wagen, Type 1, an Zahl höchstens $^1/_4$ von denen der Type 2.)

In den kleinen Städten (unter 50 000 Einwohner) sind, entsprechend den kürzeren Fahrtlängen und dem geringeren Verkehre, überwiegend kleine Längssitzwagen in Anwendung.

Die Thüren der geschlossenen Wagen sind in der Regel in Mitte der Kopfwände angebracht und Doppelflügelthüren; bei Quersitzen sind die letzten (festen) Bänke an beiden Seiten der Thür etwas schmäler.

---

[1]) Es ist noch ein weiterer Grund, der für die Beschränkung der Quersitzwagen auf Städte mit geringerem Fuhrwerksverkehr spricht. Man wird bei Quersitzen gern die Seitenwände zwischen Fensterbrüstung und Längsträger senkrecht ausführen, um die eigentliche Sitzbreite und den Raum für die Füsse nicht zu verringern. Bei Längssitzen hat es dagegen keine Schwierigkeit, die Seitenwände geschweift zu formen und die Breite des Wagenkastens in Höhe der Längsträger 0,2 bis 0,25 m schmäler zu wählen als in Brüstungshöhe. Diese Einziehung ist aber bei starkem Fuhrwerksverkehr neben den Gleisen recht erwünscht, um für die Strassenfuhrwerke mehr Raum zu schaffen.

[2]) Abb. 109.

Schimpff.

Die Endbühnen haben meistens eine Länge von 1,219 m und liegen eine Stufe tiefer als der Wagenkasten (beispielsweise bei 838 mm Raddurchmesser Höhe des Wagenkastens über S. O. 876 mm, der Bühne 673 mm). Eine Verlängerung der Längswände seitlich der Bühnen durch Stabwerk oder dergl. (zur Gewinnung eines Stehplatzes) ist nicht üblich.

Die Eingänge zu den Endbühnen (mit einer Trittstufe) sind in der Regel an beiden Seiten, bisweilen allerdings nur an einer Seite angeordnet, besonders bei Schleifenbetrieb, wo die linken Eingänge doch stets geschlossen sein würden und daher ganz weggelassen sind. Auf manchen Bahnen, wo die Benutzung des Führerraums als Durchgang verboten ist, ist die vordere Bühne links, die rückwärtige rechts zugänglich.

Zum Verschluss der nicht als Durchgang gebrauchten Oeffnung (insbesondere nach der Seite des anderen Gleises) dienen Gitter, welche meistens die bekannte Faltenform zeigen.

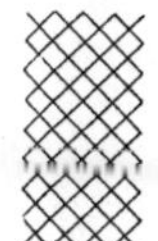

Für Gitter, die während der Fahrt auf der Einsteigeseite geschlossen werden sollen, oder wo abwechselnd rechts und links ein- und ausgestiegen werden muss, wie auf der Bostoner Tiefbahn, dienen zwei Formen, Abb. 106 und 107, die gegen die Stirnwand des Wagenkastens gelegt werden können.

An den Wagen der Twin City Rapid Transit Co. in Minneapolis-St. Paul, Abb. 108, soll das Gitter das Besteigen und Verlassen des Wagens während der Fahrt verhindern; es ist ausserhalb der untersten Stufe angebracht, besteht aus nach aussen aufklappenden Flügeln und wird vom Fahrerstande aus während des Haltens mit einem besonderen, durch einen Fusstritt zu bewegenden Gestänge geöffnet und geschlossen.

In manchen Städten ist der Abschluss der Stirnseiten der Endbühnen durch Glaswände vorgeschrieben, um dem Fahrer Schutz gegen Wind und Wetter zu gewähren. In den grösseren Städten mit lebhaftem Strassenverkehr haben sich diese Glaswände nicht einzuführen vermocht, da sie, wenn vom Regen oder Schnee beschlagen, die Uebersicht behindern und das Anrufen von Fuhrwerken und Fussgängern durch den Fahrer erschweren. Die Bedenklichkeit der Glaswandanordnung zeigte sich besonders gelegentlich eines Bühnen im Betriebe. Von grösseren Städten sind nur in Chicago theils einsetzbare, theils feste Glaswände in Anwendung, da der unglaubliche Schmutz und Staub der Strassen, von dem man sich ohne eigene

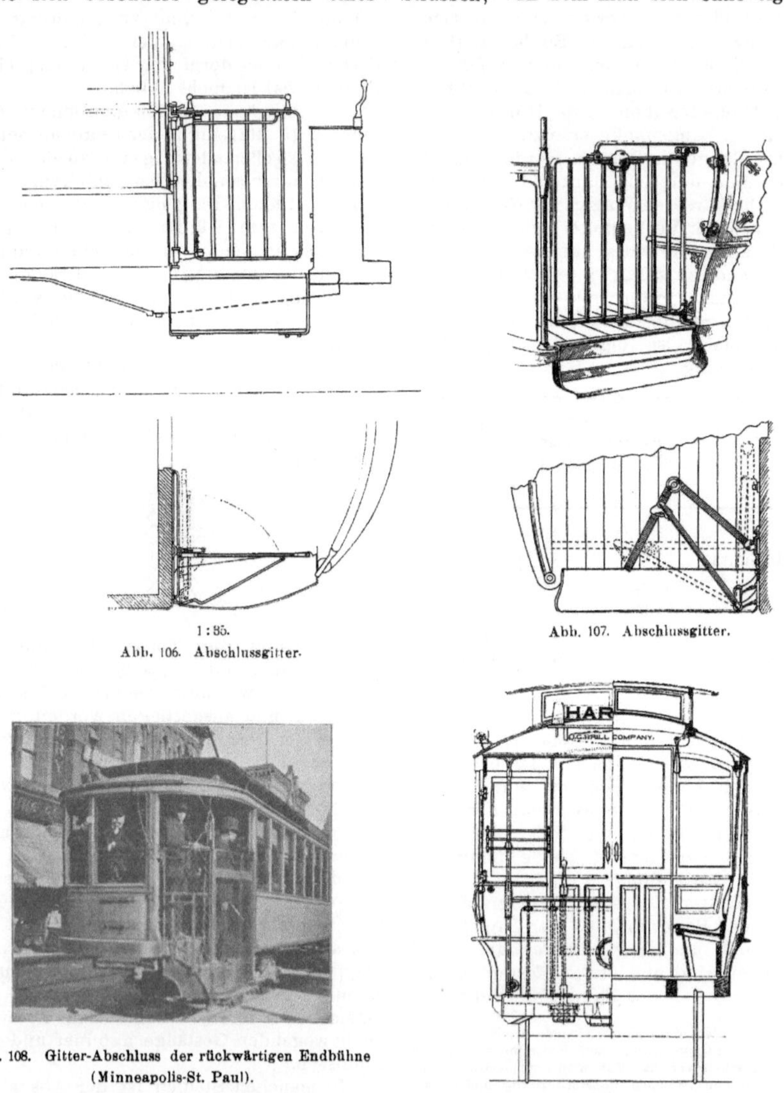

1 : 85.

Abb. 106. Abschlussgitter.

Abb. 107. Abschlussgitter.

Abb. 108. Gitter-Abschluss der rückwärtigen Endbühne
(Minneapolis-St. Paul).

zu Abb. 109.

vielbesprochenen Unfalls in Cleveland, wo der Fahrer infolge des Beschlagens der Scheibe ein Signal übersah und in eine geöffnete Drehbrücke hineinfuhr. In Städten wie New-York, Boston, Philadelphia, Pittsburgh sind daher nur Wagen mit offenen Anschauung keine Vorstellung machen kann, die Reinhaltung des Wageninneren andernfalls bedeutend erschweren und die auf den Endbühnen befindlichen Personen stark belästigen würde.

Glaswände bilden die Regel in den

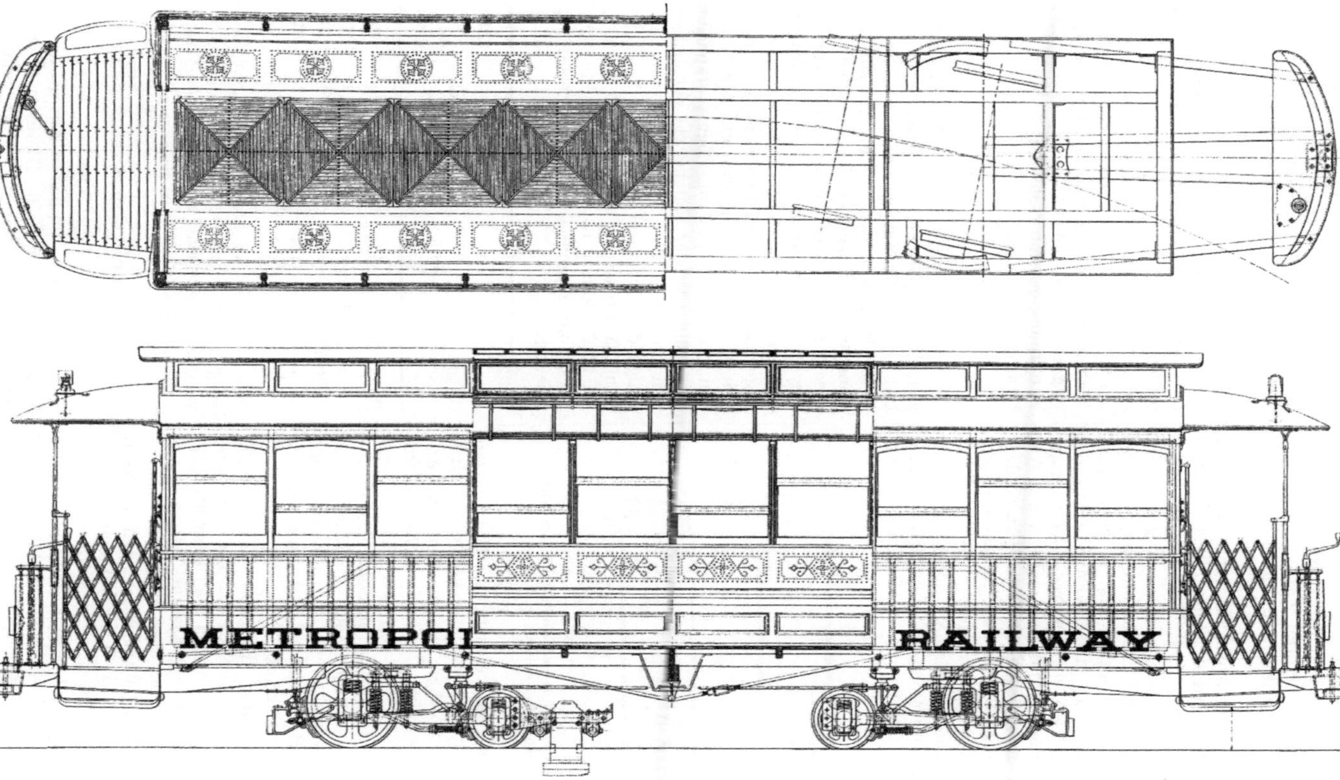

1 : 50.

Abb. 109. Wagen der Metropolitan-Strassenbahn in New-York, erbaut von Brill.

mittleren Städten, wo die weiten frei liegenden Aussenstrecken mit grösserer Geschwindigkeit befahren werden und auch in der City kein so reger Strassenverkehr herrscht.

Wenn feste Abschlusswände aus Glas angewendet werden, sind statt der Gittereingänge Thüren mit Glasfüllung eingesetzt, die der Länge nach getheilt sind, so dass sie sich zusammenklappen und gegen die Stirnwand des Wagenkastens legen lassen. In diesem Falle erhält die Endbühne kein besonderes tiefer angebrachtes Dach, sondern das Dach des Wagens ist über die Bühne verlängert, so dass diese in enge Verbindung mit dem eigentlichen Wagenkasten tritt.

Ein gutes Beispiel eines grösseren Strassenbahnwagens mit Längssitzen giebt Abb. 109[1]) (Metropolitan Street Railway, New-York, für 40 Personen).

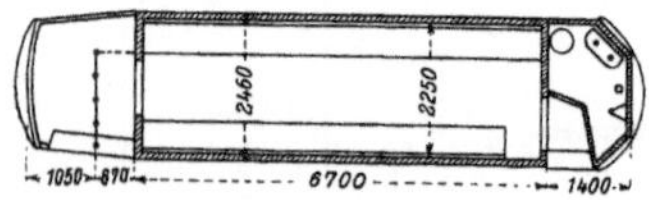

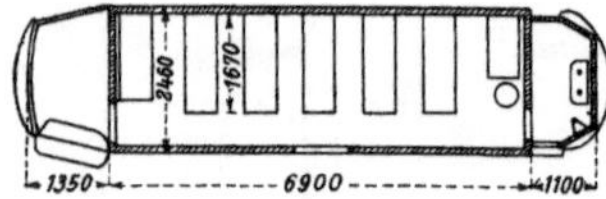

1 : 200.

Abb. 110 und 111. Grundrissskizzen zweier Wagen der Strassenbahn in Detroit.

Wagen abweichender Form, mit ungleicher Ausbildung beider Enden, sind auf solchen Bahnnetzen in Anwendung, wo alle Linien in Schleifenform enden. Abb. 110 und 111 zeigen zwei Beispiele dieser Art (Strassenbahn in Detroit). Die Fahrerstände sind mit Glaswänden umschlossen, die hintere Bühne ist offen. Bei dem ersten Wagen sind die Stehplätze auf dieser durch Schranke und Gitter von dem Eingang zum Wagen abgetrennt. Wegen der Länge der rückwärtigen Bühne müssen die Unterstützungspunkte des Wagenkastens etwas nach hinten verschoben werden. Diese Wagenform ist neuerdings auch von anderen Strassenbahnen (z. B. in Indianapolis) angenommen worden. Der zweite Wagen, mit Seitengang, hat eine Schiebethür, die von der Endbühne aus durch den Schaffner mit Seilzug bewegt wird.

[1]) Aus: Street Railway Journal 1898.

Wagen mit besonders reicher Ausstattung des Inneren und je einer Reihe Sessel an Stelle der Bänke (Salonwagen, nach dem Vorbild der Eisenbahnen) werden theils an geschlossene Gesellschaften vermiethet, theils sind sie auf bestimmten Linien, z. B. zwischen Park Row in New-York und Brighton Beach, gegen erhöhtes Fahrgeld im regelmässigen Betriebe. Sie dienen als Beförderungsmittel der Bessergestellten, die bei uns einen Wagen nehmen würden, in Amerika aber wegen der hohen Fahrtaxe, der weiten Entfernungen und schlechten Wege die Strassenbahn vorziehen.

Offene Wagen.

Für den Verkehr in der warmen Jahreszeit, die beispielsweise in Washington vom Mai bis zum November dauert, sind überall offene Wagen in Benutzung. Sie sind mit Querbänken gebaut, ohne Mittelgang, so dass 5 Plätze in der Wagenbreite vorhanden sind; die Endbühnen sind vom Wageninneren meist durch Querwände aus Glas abgetrennt. An den Längsseiten befindet sich je ein Trittbrett, das auf der linken Seite hochgeklappt wird. Der Abstand der Bankreihen ist der gleiche wie bei den geschlossenen Wagen mit Quersitzen. Die Länge der Sommerwagen ist in der Regel ziemlich gross; sie geht bis zu 12,192 m bei 13 Bänken = 65 Sitzplätzen. In New-York sind folgende Wagengrössen in Benutzung:

		Gesammtlänge m	Achsenzahl	Bänke	Zahl der Sitzplätze
Manhattan	1.	9,449	2	10	50
„	2.	10,944	4	12	60
Brooklyn	1.	9,705	2	10	50
„	2.	11,252	4	13	65

Wie bei den geschlossenen Wagen überwiegen die vierachsigen Wagen an Zahl weitaus. Der zweiachsige Manhattan-Wagen ist in Abb. 112 dargestellt.

Vereinigung von Sommer- und Winterwagen.

Den mit der doppelten Ausrüstung an Wagen, von denen die Hälfte stets unbenutzt im Schuppen steht, verbundenen Kapitalaufwand haben die Strassenbahngesellschaften möglichst einzuschränken versucht. Man hat sich so geholfen, dass | kästen abwechselnd benutzt. Das Umbauen ist aber eine zeitraubende und kostspielige

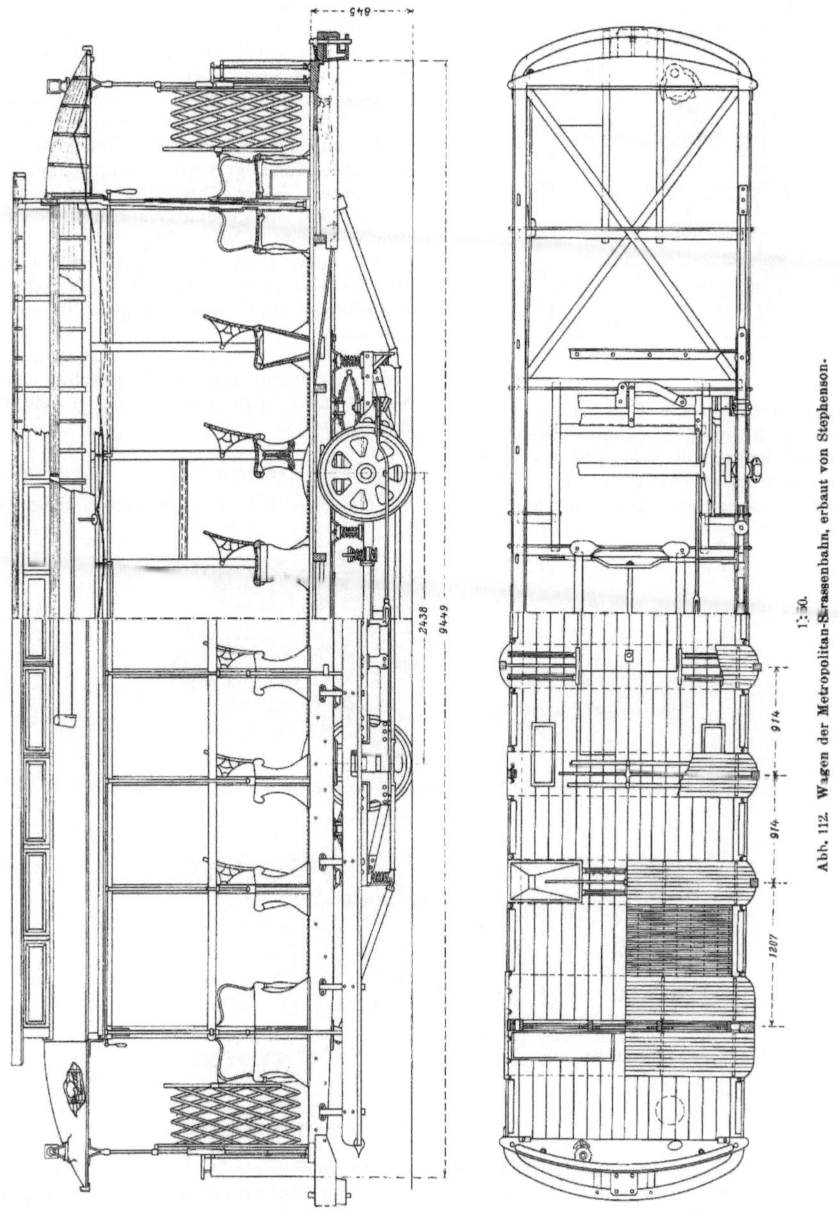

Abb. 112. Wagen der Metropolitan-Strassenbahn, erbaut von Stephenson.

man Untergestelle und Fahrschalter nur einmal beschaffte und mit beiden Wagen- | Arbeit und müsste, wenn im Frühjahr oder Herbst ein Rückschlag der Witterung ein-

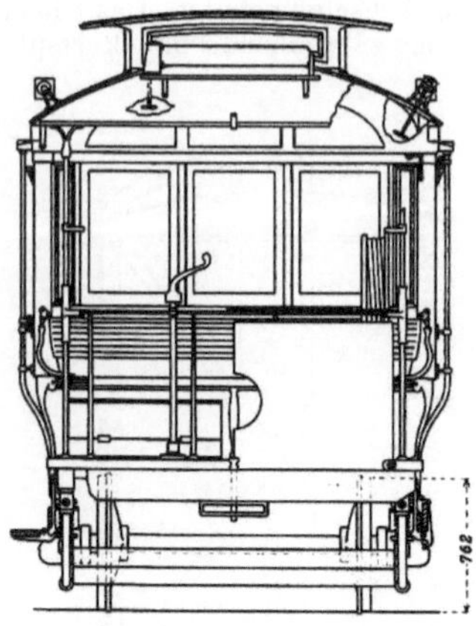

zu Abb. 112.

tritt, womöglich alle Tage von neuem vorgenommen werden. Auch wenn beide Wagenformen voll ausgerüstet vorhanden sind, kommt es häufig vor, dass, ehe die Sommerwagen aus dem zweiten und dritten

Benutzung bleiben und sich plötzlichen Witterungswechseln gut anpassen konnten.

Die einfachste Form ist der theils offene, theils geschlossene Wagen, wie er z. B. von der Metropolitan-Gesellschaft in grosser Zahl benutzt wird, Abb. 113. Die Gesamtlänge des Wagens beträgt 10,976 m, die des geschlossenen Abtheiles allein 3,464 m; es sind 16 Plätze in der geschlossenen Hälfte und 35 in der offenen vorhanden. Der Fussboden liegt 838 mm über Schienenoberkante. Jeder Theil des Wagens ist für sich wie ein geschlossener und wie ein offener Wagen gebaut. Diese Wagen verkehren Sommer und Winter; durch sie ist der Polizeivorschrift genügt, dass jeder vierte Wagen im Sommer ein geschlossener sein muss.

Andere derartige Wagen sind symmetrisch gebaut und enthalten das geschlossene Abtheil in der Mitte, die offenen an beiden Enden.

Verwandlungswagen.

Um eine Benutzung desselben Wagens

Abb. 113. Vereinigter Sommer- und Winterwagen der Metropolitan-Strassenbahn in New-York.

geschlossen   offen
Abb. 114. Verwandlungswagen, erbaut von Brill.

Stock des Schuppens heruntergeschafft und in den Betrieb gekommen waren, schon wieder kaltes Wetter eingetreten und der Austausch überflüssig geworden war. Aus diesen Gründen suchte man Wagenformen zu ersinnen, die das ganze Jahr über in das ganze Jahr hindurch je nach der Jahreszeit als geschlossener oder offener Wagen zu ermöglichen, sind die sogenannten Verwandlungswagen erbaut worden.

Die vollkommenste derartige Form ist eine Ausführung, die von der Duplex

Car Co. und von Brill hergestellt wird. Fensterrahmen und Brüstungstafeln können nach oben in das Dach geschoben werden, wo sie übereinander liegen und auch noch

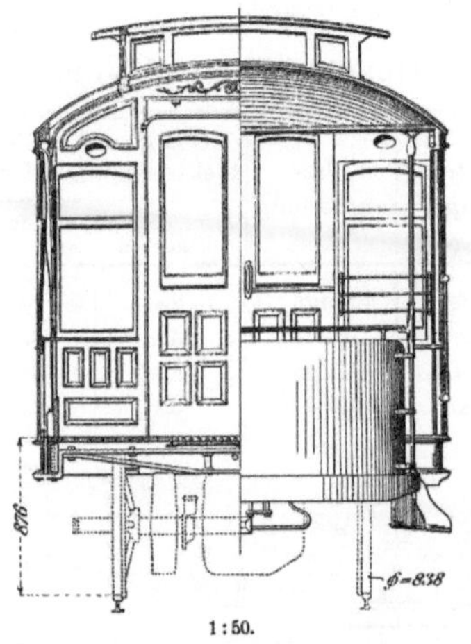

1 : 50.

Abb. 115. Verwandlungswagen der Dritte Avenue-Bahn, erbaut von der St. Louis Car Co.

für den (flach darunterliegenden) Wetter-vorhang Platz lassen. In Abb. 114 ist die Innenansicht des Wagens von Brill darge-stellt.

getrennten Rahmen, die nacheinander herab-gelassen werden. Der Längsschlitz zum Ver-senken der Fensterrahmen reicht bis in den Hauptträger des Wagenkastens herunter, der deshalb aus zwei U-Eisen mit 38 mm Zwischenraum besteht. Aehnliche Wagen sind z. Zt. bei der Grossen Berliner Strassen-bahn in Gebrauch.

Eine von der Brooklyner Strassenbahn in Betrieb genommene Wagenform, Abb. 116, geht von dem Grundsatz aus, dass für offene Wagen wegen der Zugluft Quer-sitze, für geschlossene zur Vermehrung des Raumes für Stehplätze Längssitze das zweckmässigere sind. Die zweisitzigen Bänke sind daher in zwei Einzelsessel auf-gelöst und drehbar angeordnet. Die Fenster-rahmen werden im Sommer abgeschraubt und zwischen die Pfosten Rollvor-hänge eingesetzt. Das Wegnehmen der Fenster, das etwa 40 Minuten Zeit bean-spruchen soll, ist nicht sehr zweckmässig, da bei einem Kälterückfall im Frühjahr an kalten Abenden die Fenster nicht wieder ein-gesetzt werden können, ohne dass die Wagen aus dem Betriebe gezogen werden. Auch ist es zweifelhaft, ob die Rahmen, nachdem die Pfosten den Sommer über freigestanden haben, im Herbst noch passen werden.

Leichenwagen.

Als Wagen besonderer Art sind die

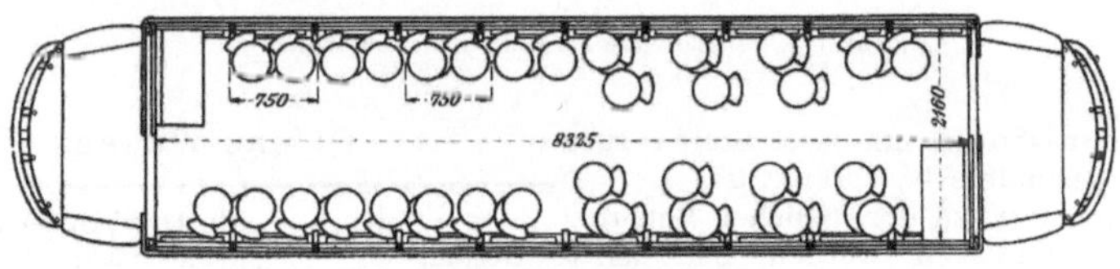

1 : 100.

Abb. 116. Verwandlungswagen der Brooklyner Strassenbahn.

Diese Art Wagen haben eine erheb-liche Verbreitung bisher nicht zu erlangen vermocht, wohl hauptsächlich aus dem Grunde, weil die vielen beweglichen Theile einem schnellen Verschleiss unterworfen sind.

Weit verbreitet ist dagegen eine zweite Art Wagen, die sich von dem gewöhnlichen Wagen mit Quersitzen nur dadurch unter-scheidet, dass die Fenster vollständig in die Brüstungswand herabzulassen sind (nicht bloss zur Hälfte, wie in dem in Abb. 109 dargestellten Wagen). Ein solcher Wagen, für die Dritte Avenue-Bahn in New-York erbaut, ist in Abb. 115 im Querschnitt dargestellt. Die Fenster bestehen aus zwei

Leichenwagen zu nennen, die bei der grossen Entfernung der Kirchhöfe vom Stadtinneren sich mehr und mehr einführen. Sie sind als Anhängewagen gebaut und ähnlich wie die besseren Leichenwagen bei uns mit Glaswänden versehen. Das Ge-folge nimmt im Triebwagen Platz, dem der Leichenwagen angehängt wird.

Herstellung des Wagenkastens.

Der Wagenkasten wird so weit irgend angängig aus Holz hergestellt. Immerhin sind trotz des grossen Holzreichthums Amerikas manche Holzarten seltener ge-worden, so dass sie für den Wagenbau nicht mehr in Betracht kommen. Für den Aufbau werden gebraucht: Weisse Eiche, weisse Esche, gelbe Kiefer (yellow pine), Pappel (white wood); für den inneren Ausbau Kirsche, Ahorn und Esche. Der Fussboden wird aus Eiche und Kiefer, Seitenwände und Dächer werden aus Esche und Pappel hergestellt. Wird die Brüstungswand mit senkrechten Stabhölzern bekleidet, so wird hierzu Pappel verwandt.

Zu den Hauptträgern wird in der Regel Eichenholz genommen; nachdem aber neuerdings die Beschaffung längerer Hölzer (bis zu 12 m) schwieriger geworden ist, beginnt man stellenweise die Längsträger aus Eisen herzustellen. Häufiger findet man eiserne Längsträger bei offenen und Verwandlungswagen (vergl. Abb. 112 u. 113), da hier die Höhe des Längsträgers, um

Das Gewicht der Wagenkasten schwankt in weiten Grenzen, da es abhängig ist von den Abständen der Tragpunkte, der Bauart und dem Material. Die Gewichte einiger von Brill erbauten Wagen sind im folgenden zusammengestellt.

Geschlossene Wagen.

Kastenlänge m	Sitzanordnung	Gewicht in t, ohne elektrische Ausrüstung	
		im ganzen	für das m Kastenlänge
5,486	längs	2,8	0,51
7,772	quer	4,4	0,56
8,534	längs	4,7	0,55 [1])
8,839	quer	5,1	0,58

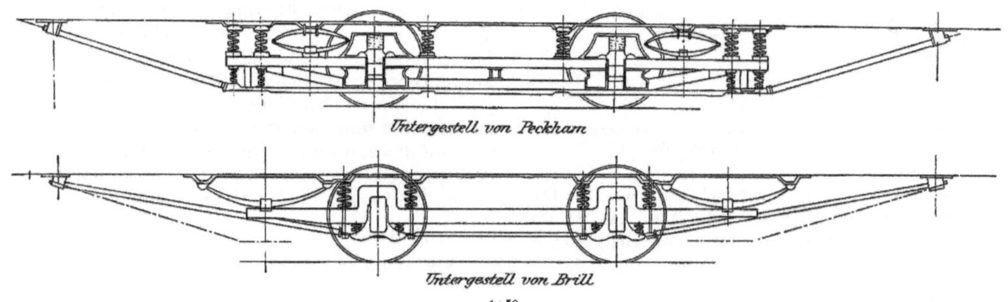

Abb. 117. Gebräuchliche Formen von Untergestellen.

den Wagenfussboden mit zwei Stufen zu erreichen, besonders beschränkt ist.

Im Gegensatz zu der üblichen Bauart der Hauptbahnwagen werden bei den Strassenbahnwagen die Seitenwände nicht zur Unterstützung der Tragfähigkeit der Längsträger hinzugezogen, sondern bilden ein Stabwerk ohne Dreiecksverbindungen. (In Abb. 109 ist eine Versprengung des Längsträgers in der Wandfläche mittelst Eisengestänges angegeben, das ist aber als Ausnahme zu betrachten.)

Die Träger der Endbühnen sind konsolartig am Boden des Wagenkastens befestigt. Es wird Werth darauf gelegt, die Bühne nicht zu fest mit den Längsträgern des Wagenkastens zu verschrauben, damit sie bei Zusammenstössen abbricht, ohne den Wagenkasten zu zerstören. Die Stirn der Bühne ist meist mit einer Bufferbohle bewehrt, die mit einem Winkeleisen verkleidet ist und die Blechwände der Bühne bei Zusammenstössen schützen soll.

Offene Wagen.

Gesamtlänge m	Bankzahl	Gewicht, in t, ohne elektrische Ausrüstung	
		im ganzen	für das m Gesamtlänge
8,737	10	3,5	0,40 [2])
10,363	12	5,3	0,51

Geschlossene Wagen mit Quersitzen sind wegen der grösseren Kastenbreite und Hauptträgerentfernung meist etwas schwerer.

Untergestelle.

Wagen bis zu einer Kastenlänge von 6,706 m — geschlossene Wagen — und einer Gesamtlänge von 9,705 m — offene Wagen — werden mit zweiachsigen Unter-

---

[1]) Abb. 109. — [2]) Entspricht nahezu Abb. 112.

gestellen gebaut. Abb. 117 zeigt zwei viel-gebrauchte Formen, wie sie von Peckham und von Brill hergestellt werden. Die schrägen Stangen, welche die Enden der Wagen abstützen, sind nur bei langen Wagen, besonders Sommerwagen, in Anwendung. Der Längsträger bei Peckham ist genietet und als Sprengwerk ausgeführt, der bei Brill ist aus einem Stück geschmiedet oder gepresst und als biegungsfester Stab gebildet. Die Spindeln der Spiralfedern sind hier zweimal geführt, um die senkrecht zur Fahrrichtung wirkenden Horizontalkräfte besser zu übertragen. Ein nach demselben Grundgesetz aufgebautes Untergestell wurde in Abb. 89, Seite 54 dargestellt.

Für die Vertheilung der Spiral- und Blattfedern auf die Länge des Untergestells besteht keine bestimmte Regel. Man wird aber der Anordnung der Blattfedern am Ende des Rahmens im allgemeinen den Vorzug geben, da sie die Schwingungen besser dämpfen und der Durchbiegung der Wagenenden infolge Ueberfüllung der Endbühnen grösseren Widerstand leisten.

Der Achsstand der Untergestelle schwankt zwischen 1829 und 2286 mm, der Raddurchmesser beträgt 762 und 838 mm. Das Gewicht eines Untergestells beträgt 1,9 bis 2,4 t (Brill).

Mit der Zunahme der Länge der Wagenkasten war man gezwungen, zu mehrachsigen Wagen mit Drehgestellen überzugehen. Da mit dem Uebergang zu längeren Wagen überall die Anhängewagen in Fortfall kamen, so war kein Grund vorhanden, die bei den zweiachsigen Wagen bewährte Zahl von zwei Motoren für den Wagenantrieb zu vermehren. Mit dem Antriebe der Hälfte der Wagenachsen ergab sich aber die Schwierigkeit der Lastenvertheilung auf die Achsen.

Das Natürlichste würde sein, genau wie beim zweiachsigen Untergestell die Motoren etwa in der Mitte zwischen der Treibachse und dem Drehzapfen eines symmetrischen Drehgestells aufzuhängen, wie dies auch meistentheils bei den vierachsigen Fahrzeugen unserer Strassenbahnen geschehen ist. Diese Anordnung hat aber den Nachtheil, dass das Reibungsgewicht im Beharrungszustande nur wenig höher ist als das auf die Laufachsen kommende Wagengewicht und dass infolge der beim Anfahren und Bremsen entstehenden Zusatzmomente unter Umständen von den zwei Achsen eines Drehgestells die Laufachse

stärker belastet wird als die Treibachse. Ein Beispiel wird dies verdeutlichen, und zwar soll ein Wagen von den ungefähren Abmessungen des vierachsigen Metropolitan-Strassenbahnwagens zu Grunde gelegt werden.

Die Gewichtsverhältnisse sind:

Wagenkasten . . . . 5,7 t
elektrische Ausrüstung . . . . 0,7 t
50 Personen . . . . 4,0 t
$$\overline{10,4 \text{ t}}$$

Gewicht eines Drehgestells . . 2,0 t
Gewicht eines Motors G.E. 1000 1,0 t
$$\overline{3,0 \text{ t.}}$$

Die Lastenvertheilung im Beharrungszustande ist dann:

Achse I   3,85 t
Achse II   4,35 t (Treibachse)
Achse III 4,35 t (Treibachse)
Achse IV 3,85 t
$$\overline{16,40 \text{ t}}$$

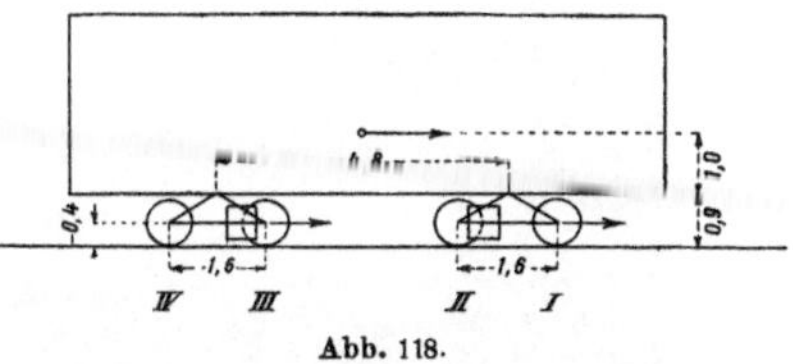

Abb. 118.

Nun soll 1. eine Beschleunigung von 0,5 m in der Sekunde, 2. eine Verzögerung von 1,0 m in der Sekunde angenommen werden.

1. In Höhe des Kastenschwerpunktes wirken wagerecht:

$$\frac{10,4}{9,81} \cdot 0,5 = 0,53 \text{ t,}$$

demnach wirken auf jeden Drehzapfen:

wagerecht   0,27 t,

senkrecht $\dfrac{0,53}{4,8} = \pm 0,11$ t

(zu vernachlässigen).

In Höhe des Schwerpunktes des Drehgestells wirken wagerecht:

$$\frac{3,8}{9,81} \cdot 0,5 = 0,16 \text{ t.}$$

Die senkrechte Zusatzbelastung der Achsen beträgt mithin:

$$\frac{0,27 \cdot 0,9}{1,6} + \frac{0,16 \cdot 0,4}{1,6} = \pm 0,2 \text{ t.}$$

Die beim Anfahren entstehenden Belastungen betragen mithin:

Achse I 3,65 t
Achse II 4,55 t (Treibachse)
Achse III 4,15 t (Treibachse)
Achse IV 4,05 t.

2. Die Zusatzbelastung der Achsen beträgt $\mp$ 0,4 t; die beim Bremsen entstehenden Belastungen betragen mithin:

Achse I 4,25 t
Achse II 3,95 t (Treibachse)
Achse III 4,75 t (Treibachse)
Achse IV 3,45 t.

Die senkrechten Zusatzbelastungen der Achsen werden beim Anfahren (bei der gezeichneten Anordnung der Motoren) durch die in gleichem Sinne wirkenden Zahn-

sind Grössen, die im Betriebe täglich vorkommen und oft noch überschritten werden. Da nun bei schlüpfrigen Strassenbahnschienen der Reibungsbeiwerth oft bis auf 1/10 heruntergeht, so folgt, dass in diesem Falle beim Anfahren das dritte, beim Bremsen das zweite Rad schleifen muss. In der That konnte man bei den vierachsigen Akkumulatorenwagen der Grossen Berliner Strassenbahn, bei denen infolge des Gewichts der Batterien die Zusatzmomente im Verhältniss noch höher ausfallen mussten, den Vorgang des Schleifens der Räder täglich beobachten.

Zur Vermeidung derartiger Uebelstände (und zugleich um das Hinauffahren steilerer Rampen zu ermöglichen) hat man das

Abb. 11°. Einseitig belastetes Drehgestell von Mc Guire.

drücke der Antriebsübersetzung noch vergrössert. Bei einer mechanischen Bremsung können sie u. U. durch den Druck einseitig angebrachter Bremsbacken gesteigert werden.

Im ersten Falle hat mithin die Achse III bei 4,15 t Belastung eine Zugkraft von 0,27 + 0,16 = 0,43 t zu entwickeln. Und wenn man, wie das häufig vorkommt (besonders bei Kurzschluss-Bremsen), annimmt, dass nur die Treibachsen gebremst werden, muss im zweiten Falle die Achse II bei 3,95 t Belastung eine Bremskraft von 0,86 t entwickeln[1]). Das entspricht einem Reibungsbeiwerth von 1/9,6 im ersten Falle, von 1/4,6 im zweiten Falle. Die angenommene Beschleunigung und Verzögerung

Wagengewicht durch eine ungleichhebelige Auflagerung zum grössten Theile auf die Treibachse gebracht und das sogenannte „Maximum Traction"-Drehgestell geschaffen. Zugleich mit dem Unterstützungspunkt hat man auch den Drehpunkt näher an die Treibachse herangeschoben und dem Laufrad einen geringeren Durchmesser gegeben (457 bis 508 mm, gegen 762 bis 838 mm). Man erreicht dadurch zugleich eine besonders für die offenen Sommerwagen ins Gewicht fallende Verringerung der Höhe des Wagenfussbodens über Schienenoberkante, indem das grosse Rad bei seinem kleineren Schwingungswege auch in der Krümmung innerhalb der Längsträger bleiben konnte, während das Laufrad wegen seiner geringen Höhe bequem unter dem Längsträger hin-

---

[1]) Die Zugkraft zur Ueberwindung des Grund- und Luftwiderstandes werde vernachlässigt.

durch schwingen kann (vergl. Abb. 109). Mit der Ungleichheit der Raddurchmesser ergiebt sich auch die rollende Reibung des Treibrades im Verhältniss grösser als die des Laufrades.

In Abb. 119 und 120 ist das nach diesem Grundsatz ausgebildete Drehgestell von Mc Guire dargestellt. Die Längsträger des Wagenkastens ruhen auf zwei abgefederten Gleitbahnen, die den Druck auf die Längsträger des Drehgestells übertragen. Eine dritte Gleitbahn in Wagenmitte nimmt die in der Fahrrichtung wirkenden Kräfte auf. Durch die Krümmungen dieser Gleitbahnen ist der Drehpunkt bestimmt, der genau über der Treibachse liegt. Die Motoren

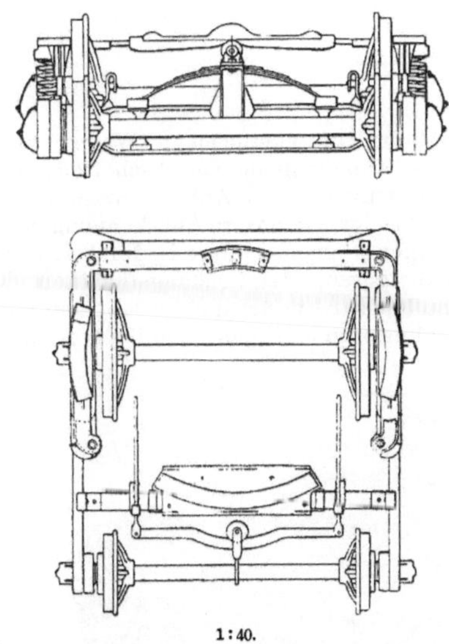

1 : 40.

Abb. 120. Einseitig belastetes Drehgestell von Mc Guire.

sind zwischen beiden Achsen aufgehängt und die Gewichte so vertheilt, dass von dem Gesamtgewicht des Wagens 80 bis 85 % auf die Treibachsen kommen. Das gilt für die gerade Strecke. Um in Bogen ein Aufsteigen und Entgleisen der Laufräder zu vermeiden, tritt hier infolge der seitlichen Verschiebung zwischen der Laufachse und dem Wagenkasten eine Mehrbelastung der Laufachse ein, die durch eine Blattfeder hervorgerufen wird, die sich unten auf den Querriegel des Drehgestells stützt und oben eine Rolle trägt, die sich gegen eine entsprechend geformte, am Wagenkasten befestigte Bahn stützt. Hierdurch wird in der Krümmung eine

Lastvertheilung von 70 und 30 % hergestellt. Aehnlich ist das Drehgestell von Brill geformt, das an dem in Abb. 110 dargestellten Wagen angebracht ist.

Ein Drehgestell mit Drehzapfen und Wiege ist in Abb. 121 dargestellt (Bauart Peckham). Die Uebertragung der Kräfte zwischen Drehzapfen und Achse ist die bei den europäischen Eisenbahn-Drehgestellen übliche. Wiege und unterer Wiegebalken sind besonders sorgsam durch eine mittlere Blattfeder und dreifache seitliche Spiralfedern gegen einander abgestützt, der Wiegebalken an dem Längsträger des Drehgestells mittelst schräger Gehänge aufgehängt. Wiege und Drehzapfen liegen von den Achsen 0,57 und 0,94 m entfernt. — Bei neueren Ausführungen, nach Abb. 122, liegt nur der Stützpunkt senkrecht über der Wiege, der Drehpunkt 0,39 m näher zur Treibachse. — Da es hier nicht möglich war, den Drehpunkt senkrecht über die Treibachse zu legen, ist der Motor ausserhalb der Achsen aufgehängt, so dass sein Gewicht zu $^{5}/_{4}$ auf der Treibachse, zu — $^{1}/_{4}$ auf der Laufachse ruht. Durch eine am Wagenkasten angebrachte, abgefederte Rolle, die ausserhalb der kleinen Achse auf dem Rahmen des Drehgestells läuft und deren Federspannung verändert werden kann, lässt sich die Lastvertheilung in gewissen Grenzen verändern. Eine Mehrbelastung der Laufachse in der Krümmung ist hier unnöthig, da durch die federnde Verbindung von Wiege und Rahmen die wagerechten Stösse, die eine Entgleisung verursachen können, sehr gemildert werden, und ferner wirkt die Tragrolle dem Aufsteigen des kleinen Rades entgegen.

Man konnte häufig die Beobachtung machen, dass Wagen mit ungleichem Raddurchmesser im allgemeinen unruhiger laufen als die mit gleich grossem Durchmesser. Man kann dies wohl so erklären, dass das kleine Rad infolge seines geringeren Durchmessers in jede in der Schiene befindliche Vertiefung „hineinfällt" und dass es wegen seiner geringeren Masse die Stösse weniger aufnimmt, sondern sie mehr auf den Wagenkasten überträgt.

Vielleicht aus diesem Grunde hat man einseitig belastete Drehgestelle mit gleich grossen Rädern hergestellt, die zur Anwendung kommen, wo auf die tiefe Lage des Fussbodens kein so grosses Gewicht gelegt wird, oder wo die Längsträger des Wagenkastens so weit auseinanderliegen, dass beide Räder innerhalb derselben schwingen können.

Das in Abb. 123 dargestellte Drehgestell der Bemis Car Box Co., das u. a. bei der Strassenbahn in Boston zur Anwendung gelangt ist, entspricht in seiner Anordnung, abgesehen von der Gleichheit der Raddurchmesser, ziemlich genau dem zuletzt

Die Gewichte einiger hier beschriebener Drehgestelle betragen:

Abb. 109, Brill . . . . . . 1,5 t,
Abb. 120, Mc Guire . . . . 1,8 t,
Abb. 121, Peckham 14 D . . 2,0 t.

Die amerikanischen Strassenbahnverwaltungen gehen mehr und mehr zur An-

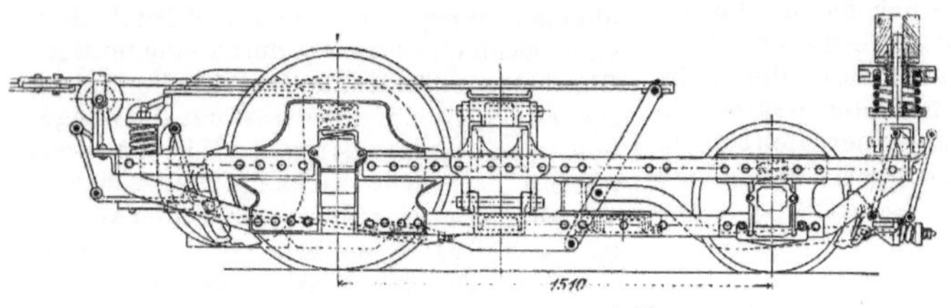
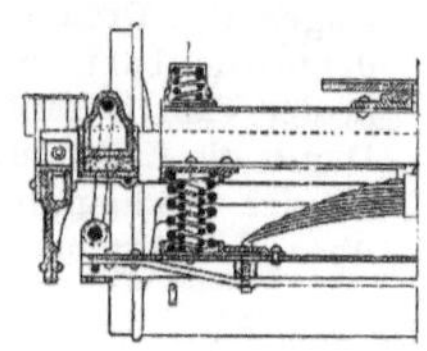

1 : 30.

Abb. 121. Einseitig belastetes Drehgestell (14 D) von Peckham.

beschriebenen Peckham-Drehgestell. Auch hier ruht der Motor ausserhalb der Achse. Tragrollen zur Veränderung der Lastvertheilung sind aber nicht angewendet.

Dagegen wird bei dem Drehgestell 14 C von Peckham (Abb. 124) die Lastvertheilung lediglich durch die Tragrolle bewirkt, die am Rahmen des Drehgestells befestigt ist.

wendung von vierachsigen Wagen über. Bei der Abneigung der Gesellschaften gegen die Benutzung von Anhängewagen, eine Ansicht, der wir unsere Anerkennung nicht versagen können, zwingt die Rücksicht auf die Steigerung der Leistungsfähigkeit der Bahnlinie zur Einführung der längsten noch zweckmässigen Wagen. Die Beförderungs-

Abb. 122. Drehgestell 14 D von Peckham nach neuer Ausführung. Achsstand 1372 mm.

Die Wiege dieses Drehgestells ist als gesprengter Eisenbalken ausgeführt und ruht mittelst längsgestellter Blattfedern unmittelbar auf dem Rahmen.

Der Bremsdruck auf die Räder aller einseitig belasteten Drehgestelle muss nach dem Verhältniss der auf die Räder wirkenden Wagenlast abgestuft werden.

kosten eines längeren vierachsigen Wagens sind überdies nur wenig höher, als die eines kurzen zweiachsigen; denn die den Haupttheil ausmachenden Löhne des Fahrpersonals sind von der Wagenlänge unabhängig, und ferner ist der Stromverbrauch der vierachsigen Wagen (infolge ihres ruhigeren Ganges), auf das tkm bezogen,

wesentlich geringer als der eines zweiachsigen Wagens. [1])

Der ruhige Gang der vierachsigen Wagen hat den weiteren Vortheil, dass Betriebsmittel und Gleis wesentlich mehr ge-
schont werden, letzteres besonders wegen
des Fortfalls der senkrechten Schwingungen.

und eine gleichmässigere Abnutzung beider
Räder eines Drehgestells bewirkt, also für
die Unterhaltung der Wagen nur Vortheile
bieten würde.

Dreiachsige Untergestelle, mit Lenkachsen, sind in beschränkter Zahl in Boston
und Providence zur Einführung gelangt
(Robinson Radial Truck, Abb. 125). Die

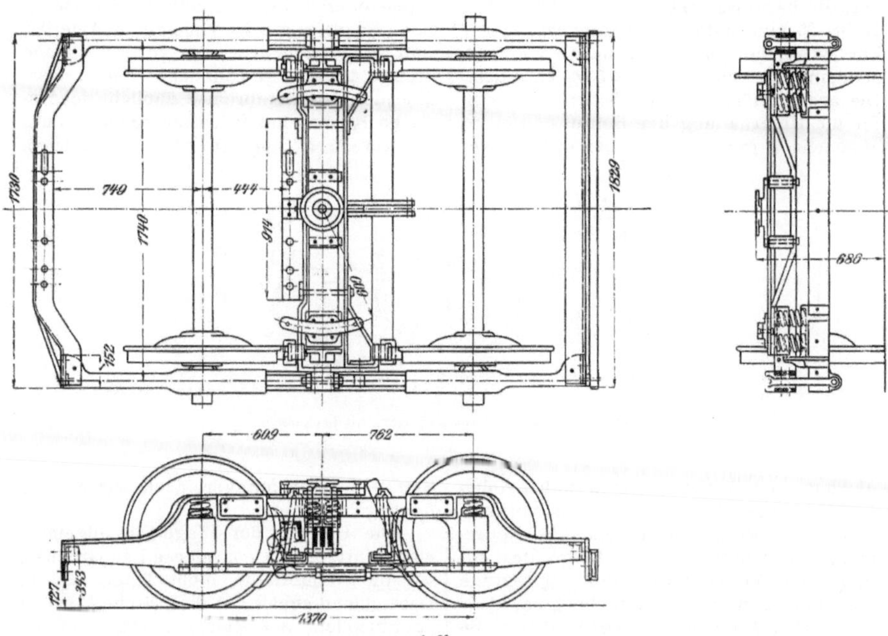

1 : 30.

Abb. 123. Drehgestell der Bemis Car Box Co., mit Lagerung des Motors ausserhalb der Achse.

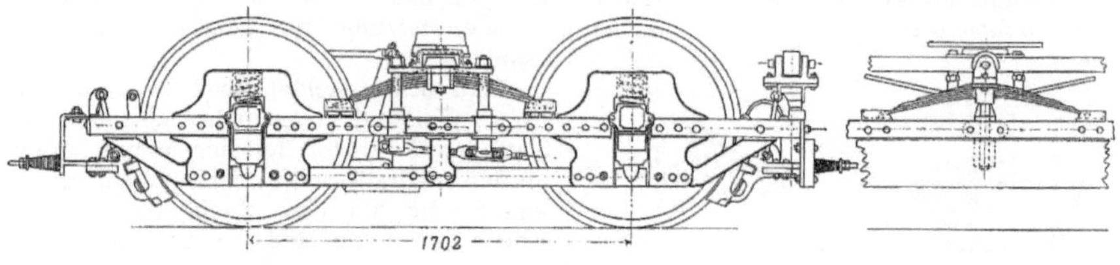

1 : 35.

Abb. 124. Einseitig belastetes Drehgestell (14 C) von Peckham.

Man kann sich darüber wundern, dass
nirgends der Versuch gemacht ist, nach
dem Vorbild der Hochbahnen beide Motoren an demselben Drehgestell zu vereinigen, eine Anordnung, die das Schleifen
und Unrundwerden der Räder vermeidet

beiden äusseren Achsen tragen den Motor;
ihr Raddurchmesser beträgt 838 mm, der
Durchmesser der mittleren Räder ist 610 mm.
Diese Untergestelle haben sich deshalb
nicht bewährt, weil in den Gefällausrun-
dungen und wo sonst, wie auf Brücken,
die Schienen dachförmig geneigt sind, die
mittlere Achse einen zu grossen Theil der
Wagenlast erhält.

---

[1]) Es wird angegeben, dass der Stromverbrauch
eines vierachsigen Wagens nicht höher als der eines zweiachsigen von 1,2 m geringerer Länge ist.

Achsen und Räder.

Die Wagenachsen werden aus Schmiedeeisen, seltener aus Flussstahl hergestellt. Der Durchmesser in den Lagern beträgt üblicherweise 83 mm; der zylindrische Schaft hat einen Durchmesser von 95 bis 102 mm.

Für die Räder wird Hartguss verwendet; die harte Schicht soll eine Stärke von 12 bis 25 mm unter der Lauffläche haben. Zur Erzielung guter Ergebnisse wird ein Mangangehalt von 0,3 bis 0,5 % gefordert. Die grosse Härte des Radreifens ist zwar für die Unterhaltung der Betriebsmittel im allgemeinen günstig, hat aber auf die Ab-

Ausrüstung der Wagen.

Die Wagen erhalten stets zwei Motoren, von je 27 bis 52 PS Leistung; über ihre Lagerung und den Antrieb der Achse ist nichts Besonderes zu bemerken; sie weichen von den bei uns angewandten Methoden nicht ab. Die Fahrschalter sind fast niemals für eine Bremsung durch Motorstrom (Wirbelstrom- oder elektromagnetische Bremsung) eingerichtet; diese ist vielmehr in Amerika ganz ungebräuchlich. Die vorherrschende Bremse ist die gewöhnliche Handbremse. Eine der Heberleinbremse ähnliche mechanische Bremse hat Price angegeben. Luftdruckbremsen sind auf den eigentlichen

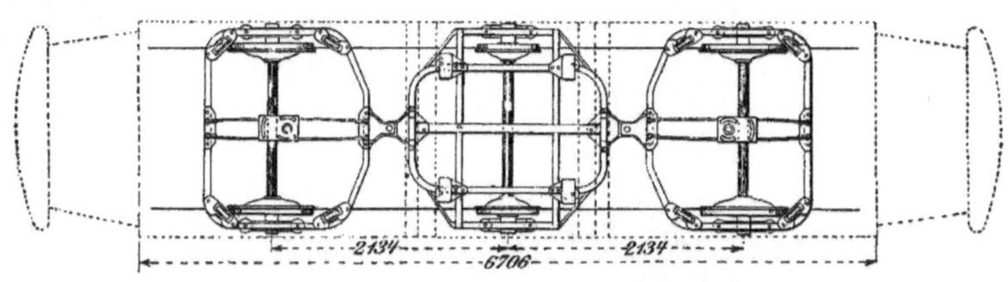

1 : 75.

Abb. 125. Untergestell von Robinson, mit Lenkachsen.

nutzung der Schienen einen unheilvollen Einfluss. Bei einer nicht selten vorkommenden grossen Sprödigkeit des Rädermaterials konnte man als Folge des ungünstigen Verhältnisses der Härtegrade von Rad und Schiene beobachten, dass nach Abnutzung der Schiene häufig die Aussenkante des Laufkranzes mit dem Kopfe der Pflastersteine in Berührung gekommen und infolgedessen an vielen Stellen ausgebrochen war.

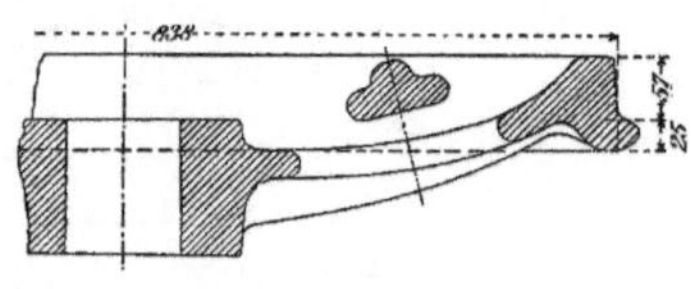

1 : 10.

Abb. 126. Strassenbahnrad.

Der Querschnitt eines siebenspeichigen Rades von 838 mm Durchmesser ist in Abb. 128 dargestellt. Das Gewicht eines Rades von 838 mm Durchmesser wird gewöhnlich zu 160 kg, von 762 mm Durchmesser zu 120 kg angenommen.

Die Bremsschuhe werden aus weichem Gusseisen gefertigt.

Strassenbahnen nur vereinzelt zur Anwendung gelangt.

Die Heizung der Wagen ist allgemein eingeführt. In den mittleren Landstrichen, wo die Winterkälte nicht länger als in Deutschland anhält, ist elektrische Heizung gebräuchlich; zur Zeit des stärksten Betriebs wird die Heizung abgestellt, um das Kraftwerk nicht noch mehr zu belasten, und weil man, wenn der Wagen überfüllt ist, die Heizung am ehesten entbehren kann.

Man unterscheidet zwei Arten elektrischer Heizung, Spulenheizkörper und Plattenheizkörper. Bei der ersten Form werden spiralförmige Heizspulen angewandt, die um eine Seele von Asbestschnur gewunden sind, so dass die Drahtwindungen keine mechanische Beanspruchung aufzunehmen haben. Die so

hergestellten umwundenen Schnüre sind wellenförmig über die Porzellanköpfe eines Metallrahmens gewickelt. Die zweite Art besteht aus Gusseisenplatten, auf die eine starke Schmelzschicht aufgebracht ist. In diese Schmelzschicht sind nahe ihrer Aussenseite die Heizdrähte eingebettet. Alle Heizkörper enthalten eine Doppelwicklung aus einem starken und einem schwachen Drahte. Man kann, indem man nur den starken oder nur den schwachen oder beide Drähte nebeneinander einschaltet, drei verschiedene Heizungsstufen erzielen. Die Heizkörper werden an den Wänden befestigt oder unter den Sitzen aufgehängt.

Im kälteren Norden ist die Ofenheizung die vorherrschende; der Ofen steht in der Mitte eines Längssitzes und wird im Sommer herausgenommen. Die Strassenbahn in Detroit hat eine Luftheizung eingerichtet; hier steht der Ofen im oder am Führer-

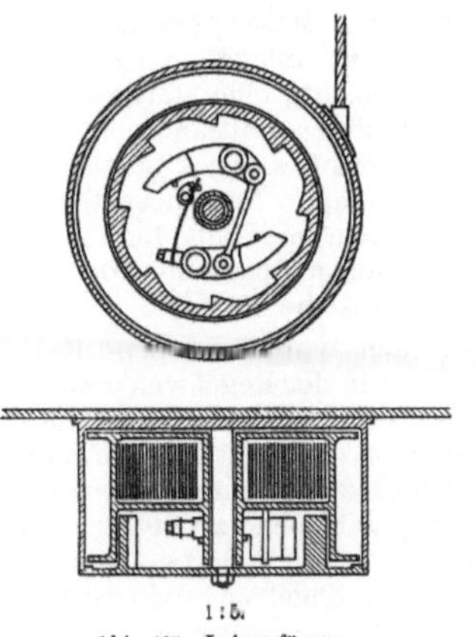

Abb. 127. Leinenfänger.

stand (vergl. die Wagengrundrisse Abb. 110 und 111). Die zu erwärmende Frischluft wird von aussen entnommen; die warme Luft tritt aus einem Röhrensystem unter den Sitzen aus.

Eine in Amerika vielfach verbreitete, bei uns noch wenig angewandte Einrichtung ist der Leinenfänger, Trolley Catcher, von Wilson, Abb. 127. Das Ende der von der Rolle herabführenden Leine ist um eine Trommel geschlungen, deren Inneres eine Spiralfeder birgt, die die Leine aufzuwickeln trachtet und dem Federdruck des Stromabnehmerarmes entgegen arbeitet. Die Büchse, in der die Trommel umläuft, enthält einen festen Zahnkranz, in den die Daumen zweier mit der Trommel verbundenen Fluggewichte eingreifen. Wenn die Rolle entgleist ist und der Stromabnehmer-

arm durch den Anprall an einen Querdraht oder Ausleger nach unten geschleudert wird, wickelt sich die Leine auf die Trommel; beim Zurückschwingen des Stromabnehmerarmes wird die Leine wieder schnell nach oben gezogen, die Fluggewichte treten in Thätigkeit und der Arm wird in tiefer Stellung festgehalten. Er kann auch unmittelbar nach dem Entgleisen nicht unbegrenzt nach oben schnellen, so dass der erste Anprall an die Hängekonstruktion ein verhältnissmässig milder ist; ein zweiter Anprall kann nicht stattfinden. Wenn die Federspannung richtig abgestimmt ist, wirkt die Einrichtung befriedigend.

Fast alle amerikanischen Strassenbahnwagen sind mit Schutzvorrichtungen, Fangnetzen, ausgerüstet, durch die

Abb. 128. Schutzketten zwischen Trieb- und Anhängewagen.

Personen vor dem Ueberfahrenwerden geschützt werden sollen. Von den Aufsichtsbehörden werden diese Vorrichtungen vorgeschrieben; ihre Zweckmässigkeit wurde aber von den Strassenbahnverwaltungen stets lebhaft bestritten. Um einen wirksamen Schutz zu gewähren, müssen sie weit nach vorn ausladen und so breit wie die Vorderbühne sein. Die Folge ist, dass sie in Krümmungen seitlich weit über die Aussenschiene herüberragen und die Fussgänger gefährden, statt sie zu schützen.

Schutzketten zwischen Trieb- und Anhängewagen sind in Chicago üblich, Abb. 128; sie sind aus Spiraldraht ausgeführt und erfüllen bei grosser Einfachheit ihren Zweck, das Dazwischenfallen von Reisenden beim Auf- und Absteigen zu verhindern, anscheinend in befriedigender Weise.

Sechster Abschnitt.

Erzeugung und Vertheilung der elektrischen Energie.

Allgemeines.
Lage der Kraftwerke zur Stadt.

Während die für den elektrischen Bahnbetrieb erforderliche Energie bei uns in der Regel aus fremden Werken — städtischen oder einer besonderen Gesellschaft gehörigen Kraftwerken — bezogen wird, erzeugen in Amerika fast überall die Bahngesellschaften den nöthigen Strom selbst. Ausnahmen sind nur in dem Falle zu verzeichnen, wo aus einer grösseren Wasserkraftanlage Strom zu besonders billigem Preise abgegeben werden konnte, wie z. B. in Buffalo, das den gesamten Bahnstrom von der Anlage am Niagarafall bezieht. Bahnwerke und Lichtwerke sind allerdings mehrfach vereinigt, wenn die Strassenbahngesellschaft auch die Beleuchtung in der Stadt besorgt, wie z. B. in Milwaukee, Akron O., Paterson N.-J.

Es ist schon davon die Rede gewesen, dass die Gerechtsame zum Betriebe von Strassenbahnen sehr häufig strassenweise an getrennte Gesellschaften vergeben wurde. Noch während der Zeit des Pferdebetriebs hatten sich diese Einzellinien in der Regel zu kleineren Bahnnetzen zusammengeschlossen. Als daher (in den Jahren 1880 bis 1890) der Uebergang zum Kabel- oder elektrischen Betriebe fast allenthalben stattfand, da baute jede Gesellschaft für sich entweder eine Reihe von Kabelkraftwerken längs ihrer Kabellinien oder ein oder mehrere kleinere Stromerzeugungswerke, diese dem damaligen Stande der Technik entsprechend mit Maschinensätzen von 100 bis 500 PS und Riemenantrieb der Stromerzeuger.

Wenn späterhin eine Anzahl derartiger Bahnen vereinigt wurden, so fand die neue Gesellschaft über die Stadt vertheilt eine grössere Zahl mehr oder weniger wirthschaftlich gelegener und eingerichteter Kraftwerke vor. Man hat dann in der Regel die neueren und besser angelegten dieser Werke beibehalten und durch Anfügung von grösseren Maschinensätzen erweitert, die kleineren Anlagen eingehen lassen. Wenn gleichzeitig eine starke Ausdehnung des Bahnbetriebs stattfand, hat man wohl auch ein neues Kraftwerk zu den bestehenden hinzugefügt. Alle diese Gleichstromwerke arbeiten nun mit der für Strassenbahnen üblichen Spannung von 550 V parallel auf dasselbe Netz.

Mit den vorgefundenen Kabelkraftwerken war in der Regel wenig anzufangen. Stellenweise, z. B. auf der Dritten-Avenue-Bahn in New-York, hat man vorübergehend die Kabelmaschinen zum Riemenantrieb von Stromerzeugern benutzt; sonst hat man die Grundstücke zu anderen Zwecken verwerthet, zum Theil zu elektrischen Unterstationen.

In anderen Städten, in denen von Anfang an nur eine Gesellschaft bestand oder die Vereinigung der kleineren Gesellschaften sehr weit zurücklag, ist man natürlich bestrebt gewesen, die Krafterzeugung nach Möglichkeit in einem Punkt zu vereinigen; nur in den grösseren Städten hat man das Bahnnetz mit Rücksicht auf die wirthschaftlichen Grenzen der Gleichstromvertheilung in eine Anzahl von Bezirken zerlegt, deren jeder von einem besonderen Kraftwerk seinen Strom erhält und deren Zahl mit dem Wachsthum des Netzes allmählich vergrössert wurde.

Eine Stromvertheilung durch Gleichstrom gilt als wirthschaftlich für eine Uebertragungslänge von 13 km bei schwachem Verkehr und mässigen Steigungen; bei mittlerem Verkehrsumfang geht man nicht über 10 km, und bei besonders starkem Verkehr wird die Grenze unter Umständen schon bei 5 km liegen.

Wenn über diese Grenzen nur einzelne Ausläufer hinausführen, so wäre die Anlage eines besonderen Kraftwerks für jeden derselben unwirthschaftlich; man hat sich dann geholfen entweder durch Anlage einer Speicherbatterie an dem Auslaufpunkt, welche den Spannungsabfall während der starken Belastung vermindert, oder aber durch Anordnung einer mit den Sammelschienen in Reihe geschalteten Zusatzmaschine in einem der Kraftwerke, um den Spannungsabfall zu ersetzen.[1]

Die beiden Forderungen für die Wahl des Bauplatzes für die Kraftstationen, nämlich einmal die Lage nahe dem Schwerpunkt des Vertheilungsnetzes, und zweitens die günstige Beschaffung von Wasser und Kohle, haben sich bei der grossen Ausdehnung der Städte und den hohen Grundstückpreisen in der Innenstadt nur selten gleichzeitig erfüllen lassen. Bei der Höhe der Anfuhrkosten auf dem Landwege hat die Rücksicht auf die Kohlenzufuhr fast immer den Ausschlag für die Lage des Kraftwerks gegeben; die meisten Kraftwerke haben daher Gleisanschluss oder liegen an einem schiffbaren Wasserlauf. In diesem letzteren Falle werden die Kohlen in öffentlichen oder privaten Umschlaganlagen vom Bahnwagen in Schuten gestürzt und so dem Kraftwerk zugeführt.

Als Beispiele für die Vertheilung von Gleichstrom-Kraftwerken über die Stadt seien die Anlagen in Pittsburgh, Chicago und Boston gewählt. In Pittsburgh sind die einzelnen Bahngesellschaften neuerdings in einer Hand vereinigt worden, in Chicago hat eine theilweise Vereinigung stattgefunden und in Boston hat von Anfang an nur eine Gesellschaft bestanden.

In Pittsburgh und Allegheny bestanden anfangs eine grosse Anzahl (etwa 35) kleinerer Strassenbahngesellschaften, die ihre Linien theils mit Pferden, theils mittels Kabels, theils elektrisch betrieben. Diese wurden in den Jahren 1895 und 1896 in der Hauptsache zu zwei grösseren Gesellschaften vereinigt:

1. die Consolidated Traction Co. mit 200 km Gleislänge, 330 Triebwagen, 100 Anhängewagen;
2. die United Traction Co. mit 190 km Gleislänge, 300 Triebwagen und 50 Anhängewagen.

Daneben blieben noch drei kleinere selbständige Gesellschaften bestehen.

Im Jahre 1900 wurden sämtliche Strassenbahnen Pittsburghs zu einer, der Union Traction Co., vereinigt (etwa 450 km Gleislänge).

Die Linien der Consolidated Traction Co. durchziehen die Stadt Pittsburgh, mit Ausläufern nach Wilkinsburg und am Ufer des Allegheny bis Aspinwall, während die der United Traction Co. sich besonders in der Stadt Allegheny und im Flussthal des Monongahela erstrecken, mit Ausläufern nach Wilmerding und McKeesport. Wegen der bergigen Lage der Stadt haben die Bahnlinien erhebliche Höhenunterschiede zu überwinden.

Die Consolidated Traction Co. fand 4 elektrische und 3 Kabelkraftwerke vor, von zusammen 8350 PS (die 4 elektrischen allein 5400 KW) Leistung, die sämtlich für Wasser- und Kohlenversorgung sehr ungünstig lagen (A bis G auf dem Lageplan, Abb. 129, Tafel II). Man beschloss daher, an Stelle dieser Werke ein neues Kraftwerk zu bauen, welches das ganze Bahnnetz mit Strom versorgen sollte. Als Lage kamen nur die Flussufer in Betracht, an denen entlang sich auch die Eisenbahnlinien ziehen. Da der Allegheny das reinere Wasser führte, wurde dieser gewählt, und an der im Plane mit H bezeichneten Stelle ein Kraftwerk von 4800 KW Leistung erbaut, das eine Vergrösserung auf 6400 KW zuliess und den Strombedarf des Netzes vorläufig reichlich deckte. An den Stellen C, E und I wurden Leistungsbatterien von 500, 500 und 1000 Ampèrestunden Leistung (bei einstündiger Entladung) aufgestellt. Die Vertheilungsleitungen wurden als Dreileiternetz angelegt.

Die United Traction Co. fand an den im Plane mit K, L, M und N bezeichneten Stellen Kraftwerke von zusammen 4800 KW Leistungsfähigkeit vor, von denen nur das in Glenwood (L) neuzeitlich eingerichtet war. Man behielt daher nur dieses Werk bei, das auch günstig zu Wasser und Bahn gelegen war, und errichtete an der Juniata-Street in Allegheny (K) ein neues Werk von 2350 KW Leistung. Die Kohlenzufuhr beider Kraftwerke geschieht mit der Bahn.

Das Glenwood-Werk wurde von 2500 auf 4100 KW vergrössert und erhielt zugleich 2 Zusatzmaschinen. Eine derselben dient zur Speisung der Aussenstrecke nach Wilmerding, die andere zur Speisung einer Leistungsbatterie, welche bei O gelegen als Ersatz des Kraftwerks in N von 165 KW Leistung dient, dessen Betrieb eingestellt wurde. Die Leistung der Batterie beträgt

---

[1] Auch in diesem Falle tritt eine gewisse Verminderung des Energieverlustes in der Leitung ein, infolge des höheren Werthes der Übertragungsspannung.

Schimpff.

500 Ampèrestunden, bei einstündiger Entladung.

Nach der Vereinigung der Bahnnetze in der Hand der Union Traction Co. geht diese nunmehr daran, zur Deckung des dauernd wachsenden Kraftbedarfs ein viertes Kraftwerk auf einer Insel des Ohio (bei F) zu errichten, mit einer Leistung von vorläufig 10 000 KW.

Die Strassenbahnen Chicagos zerfallen heute in zwei grosse Netze, die Yerkes-Bahnen, nördlich des Entwässerungskanals, und das Netz der Chicago City Railway, südlich des Kanals. Ausserdem besteht als nennenswerthe selbständige Bahn nur noch die Calumet Electric Street Railway im äussersten Süden der Stadt.

Zu den Yerkes-Bahnen gehören die beiden grossen Netze der Union Traction Co. und der Consolidated Traction Co. Die Union Traction Co. ist 1899 aus der Verschmelzung der North Chicago Street R. R. (gegründet 1859) und der West Chicago Street R. R. (gegründet 1861) entstanden, deren beide Netze durch den Chicago-Fluss getrennt sind. Nach aussen sind an beide Netze eine Anzahl Aussenlinien angeschlossen, die, mit Ausnahme einer, der westlich gelegenen Suburban R. R. Co., im Jahre 1899 unter dem Namen Chicago Consolidated Traction Co. vereinigt wurden. Auch diese Aussenbahnen wurden sämtlich einzeln von Yerkes erbaut und sind jetzt an die Union Traction Co. angegliedert, wobei die Kraftwerke gemeinsam benutzt werden und zum Theil Wagendurchgang stattfindet.

Zu den Yerkes-Bahnen gehören auch die Lakestreet-Hochbahn, die 1894 angekauft, die Nordwest-Hochbahn, die von Yerkes 1893 gegründet, die Schleifenhochbahn, die 1894 gegründet wurde, und seit 1901 auch die Westseiten-Hochbahn.

Die Chicago City Railway ist als selbständiges Unternehmen 1856 entstanden und hat sich seitdem stetig bis zu ihrem jetzigen Umfange vergrössert.

Es wurde bereits früher (im 4. Abschnitt) erwähnt, dass auf den strahlenförmig von der Innenstadt auslaufenden Hauptlinien Kabelbetrieb besteht, während die weiter draussen gelegenen Zweig- und Nebenlinien elektrisch betrieben werden. Bei der Einrichtung des elektrischen Betriebs blieben die zahlreichen kleineren Kraftwerke der Kabellinien bestehen, während eine Anzahl elektrischer Kraftwerke grösseren Umfangs in den Aussenbezirken errichtet wurde. Da hier die Bahnen schon frühzeitig in einer Hand waren, fiel die Veranlassung zur Erbauung vieler kleinerer elektrischer Kraftwerke fort.

Der heutige (1900) Umfang der einzelnen Netze beträgt (vergl. den Plan Abb. 13, Tafel I):

Union Traction Co.	400 km	Gleislänge elektrische Bahn,
	75 km	Gleislänge Kabelbahn,
	10 km	Gleislänge Pferdebahn;
Consolidated Traction Co.	330 km	Gleislänge elektrische Bahn;
Suburban R. R. Co.	90 km	Gleislänge elektrische Bahn
zusammen Yerkes-Strassenbahnen .	820 km	Gleislänge elektrische Bahn.
Chicago City Railway	250 km	Gleislänge elektrische Bahn
	60 km	Gleislänge Kabelbahn,
	8 km	Gleislänge Pferdebahn.
Calumet El. Str. Ry.	130 km	Gleislänge elektrische Bahn.

Trotz der wesentlich geringeren Gleislänge der Kabelstrecken der beiden grossen Gesellschaften werden auf diesen mehr Wagenkilometer zurückgelegt als auf den elektrisch betriebenen Strecken.

Die Kraftwerke der einzelnen Gesellschaften sind in dem Plane Abb. 13 mit fortlaufenden Buchstaben bezeichnet. Sie liegen fast sämtlich an einer der zahlreichen Chicago nach allen Richtungen durchziehenden Eisenbahnlinien, so dass die Kohlenversorgung keine Schwierigkeiten bietet; dagegen liegen nur wenige an einem Arm des Chicago-Flusses; die meisten sind mit ihrem Wasserbedarf auf die städtische Wasserleitung angewiesen, die Seewasser liefert.

1. Kraftwerke der Yerkes-Bahnen, liefern Strom für die vier Strassenbahnnetze und die Lakestr.-Hochbahn:

A. Hawthorne Av. (Hobbie Str.) — North Chicago Str. R. R. Leistung 3200 KW.

B. California Av. — Consolidated Traction Co. Leistung 4000 KW.

C. Harvey Av. — Consolidated Traction Co. Leistung im jetzigen Ausbau 1500, zu erweitern auf 4000 KW.

D. Western Av. — West Chicago Street R. R. Leistung 9750 KW.

2. Kraftwerke der Chicago City R. R.:

E. 20. Strasse. Leistung 500 KW.
F. 49. Strasse. Leistung 5200 KW.
G. 52. Strasse. Leistung 5000 KW.

3. — *H.* Kraftwerk der Calumet Electric Str. Ry., an der 93. Strasse. Leistung 1500 KW.

Die mit *A* und *B* bezeichneten Kraftwerke entnehmen Speise- und Kühlwasser (für die Einspritzkondensation) dem Flusse. Zur Reinigung des schlammigen Flusswassers sind Sandfilter-Gefässe vorhanden. Die unter *C* bis *G* genannten Kraftwerke benutzen städtisches Leitungswasser. Das Kraftwerk *H* gebraucht städtisches Leitungswasser und aus einem Sammelteich entnommenes Regenwasser.

In Boston bestehen heute zwei Strassenbahngesellschaften, die Boston Elevated Railway Co. mit (1900) 520 km Gleis und 2720 Wagen, und die Lynn-Bostoner Strassenbahn, die innerhalb der Stadt Boston die Gleise der anderen Gesellschaft mitbenutzt, ausserhalb der Stadt 250 km eigene Gleise besitzt, mit 540 Wagen, von denen sich etwa der vierte Theil gleichzeitig auf den Gleisen der Stadtgesellschaft befindet.

Die Kraftvertheilung für das Bostoner Strassenbahnnetz ist das beste Beispiel für eine reine Gleichstromvertheilung ohne besondere Hilfsmittel, wie Leistungsbatterien und Zusatzmaschinen. Es wurden nach einander 7 Kraftwerke an verschiedenen Stellen des Netzes errichtet, deren Grösse nach der Verkehrsdichtigkeit in den zugehörigen Vertheilungsnetzen abgestuft ist.

Die 7 Kraftwerke sind (vergl. den Lageplan Abb. 130, Tafel II) nach ihrer Entstehungszeit geordnet:

A. Hauptkraftwerk an der South Bay (Albany Str.) 13 300 KW,
B. Allston . . . . 744 „ ,
C. Ost Boston . . . . . 500 „ ,
D. Ost Cambridge . . . 2 800 „ ,
E. Charlestown . . . . . 1 600 „ ,
F. Dorchester . . . . . 2 000 „ ,
G. Harvard (Cambridge) . . 3 600 „ .

Hierzu kommt noch ein altes Kraftwerk mit Riemenantrieb, das auf dem Grundstück des Hauptwerks gelegen ist und nur in den Zeiten der stärksten Last in Betrieb gesetzt wird; es leistet 1900 KW. Ausser

in den Werken *B* und *E* sind heute nur noch unmittelbar angetriebene Stromerzeuger in Anwendung.

Mit Ausnahme von *F* sind alle Kraftwerke unmittelbar an Meeresarmen gelegen, so dass die Beschaffung von Kühlwasser (Einspritzkondensation) keine Schwierigkeiten bereitet.

Das Speisewasser wird aus der städtischen Wasserleitung entnommen. Die Kohlenzufuhr geschieht für alle Werke, mit Ausnahme von *B* und *G*, auf dem Wasserwege. Diese beiden Werke erhalten ihre Kohlen durch besondere Kohlenförderwagen von dem an der Süd-Bai neben dem Hauptkraftwerk gelegenen Kohlenlagerplatz. Von dieser Kohlenförderung wird weiterhin die Rede sein.

Durch die Inbetriebnahme der derselben Gesellschaft gehörigen Hochbahn ist der Kraftbedarf des Bahnnetzes bedeutend gesteigert worden. Dieser Mehrbedarf wird gedeckt:

1. durch Vergrösserung der Kraftwerke *A* und *E* um 4000 und 2700 KW,
2. durch Erbauung eines neuen, zunächst auf 5400 KW bemessenen, auf 18 900 KW zu erweiternden Kraftwerks „Lincoln-Werft" (*H*) etwa in der Mitte der Hochbahn. Die Wasserversorgung ist die gleiche wie bei den anderen Werken, die Kohlen werden ebenfalls auf dem Wasserwege herangeschafft.

Ein getrenntes Stromvertheilungsnetz für die Hochbahn ist nicht angelegt worden.

Anders als in den übrigen Städten der Vereinigten Staaten lagen die Verhältnisse für New-York. Dank dem Widerstande der Stadtverwaltung gegen die Einführung der Oberleitung auf der Manhattan-Insel verzögerte sich die Einführung des elektrischen Betriebs daselbst so sehr, dass die Vereinigung der einzelnen Gesellschaften im wesentlichen bereits zur Zeit des Pferdebetriebs erfolgt war. Man hatte daher bei der Planung der Stromerzeugung und -Vertheilung mit keinen bestehenden Anlagen zu rechnen.

Bauplätze für Kraftwerke waren nur in sehr beschränkter Auswahl vorhanden, nämlich nur an dem weiter nördlich (up town) gelegenen Theil der Uferlinie des East River und am Harlemfluss. Dieser Umstand, sowie die grosse Verkehrsdichte, der verhältnissmässig hohe Stromverbrauch für das Wagenkilometer (infolge des häufigen Anfahrens) und schliesslich die hohen Grunderwerbskosten an sich führten beide 1899 bestehenden Strassenbahngesellschaften zur Wahl einer Drehstromvertheilung von einem Kraftwerke aus. Die Metropolitan - Strassenbahngesellschaft stellte fest, dass — bei einer Gesamtleistung von 26 000 KW — die Anlagekosten für die Stromerzeugung und -Vertheilung bei Anlage von 2 Gleichstromkraftwerken (die wegen der beschränkten Auswahl von Bauplätzen eine zum Vertheilungsnetz ungünstige Lage erhalten hätten) angeblich etwa 7 000 000 M[1]) theurer geworden wäre, als die Anlage eines Drehstromkraftwerks und der erforderlichen Zahl von Unterstationen.

Die Metropolitan - Strassenbahngesellschaft errichtete ein Drehstromwerk am East River, an der 96. Strasse (s. Abb. 14, Tafel I), welches Drehstrom von 25 Perioden und 6600 V Spannung erzeugt, der in vorläufig sieben Unterstationen (eine davon im Kraftwerk) in Gleichstrom von 550 Volt Spannung umgewandelt wird. Die Unterstationen wurden möglichst gleichmässig über das Bahnnetz vertheilt und dazu der Bahn gehörige Grundstücke benutzt, auf denen vorher Wagenschuppen, Pferdeställe oder Kabel - Kraftwerke sich befanden. Eine achte Unterstation soll nach dem weiteren Ausbau der noch mit Pferden betriebenen Linien errichtet werden. Der Halbmesser der Gleichstrom-Vertheilungskreise schwankt zwischen 2 und 3 km, je nach der Dichtigkeit des Stromverbrauchs.

Die Dritte Avenue - Bahn nahm mit Rücksicht auf ihr Bahnnetz im Stadttheil Bronx (die Union Ry.), wie schon früher erwähnt, ein Kraftwerk am Ende der Kingsbridge Road in Angriff. In Bezug auf Spannung und Periodenzahl folgte man dem Vorbild der Metropolitan-Gesellschaft. Nach dem Uebergange des Bahnnetzes an die Metropolitan-Gesellschaft beschränkte man sich darauf, das Kingsbridge - Kraftwerk, wie oben bereits erwähnt wurde, zunächst nur zur Hälfte (28 000 KW) auszubauen, um das Netz der Union Ry. mit Strom zu versorgen, während die auf Manhattan gelegenen Linien an das Kraftwerk der 96. Strasse angeschlossen wurden. Die Linien der Union Ry. erhielten bisher ihren Strom aus vier kleineren Kraftwerken von zusammen 7500 KW Leistung (vergl. Abb. 16, S. 11), die demnächst eingehen. Dank der gleichen Stromart beider Kraftwerke wird späterhin eine gegenseitige Unter-

stützung bei grossem Kraftbedarf und bei Betriebsstörungen leicht möglich sein.

Die Manhattan - Hochbahngesellschaft, bei der die Verhältnisse bezüglich der Vertheilung des Kraftbedarfs ähnlich lagen wie bei der Strassenbahn, hat, ehe sie sich ebenfalls zur Wahl eines Drehstromwerks mit Unterstationen entschloss, die verschiedenen Möglichkeiten der Stromversorgung eingehend untersucht; das Ergebniss wurde im Street Railway Journal 1901, S. 25, veröffentlicht.

Ernstlich in Frage kamen neben der Drehstromerzeugung in einem Kraftwerk:

1. Vier Gleichstrom - Kraftwerke. Die Anlagekosten waren etwas geringer, wurden aber durch die Mehrkosten der Stromerzeugung mehr als aufgewogen.

2. Zwei Gleichstrom-Kraftwerke, Dreileiteranlage. Hier ergab sich die Schwierigkeit, dass bei Benutzung der Eisenkonstruktion als Mittelleiter störende Spannungsunterschiede zwischen verschiedenen Punkten derselben auftreten mussten, und das Bedenken, dass das System noch nirgends im grösseren Massstabe ausgeführt war.

3. Zwei Gleichstrom - Kraftwerke mit Benutzung von Zusatzmaschinen. Die Maschinen- und Schaltanlagen in den Kraftwerken wären sehr verwickelt geworden. Auch hier wären Spannungsunterschiede an der Eisenkonstruktion nicht zu vermeiden gewesen.

4. Ein Kraftwerk, mit Gleichstrommaschinen für den wirthschaftlichen Umkreis der Gleichstromvertheilung und Drehstrommaschinen für den übrigen Theil des Netzes, nebst den erforderlichen Unterstationen. — Die Anzahl der Maschinen im Kraftwerk wäre wesentlich grösser geworden, als bei einer reinen Drehstromanlage, und damit hätten sich auch die Anlage- und Stromerzeugungskosten vermehrt.

Für das Kraftwerk der Manhattan-Hochbahn wurde ein Gelände am East River, zwischen der 74. und 75. Strasse gelegen, gewählt; als Periodenzahl wurde auch hier 25 beibehalten, die Spannung jedoch auf die bisher für unmittelbare Erzeugung ungewöhnliche Grösse von 11 000 Volt erhöht, um das Kupfergewicht des Hochspannungsvertheilungsnetzes zu vermindern. Die Zahl der Unterstationen beträgt 7. Eine gleiche Krafterzeugung und -Vertheilung, bei ähnlicher Lage des Kraftwerks, ist auch für die neue Schnellverkehrslinie (Unterpflasterbahn) gewählt worden.

---

[1]) Wahrscheinlich ist in dieser Summe die Kapitalisirung der jährlichen Mehrkosten der Stromerzeugung einbegriffen.

Abgesehen von dem Vertheilungsnetz für Licht- und Kraftbedarf, das, von zwei derselben Gesellschaft gehörigen Werken[1]) ausgehend, ebenfalls Drehstrom von 6600 V Spannung und 25 Perioden verwendet, werden somit im eigentlichen New-York binnen kurzem drei getrennte Drehstromvertheilungsnetze für Bahnbetrieb vorhanden sein, die zusammen etwa 20 Unterstationen mit Strom versorgen werden. Die für Bahnbetrieb auf der Manhattan-Insel erzeugte Energie beträgt:

Metropolitan-Bahn:

a) 96 Strasse	38 500	KW
b) Kingsbridge Road .	28 000	„
Manhattan-Hochbahn . .	40 000	„
Schnellverkehrslinie . . .	40 000	„
	146 500	KW.

Es wäre zweifellos wirthschaftlicher gewesen, wenn es gelungen wäre, die Stromlieferung für die verschiedenen Gesellschaften zu vereinigen, da hierbei bedeutende Ersparnisse, zwar nicht bei der Stromerzeugung, wohl aber bei der Stromvertheilung zu erreichen gewesen wären. Die Möglichkeit der gegenseitigen Unterstützung der bestehenden verschiedenen Netze wird man, da es sich um Wettbewerbsgesellschaften handelt, nur sehr gering veranschlagen können.

Die sämtlichen in Manhattan gelegenen Kraftwerke erhalten die Kohlen auf dem Wasserwege. Das Speisewasser wird der städtischen Wasserleitung, das Kühlwasser (Meerwasser) dem East River bezw. Harlemfluss entnommen.

In Brooklyn besteht heute nur eine Gesellschaft, die Brooklyn Rapid Transit Co., der ebenso wie in Boston sowohl Hochbahnen wie Strassenbahnen gehören. Die ersten Vereinigungen von Strassenbahnen waren die Brooklyn City Railroad Co. und die Nassau Electric Railroad Co., welche beide in den Jahren 1892/93 den elektrischen Betrieb einführten. Die Brooklyn City Railroad Co. errichtete drei Kraftwerke und die Nassau Electric R. R. zwei, die in dem Lageplan, Abb. 131, Tafel II, mit A, B, C, — D und E bezeichnet sind. Beide Gesellschaften wurden in den Jahren 1898 und 1899 mit den Hochbahnen zur Rapid Transit Co. vereinigt. Gleichzeitig wurde auf den Hochbahnen ein theilweiser elektrischer Betrieb eingerichtet.

Im Laufe der Zeit waren eine Anzahl nach der Seeküste führender Bahnlinien dazu erworben worden, auf denen ein

starker Vergnügungsverkehr sich entwickelte, besonders unter dem Einfluss des elektrischen Betriebs. Die Stromabgabe an diese ausgedehnten Aussenlinien liess sich ohne weiteres von den vorhandenen Kraftwerken aus nicht gut leisten; da eine Anlage weiterer Kraftwerke aber bei der überaus ungünstigen finanziellen Lage der Gesellschaft grosse Schwierigkeiten hatte und zudem der Kraftbedarf der Aussenstrecken nur in den Sommermonaten ein erheblicher war, so half man sich durch eine ausgedehnte Anwendung von Zusatzmaschinen, die allerdings wohl stets nur als vorübergehende Aushilfe angesehen wurden.

Demgemäss waren im Jahre 1900 fünf Kraftwerke mit folgender Leistungsfähigkeit im Betriebe.

A. Das Werk an der 52. Strasse, enthaltend Stromerzeuger mit Riemenantrieb von 4800 KW Leistung. Ferner befinden sich hier zwei durch Dampfmaschinen angetriebene Zusatzmaschinen von je 400 KW Leistung, welche zur Speisung der Sea Beach R. R. (Strassenbahn) dienen. Ihre Spannung ist in den Grenzen von 25 bis 400 V veränderlich. Einer der 500 KW-Stromerzeuger ist als Nebenschlussdynamo gewickelt worden; seine Spannung ist zwischen 125 und 600 V zu verändern, so dass er entweder als Zusatzmaschine für die Bergen Beach Linie oder als Stromerzeuger für das übrige Netz gebraucht werden kann. 575 V ist die Spannung an den Sammelschienen.

B. Das Werk in Ridgewood, mit 1800 KW Leistung und Riemenantrieb der Stromerzeuger.

C. Das neuzeitlich eingerichtete Broadway-Kraftwerk von 9400 KW Leistung.

Es folgen die Kraftwerke der früheren Nassau Electric R. R.:

D. Werk an der Dritten Avenue, mit theilweisem Riemenantrieb, theilweisem unmittelbaren Antrieb der Maschinen und 5100 KW Leistung. Hier befinden sich zwei Zusatzmaschinen von 46 und 33 KW Leistung bei 200 und 165 V Höchstspannung.

E. Werk an der 39. Strasse, in unmittelbarer Nähe des Werkes A, mit 3560 KW Leistung und unmittelbarem Antrieb der Maschinen, dazu einer Zusatzmaschine von 58 KW Leistung bei 200 V Höchstspannung.

Die Zusatzmaschinen der Werke D und E versorgen die übrigen Aussenlinien mit Strom. Die wichtigsten sind die Brighton Beach Linie und die Coney Island Linie,

---

die beide mit Hochbahnzügen, abwechselnd mit Strassenbahnwagen, betrieben werden. Zur Ausgleichung der hier auftretenden grossen Spannungsschwankungen wurde nahe dem Endpunkt der Linien für die Sommermonate eine Batterie von 245 Zellen und 1500 Amperestunden Leistung, bei einstündiger Entladung, auf einem Zuge von fünf ausgemusterten Hochbahn-Sommerwagen aufgestellt. Eine Batterie derselben Leistung ist auch in East New-York, bei F im Plan, aufgestellt worden, aber nicht beweglich eingerichtet, da sie das ganze Jahr über gebraucht wird.

Als besonders bezeichnend mag noch angeführt werden, dass die Leitungskabel in Brooklyn sämtlich oberirdisch verlegt worden sind.

Im Jahre 1900 wurde das Kraftwerk B durch Feuer zerstört. Als vorübergehender Ersatz wurde an dieser Stelle eine Umformerstation eingerichtet, welche Drehstrom von 6500 V Spannung und 25 Perioden von dem Vertheilungsnetz der Brooklyner Licht- und Kraftwerke[1] erhält. Eine ebensolche Unterstation wurde auch in Coney Island an Stelle der beweglichen Batterie aufgestellt, und beide Batterieen wurden bei F vereinigt.

Nachdem alle übrigen Hochbahnen den Uebergang zum elektrischen Betriebe vollzogen oder beschlossen hatten, konnte sich auch die Brooklyn Rapid Transit Co. dem nicht entziehen, und da ihre theilweise veralteten und mangelhaften Stromerzeugungsanlagen dafür nicht im entferntesten ausreichen, so war eine Neugestaltung geboten. Man hat unter theilweiser Weiterverwendung des Bestehenden folgenden Umbauplan aufgestellt:[2]

1. Die Werke an der Dritten Avenue (D) und der 39. Strasse (E) werden geschlossen, letzteres besonders deshalb, weil es ungünstig zum Vertheilungsnetze gelegen ist.

2. Das Broadway-Kraftwerk (C) wird um 2700 KW auf 12 100 KW vergrössert.

3. An der Dritten Avenue wird neben dem alten Kraftwerk (D) ein neues von 16 200 KW Leistung errichtet, das auf 19 600 KW zu erweitern ist. 10 800 KW werden als Drehstrom von 6600 V Spannung und 25 Perioden erzeugt, 5400 KW als Gleichstrom von 575 V Spannung.

Ausserdem sollen auf dem Kraftwerk A zwei Umformer von zusammen 2000 KW Leistung aufgestellt werden, damit das

Drehstrom-Vertheilungsnetz von dort unterstützt werden kann.

Zur Umwandlung des Drehstroms in Gleichstrom dienen sechs Unterstationen, die auf dem Lageplan mit F bis L bezeichnet sind und im vollen Ausbau folgende Leistungsfähigkeit haben werden:

F. East New-York . . . . 2 000 KW, (dieses Werk behält ausserdem die bereits dort befindlichen Pufferbatterien)

G. Coney Island . . . . . 3 000 „ , (unter Weiterbenutzung der dort schon vorhandenen Umformer)

H. Halsey Str. . . . . . . 7 000 „ ,
I. Tompkins Av. . . . . . 3 500 „ ,
K. Parkville . . . . 2 500 „ ,
L. Brückenkraftwerk . . . 3 000 „ .

Zusammen 21 000 KW.

Die stärkste Belastung der einzelnen Unterstationen tritt nicht gleichzeitig ein, wodurch erklärlich wird, dass vorläufig die Kraftwerke der Dritten Avenue und der 52. Strasse mit zusammen 14 100 KW Leistung zur Stromlieferung an die Unterstationen genügen.

Die Halbmesser der Gleichstromvertheilungskreise betragen 3 bis 5 km.

Die Kohlenversorgung für das Ridgewood-Kraftwerk geschah mit der Eisenbahn, für alle übrigen erfolgt sie auf dem Wasserwege. Das Speisewasser wird aus der städtischen Wasserleitung entnommen, das Verbrauchswasser der Kondensation (theils Einspritz-, theils Oberflächenkondensation) dem Meere (East River).

Kohlenförderung.

A. Kohlensorten.

Kohle wird in vielen Theilen der Vereinigten Staaten in reichen, fast überall nahe an die Oberfläche tretenden Lagern gefunden. In den östlichen und Mittelstaaten (Neu-England, Pennsylvanien, Maryland, Virginia, Ohio, Illinois, Missouri u. s. w.) kommt Steinkohle, in den westlichen Staaten (Iova, Utah, Oregon) Braunkohle vor.

Die Steinkohle wird im allgemeinen eingetheilt in nahezu rauchfrei verbrennende „harte Kohle", d. h. Anthracit, mit weniger als $7^{1}/_{2}\,\%$ flüchtigen Bestandtheilen, und „weiche", d. h. bituminöse Kohle, die einen dicken, schweren Rauch verursacht.

Die folgende Zahlentafel zeigt die mittlere Zusammensetzung und Heizkraft einiger gebräuchlichen Kohlenarten.

---

[1] Besitzt ein Kraftwerk von 8700 KW Leistung.
[2] Street Railway Journal 1901, Bd. II, S. 328.

Kohlenart	Vorkommen	Verbrauchs-ort	Zusammensetzung					Heizkraft (Wärme-einheiten für das Kilo-gramm)
			Kohlen-stoff	Wasser	Flüchtige Bestand-theile	Schwefel	Asche	
Anthracit	Pennsylvanien, Neu-England	New-York, Boston	83,8	3,4	3,9	0,6	8,3	7300
halb-bituminös (rauch-schwach)	Pennsylvanien, Maryland, Virginia	Philadelphia	73,6	1,0	18,8	1,0	5,6	8200
bituminös	Pennsylvanien, Ohio	Pittsburgh, Cleveland	55,5	2,5	34,3	1,2	6,5	7600
bituminös	Illinois, Missouri	Chicago, St. Louis	44,9	9,2	34,3	—	10,6	6800

Die Kohlenpreise an der Grube sind, infolge der leichten Gewinnung, ziemlich niedrig. Die mittleren Preise in M für die Tonne betrugen:

	1899	1900
In Pennsylvanien . .	3,42	4,36
Ohio	3,91	4,58
Illinois	3,32	4,67
Indiana	3,95	4,63
Kentucky	3,55	3,87

Die Einzelpreise richten sich naturgemäss nach Qualität und Korngrösse. Die üblichen Grössenbezeichnungen sind:

Bezeichnung der Grösse	Korndurchmesser (Maschenweite des Siebes) mm
Ei	63 — 46
Ofenkohle	46 — 32
Kastanie	32 — 19
Erbse	19 — 13
Buchweizen	13 — 6

Die feine Kohle (Grus), die beim Sieben als Rückstand bleibt und nur mittelst künstlichen Zuges verbrannt werden kann, heisst slack coal.

Durch die Beförderungskosten werden die Preise an der Verbrauchsstelle wesentlich gegen die Grubenpreise erhöht. Der übliche Preis für Kohle mittleren Korns frei Kraftwerk beträgt in den grösseren Städten der kohlenfördernden Staaten zwischen 7 und 12 M; in Chicago stellt er sich etwa auf 5 M, in New-York auf 16 M. Wohl der billigste Kohlenpreis frei Kraft-werk ist für Gruskohle in Homestead Pa. zu verzeichnen, mit 2,09 M.

Die amerikanische Kohle hat die für den Verbraucher sehr angenehmen Eigenschaften, wenig zu backen und nicht zur Selbstentzündung zu neigen.

B. Fördervorrichtungen.[1]

Die mechanischen Fördermittel für Kohle haben infolge der hohen Löhne, welche bei der geringen Höhe der Kohlenpreise um so mehr ins Gewicht fallen, eine grosse Ausdehnung erlangt. Die grösseren Kraftwerke neuerer Entstehung sind von vornherein mit Kohlenförderwerken ausgerüstet worden, und bei den meisten älteren Anlagen sind sie nachträglich eingebaut worden. Die Grenze, bei der die Anlage von besonderen Förderwerken nicht mehr für wirthschaftlich erachtet wird, liegt etwa bei 2000 KW.

Die Art der Förderung unterscheidet sich nach der Art der Anfuhr (Schiff oder Eisenbahnwagen) und je nach der Lage des Kohlenlagers zu den Kesseln. Das Kohlenlager muss eine gewisse Grösse haben mit Rücksicht auf zeitweise Unterbrechungen der Zufuhr infolge von Streiks oder anderen Ursachen und auf etwaige Ausbesserungen der Fördereinrichtungen. Die übliche Grösse des Kohlenlagers be-

---

[1] Das Gebiet der in den Kraftwerken gebräuchlichen Fördervorrichtungen kann hier nur kurz behandelt werden. Eine ausführliche Beschreibung der in Amerika üblichen Bauarten ist gegeben in:

Buhle, Transport- und Lagerungsvorrichtungen für Getreide und Kohle, Berlin 1899.

Derselbe, Technische Hilfsmittel für Beförderung und Lagerung von Sammelkörpern (Massengütern), Berlin 1901.

trägt (an Tonnen) $^1/_3$ bis $^2/_3$ der Kilowattzahl des Kraftwerks, entsprechend einem Vorrath von 2 bis 4 Wochen. Nur bei den grossen Kraftwerken (über 10 000 KW) mit mehrstöckigen Kesselanlagen geht aus räumlichen Ursachen die Verhältnisszahl nicht über $^1/_4$ hinaus.

Man legt das Kohlenlager entweder neben den Kesseln an, im Kesselhause oder in einem besonderen Gebäude, oder aber über den Kesseln, bisweilen auch ein grösseres Lager neben und ein kleineres über den Kesseln. Für die Anordnung des Kohlenlagers zu den Kesseln ist in erster Linie die Platzfrage ausschlaggebend; bei den hohen Grunderwerbskosten im Innern der Städte bildet die Anordnung über dem Kesselhause heute die Regel.

Je nachdem, ob ein oder mehrere Kohlenlager vorhanden sind, ist nur einmalige oder wiederholte Kohlenförderung nothwendig.

Vom Schiff aus muss die Kohle zunächst aufwärts befördert werden, was in der Regel durch Krähne oder Auslegeraufzüge (1) geschieht, die eine Greif- oder Korbschaufel tragen. Die Eisenbahnwagen entleeren die Kohle durch Bodenklappen in Behälter. An der Entladestelle befindet sich in der Regel ein Kohlenbrecher, um die für die Kesselfeuerung und die selbstthätige Beschickung günstige Korngrösse herzustellen, sowie eine Trichterwage. Wenn sich die Entladestelle (bei Anfuhr mit der Eisenbahn) im Kesselhaus selbst befindet, lässt sich die Einschaltung eines Kohlenbrechers nicht ausführen.

Die weitere Beförderung der Kohle von der Entladestelle nach dem Lager und den Kesseln muss sich aus senkrechten und wagerechten Förderrichtungen zusammensetzen. Hierfür stehen als Fördermittel zur Verfügung:

   a) senkrecht:
      (2) Eimerkettenaufzüge (Paternosterwerke),
   b) wagerecht:
      (3) Rollbahn oder Hängebahn (einzelne Gefässe),
      (4) feste Rinnen, in denen Mitnehmer laufen,
      (5) Förderbänder,
   c) senkrecht und wagerecht vereinigt:
      (6) Becherwerke.

1. Die Gefässe der Auslegeraufzüge und Krähne sind entweder die zweitheilige Greifschaufel, wie sie bei unseren Greifbaggern üblich ist, oder die Korbschaufel,

Abb. 132, welche nach Lösung eines Riegels selbstthätig kippt. Solche Korbschaufeln werden bis zu einem Inhalt von 2 cbm (1,5 t) Kohle hergestellt. Die Bahn der Laufkatze ist eben, geradlinig schräg oder parabolisch ansteigend angeordnet. Das Aufzuggerüst (Krahngerüst) ist entweder

Abb. 132. Korbschaufel.

feststehend oder läuft parallel zur Uferlinie, um ein Verholen des Schiffes zu vermeiden.

Die Leistungsfähigkeit eines von zwei Mann bedienten Auslegeraufzugs Huntscher Bauart mit einer 1 t Kohle fassenden Schaufel wird zu 100 t in der Stunde angegeben.

Wenn der Kohlenlagerplatz unmittelbar neben der Entladestelle sich befindet, so kommen anstatt der thurmartigen Entladegerüste Brückenkrahne zur Anwendung, welche den Lagerplatz überspannen (ein Beispiel in Boston wird weiter unten beschrieben).

2. Die Eimerkettenaufzüge (bucket elevators) sind auch bei uns allgemein bekannt. Als Trageketten werden eine mittlere oder zwei seitliche Ketten angeordnet. Statt der Ketten werden auch Bänder verwendet, an denen die Eimer mit ihrer Hinterwand dicht aneinander befestigt sind. Als mittlere Zahlenwerthe für Eimerkettenaufzüge gelten: Abstand der Eimer 30 cm, Inhalt eines Eimers 0,17 cbm, Geschwindigkeit 2 m in der Sekunde. Grösste Leistungsfähigkeit 400 cbm = 300 t in der Stunde.

3. Die Rollbahnen entsprechen in ihren Betriebsmitteln den auch bei uns gebräuchlichen Anordnungen — Kippwagen aller Art. Als Antrieb dienen Schwerkraft, Kabel oder elektrische Lokomotiven.

Für geschlossene Räume hat die Hängebahn gewisse Vorzüge; offene Kästen mit Bodenklappen oder Kippmulden, Abb. 133, dienen zur Beförderung.

4. Ziemlich verbreitet, namentlich in älteren Anlagen, ist die Anwendung der Gleitrinnen, fester Rinnen aus Holz, häufig mit innerer Blechbekleidung, in denen

senkrechte Tafeln laufen, die das För-
dermaterial vor sich herschieben. Statt
der Tafeln werden auch Förderschnecken
angewendet.

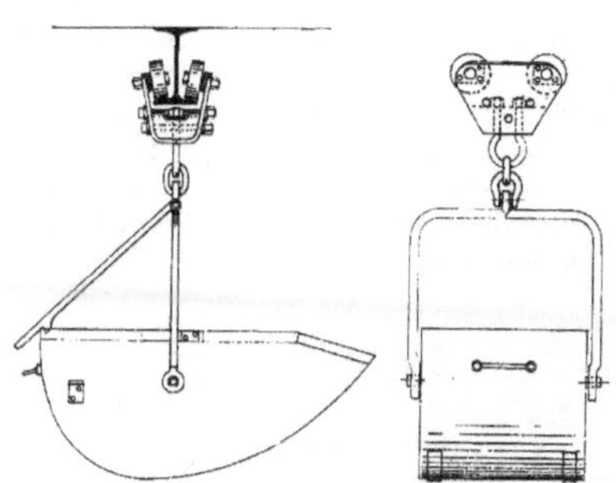

Abb. 133. Hängebahn mit Kippmulde.

Die einfachste Form der Tafelförderung
ist die mittelst runder Scheiben, die auf
ein Drahtseil gereiht sind und mit ihrem
Umkreis auf der Rinnenfläche gleiten,
Abb. 134. Für den Leerlauf der Seilscheiben

Abb. 134. Förderrinne mit runden Scheiben.

ist eine zweite Rinne oberhalb angeordnet.
Eine ähnliche Anordnung mit Kettenzug
zeigt Abb. 135.

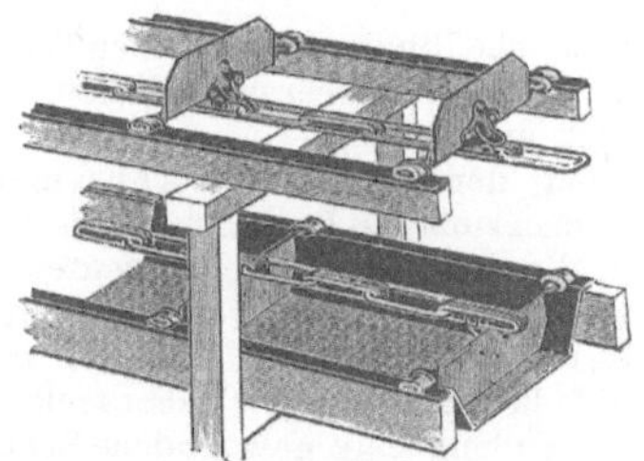

Abb. 135. Förderrinne mit rechteckigen Tafeln.

Die Eigenlast der Tafeln ruht hier nicht
auf der Förderfläche der Rinne, sondern
auf deren Oberkanten. Bei den neuesten

Ausführungen ist die Reibung der Tafeln
in rollende Reibung umgewandelt; Abb. 136,
die zugleich den Einbau einer Förderrinne
in das Dachgeschoss eines Kesselhauses an-

Abb. 136. Einbau einer Förderrinne in das Dachgeschoss
eines Kesselhauses.

giebt. Einen doppelseitigen Tafelzug, bei
dem auch der Rücklauf zur Förderung
dient, zeigt Abb. 137.

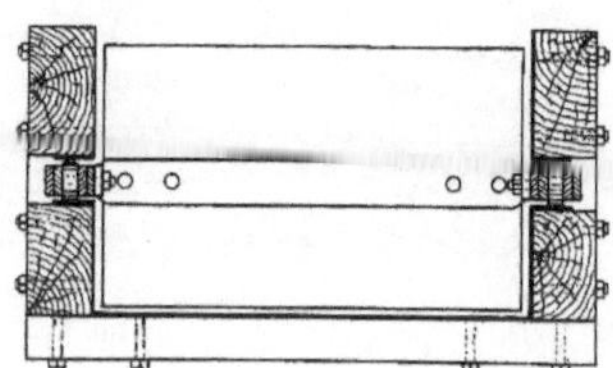

Abb. 137. Förderrinne mit doppelseitigen Tafeln.

Die Beschickung der Förderrinnen geschieht durch Schüttrinnen von oben, die
Entladung des Fördergutes durch ver-
schliessbare Oeffnungen im Rinnenboden.

Diese Fördereinrichtungen mit fester
Bahn erfordern wegen der zwischen dem
Fördergut und den festen Wänden auftretenden starken Reibung einen verhältnissmässig hohen Kraftbedarf, auch arbeiten
sie nicht geräuschlos. Die Herstellungskosten sind aber verhältnissmässig niedrig.

Der grösste Nutzquerschnitt der Förderrinne beträgt 0,1 qm. Der Abstand der
Tafeln ist in der Regel gleich der doppelten Rinnenbreite. Mit einer Förderrinne
von 0,08 qm Nutzquerschnitt sollen 40 t
Kohle in der Stunde befördert werden, was
einer Geschwindigkeit von 0,2 m in der
Sekunde entsprechen würde.

5. Einen wesentlichen technischen Fort-
schritt gegenüber der festen Rinne bedeutet das bewegliche Förderband. Die

Bänder laufen auf Rollen, die so gestellt sind, dass das Band eine muldenartige Form annimmt.

Die Förderbänder von Robins bestehen aus Leinengewebe mit Gummiüberzug. An der Seite, wo der Zug im Bande am grössten ist, ist der Querschnitt des Gewebes am stärksten, während in der Mitte, wo die Abnutzung durch das Fördergut am grössten ist, die Gummischicht grössere Stärke besitzt. Die Beschickung geschieht durch Schütttrichter, die Entladung durch die ganze Fördereinrichtung längere Zeit still zu legen. — Bewegungswiderstand und Abnutzung des Förderbandes sind gering, die Bewegung der Massen ist nahezu geräuschlos.

Förderrinnen sowohl wie Förderbänder können auch steigend angelegt werden, wodurch der Aufzug erspart werden kann. Die grösste Neigung beträgt 1 : 2. Diese Anordnung erfordert aber viel Raum, der bei städtischen Anlagen nicht überall vorhanden sein wird.

Abb. 138. Abwurfwagen (Robins).

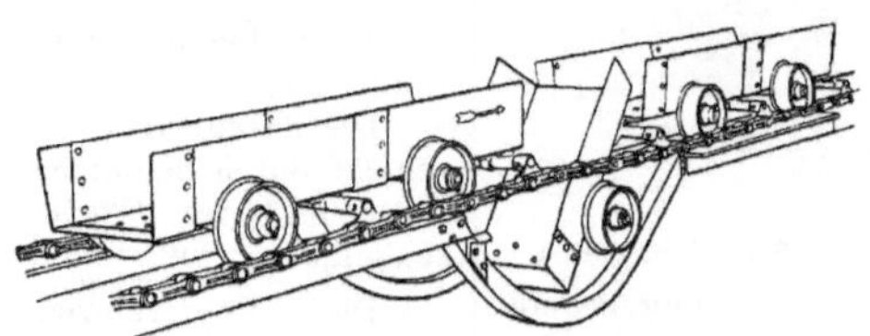

Abb. 139. Förderrinne aus Tafelwagen.

bewegliche Abwurfwagen, Abb. 138. Die grösste Bandbreite beträgt 1220 mm, die grösste Geschwindigkeit 2,5 m in der Sekunde, die stündliche Leistung alsdann 1200 t. Für den Kohlenbedarf eines elektrischen Kraftwerks kommen derartig hohe Förderleistungen natürlich nicht in Betracht. Vor der Förderrinne hat das Förderband u. a. den grossen Vortheil, dass eine Ausbesserung einzelner Theile der Fördervorrichtung schnell und mit kurzen Betriebsunterbrechungen vorgenommen werden kann, während bei der Förderrinne beispielsweise jede Auswechslung eines Kettengliedes oder dergleichen zwingt,

Bewegliche Rinnen aus einzelnen Tafeln, die durch Kippen entleeren, Abb. 139, werden selten angewendet.

6. Bei den Becherwerken unterscheidet man zunächst Becher mit Zwischenräumen, die einen besonderen umlaufenden Füllrost erfordern, damit das Fördergut nicht in die Zwischenräume zwischen zwei Gefässe fällt, und solche mit Ueberdeckung, zu deren Füllung eine gewöhnliche Schüttrinne genügt. Die Becher sind durch Ketten verbunden, und diese laufen mit Rädern auf oder zwischen Schienen. Die Gefässe werden durch einen Anschlag zum Kippen gebracht und so entleert. Die Rich-

tungsänderung wird durch Krümmung der Schienen bewirkt.

Eine Becherkette mit Ueberdeckung (Bauart Mc Caslin) zeigt Abb. 140, zwei eine Verbindung von beweglicher Rinne und in ihr hängenden Bechern; die Gefässe sind hier durch Seile statt durch Gelenkketten verbunden. Abweichend ist die

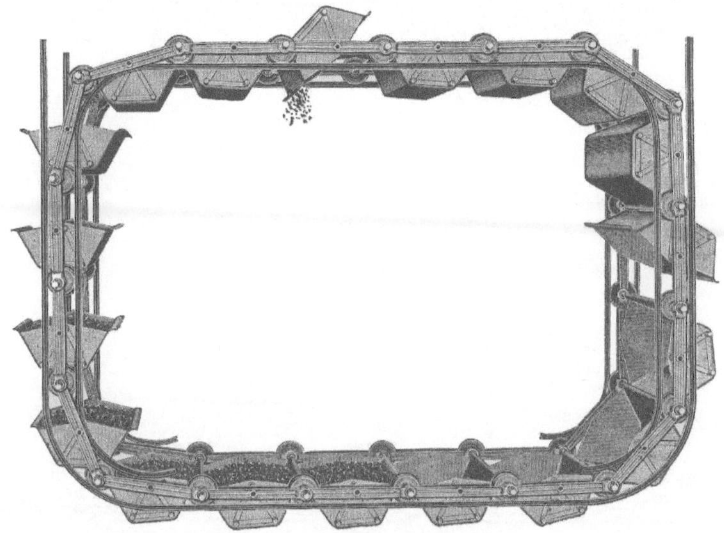

Abb. 140. Becherkette mit Ueberdeckung.

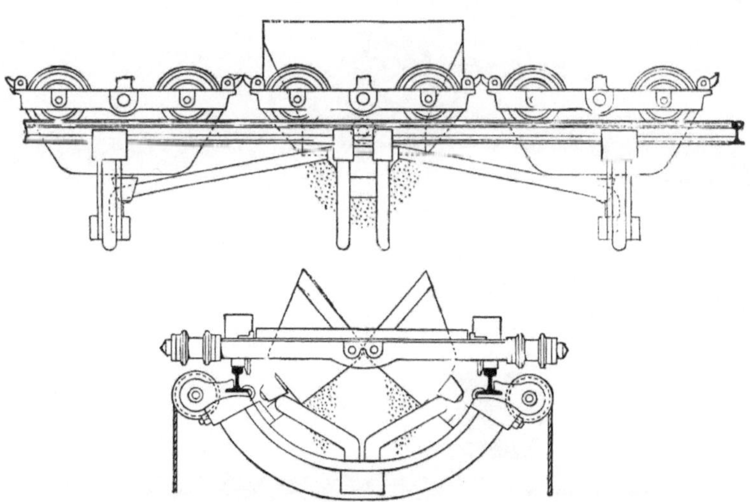

Abb. 141. Becherkette mit Entleerungsvorrichtung, Bauart der Steel Cable Engineering Co.

verschiedene Ausführungen der Steel Cable Engg. Co., Abb. 141 und 142.[1]) Die letztere Anordnung (Bradleys Becherwerk) zeigt Becherkette der Link Belt Engg. Co. angeordnet, Abb. 143, die aus $^3/_4$ geschlossenen festen Taschen besteht, die durch einen Abwurfwagen entleert werden; die Richtungsänderung erfolgt durch Laufräder.

[1]) Abb. 140 bis 142 sind dem genannten zweiten Werke von Buhle entnommen.

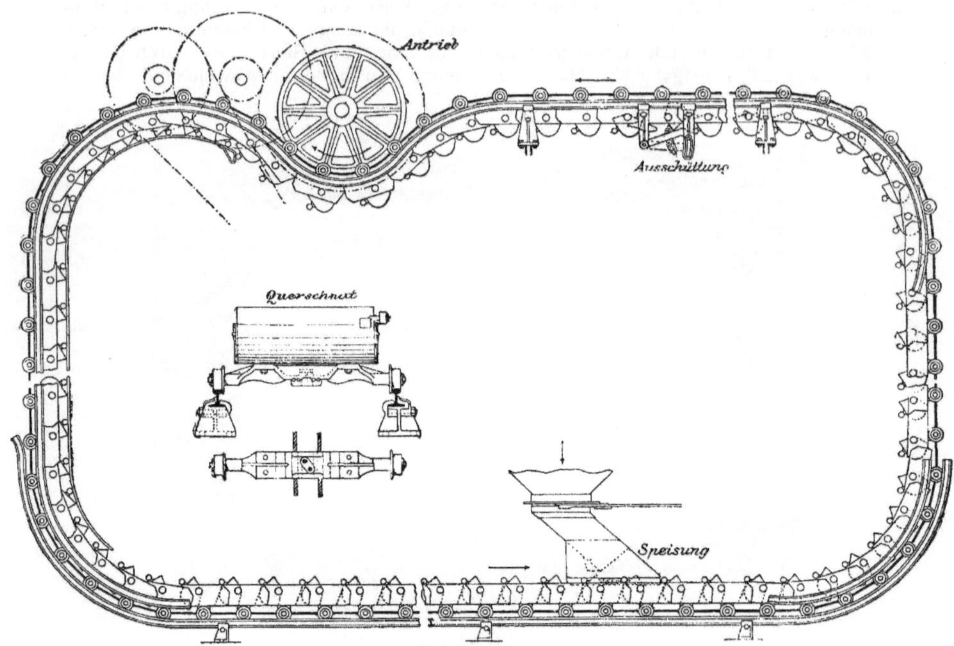

Abb. 142. Bradleys Becherwerk.

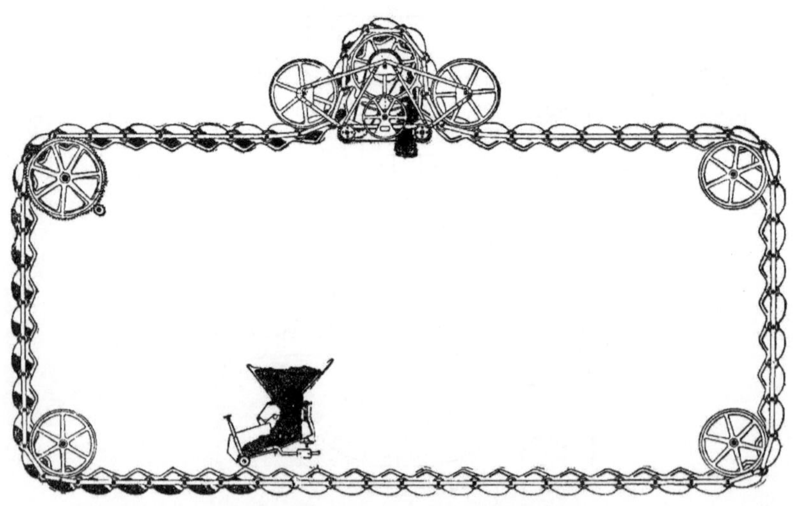

Abb. 143. Becherkette der Link Belt Engineering Co.

Der grosse Vorzug der Becherwerke, dass ein Umladen der Kohle beim Uebergang zwischen senkrechter und wagerechter Förderung fortfällt, und ihre Fähigkeit, sich jedem gegebenen Raumverhältniss anzuschmiegen, hat ihre Anwendung sehr verallgemeinert. Die Becherketten von Hunt und Mead (entsprechend Abb. 140) erlauben eine Drehung um 90° in der vertikalen Führung, so dass der untere und der obere horizontale Lauf senkrecht zu einander gerichtet sein können.

Einige Zahlenwerthe über die Leistung der auch in Deutschland gebauten Systeme Hunt und Bradley mögen hier folgen[1]):

1. Huntsche Becherkette.

Geschwindigkeit 0,18—0,22 m in der Sekunde.

Inhalt eines Bechers .	20	50	100	180 l
	18	40	80	96 kg
Abstand der Behälter .	350	700	700	700 mm
Leistung in der Stunde	30	40	75	120 cbm

Gewicht eines laufd. m
   der Kette:

| leere Becher . . | 80 | 120 | 140 | 170 kg |
| gefüllt . . . . | 130 | 180 | 255 | 305 kg. |

Der Reibungswiderstand auf der ebenen Förderbahn beträgt 1 % des Eigengewichts der Kette, und dazu 2 % des Fördergutes.

2. Bradleys Becherwerk.

Geschwindigkeit 0,155 m in der Sekunde.

Inhalt eines Bechers	14,2	20	50	60	70 l
	13,6	18,2	40,5	48	56 kg
Abstand d. Behälter	380	380	535	535	535 mm
Leistung i. d. Stunde	21	29	52	63	73 cbm

Gewicht eines lfd. m
   der Kette:

| leere Becher | 164 | 178 | 233 | 242 | 265 |
| gefüllt . . . | 200 | 225 | 505 | 560 | 670 kg |

Für den Widerstand des beladenen wagerechten Laufes und des unteren leeren Rücklaufes zusammen wird $\frac{1}{15}$ des Gewichts des beladenen Laufes gerechnet.

Die jährlichen Abschreibungen auf die Becherwerke werden zu 2 % bezw. 6 % angegeben, die jährliche Unterhaltung zu 2 %.

Die Aschenförderung wird in der Regel mit der Kohlenförderung vereinigt, sobald Becherwerke oder zweiseitige Tafelwerke in Anwendung kommen. Die Fördervorrichtung läuft unter allen Kesseln hin und schafft allein oder mit Hilfe eines Eimerkettenaufzuges in dem sonst leeren Rücklauf die Asche in einen hoch gelegenen Behälter, der sich häufig neben den Kohlenbunkern befindet, und aus dem sie durch Schwerkraft entleert wird. Sind keine Becherwerke oder zweiseitige Tafelwerke in Anwendung, so muss eine besondere Aschenförderanlage eingebaut werden. Man hat eine solche aber auch bei grösseren Anlagen mit Becherkettenförderung neuerdings bevorzugt, weil die Kohlenfördereinrichtung durch die in der Asche enthaltenen Säuren, besonders schweflige Säure, stark leidet und ihre Erneuerung bei ihrer grossen Länge kostspielig ist, und

deshalb vorgezogen, für die Aschenförderung ein besonderes kurzes Becherwerk oder eine Förderbahn (mit elektrischen Lokomotiven) vorzusehen. Vielfach in Anwendung und besonders geeignet für Aschenförderung sind die Förderbänder, deren Gummiüberzug von der schwefligen Säure nicht angegriffen wird. Eine Bürste besorgt das Reinigen des Bandes von anhaftenden Aschetheilen hinter der Abwurfstelle.

C. Beispiele für Kohlen- und Aschenförderung.

1. Boston.[1]) Das Kohlenlager für die drei Kraftwerke Albany Str., Harvard und Allston befindet sich, wie erwähnt, gegenüber dem Albany-Strassen-Kraftwerk an der Süd-Bai, Abb. 144. Ein Brückenkrahn läuft auf Holzgerüsten über einen Lagerplatz, auf dem 50 000 t Kohle gelagert werden können. Zum Bewegen des Krahnes und der Greifschaufel ist ein 80-pferdiger Motor angebracht. Eine Holzbrücke mit Auslegerkrahn und Rollbahn dient als Reserve. Durch das Kohlenlager führen zwei Stollen, Holzbauten, von denen einer ein Vollspurgleis, der andere ein Schmalspurgleis enthält. Durch Luken in der Decke des Stollens fallen die Kohlen in die darunter gestellten Wagenzüge. Zwischen den Stollen liegt ein weiteres Schmalspurgleis, zum Verladen der tieferen Kohlenschichten.

Das Schmalspurgleis führt in das gegenüberliegende Kesselhaus, in dem 34 Kessel von zusammen 11 000 PS Leistung in zwei Reihen untergebracht sind, es wird von einem Rollbahnzug mit elektrischer Lokomotive befahren. Im Kesselhaus ist das Kohlengleis auf gusseisernen Böcken von etwa 0,5 m Höhe gelagert; die Kippwagen werden nach beiden Seiten entleert, und die Kohle wird mit der Hand verfeuert.

Das Vollspurgleis wird mit einer Anzahl Motorwagen betrieben; diese dienen zur Kohlenförderung nach Harvard und Allston. Der Harvard-Wagen ist ein offener Güterwagen von 13,5 t Tragfähigkeit, mit Bodenklappen. Der Allston-Wagen besteht aus einer Plattform, auf der vier offene Kasten stehen. Diese Kasten werden am Bestimmungsorte an eine Hängebahn gehängt und im Kesselhause vor den Kesseln oder in einem nebenliegenden Kohlenschuppen ausgeleert.

In Harvard befindet sich eine schiefe Ebene, auf welche die Kohlenwagen hinauf-

---

[1]) Nach Angaben der deutschen Vertreter J. Pohlig in Köln und der Berlin-Anhaltischen Maschinenbau-A.-G.

[1]) Vergl. auch den Stadtplan, Abb. 130, Tafel II.

fahren und die in einem Kohlenbehälter endigt, in den die Wagen entleeren, Abb. 145. Die Kohle wird durch Luken in Hunde geschüttet, die nach dem Kesselhaus gefahren werden. Auch ist eine schiefe Ebene mit Seilförderung vorgesehen, um die Kohle durch Schwerkraft nach den Kesseln gelangen zu lassen. Das Kesselhaus enthält

Kohlenschuppen, der 2000 t fasst. Die Kohle gelangt aus dem Behälter unter der Vorfahrt in einen Kohlenbrecher und von da in den Eimeraufzug a, der sie in das Förderwerk b (Gleitrinne mit doppelseitigem Tafelzug) schüttet. Dieses Förderwerk entleert die Kohle in den Schuppen; auf seinem Rücklauf c führt es die Kohle zu

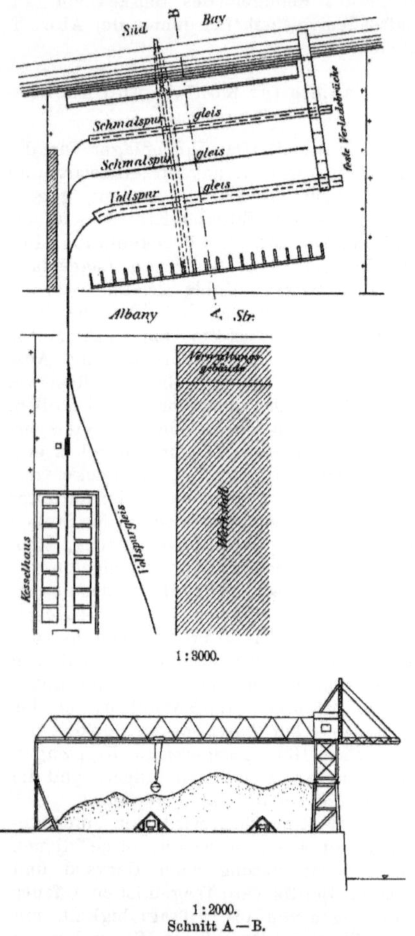

Abb. 144. Kohlenhof der Bostoner Strassenbahn an der Süd-Bai.

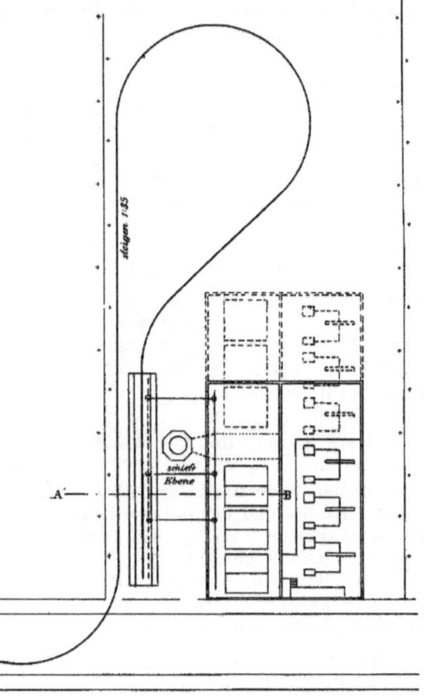

Abb. 145. Kohlenladevorrichtung im Harvard-Kraftwerk (Boston—Cambridge).

vorläufig 6 Kessel von je 500 PS Leistung und ist auf 12 Kessel zu erweitern.

2. Das Kraftwerk California Av. in Chicago, Abb. 146, empfängt die Kohle mittelst Fuhrwerks; doch ist auch Wasseranfuhr möglich und für später vorgesehen. Neben dem zunächst auf 3000 PS Kesselleistung ausgebauten Kesselhause liegt der

einem zweiten Eimeraufzug d. Von diesem gelangt sie durch ein querlaufendes Förderwerk e nach dem über dem Kesselraum entlang laufenden Förderwerk f, das in die zusammen 400 t fassenden Behälter über den Kesseln entleert. Die Asche wird durch den Rücklauf g des Förderwerks f zu einem Aschenaufzug h geführt, der einen

Behälter *i* füllt. Von hier aus wird die Asche abgefahren. Alle wagerechten Förderwerke sind Gleitrinnen-Tafelzüge. Die Anlage ist auf Beförderung von 40 t Kohle in der Stunde eingerichtet und wird durch einen Motor von 40 PS Leistung getrieben. Kohlen- und Aschenförderung sind nicht gleichzeitig im Betriebe.

3. Das Kraftwerk an der 52. Strasse in Brooklyn (*A* in Abb. 131, Tafel II; 4000 PS

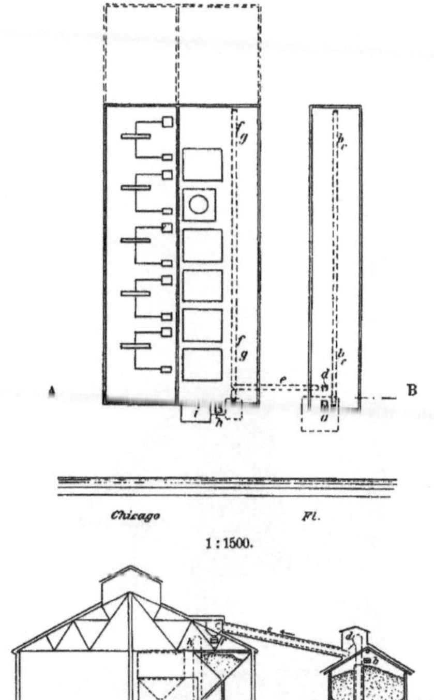

1 : 1500.

1 : 1000.
Schnitt A — B.

Abb. 146. Kohlenförderung im Kraftwerk California Avenue in Chicago.

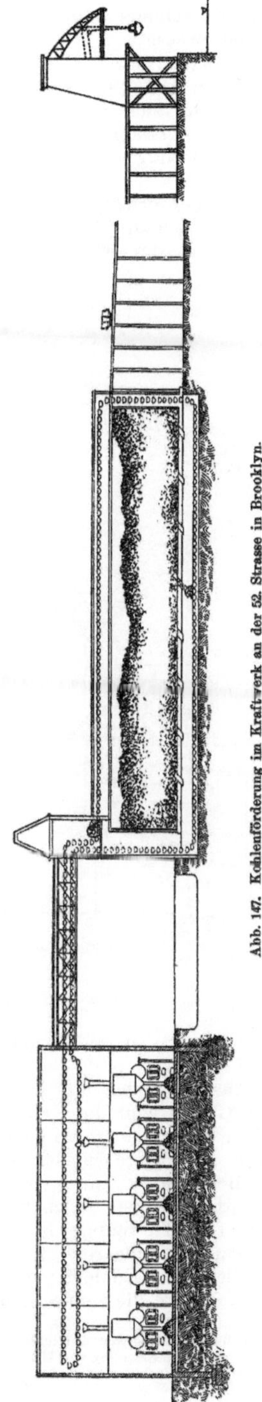

Abb. 147. Kohlenförderung im Kraftwerk an der 52. Strasse in Brooklyn.

Kesselleistung) erhält die Kohlen über eine Landebrücke von 250 m Länge, an deren Ende ein Auslegeraufzug sich befindet, Abb. 147, und auf der die Kohle durch eine Rollbahn mit Kabelantrieb befördert wird. Die Rollbahn mündet in ein Lagerhaus von 8000 t Fassungsraum. Von hier befördert ein Becherwerk die Kohle in die Fülltrichter über den Kesseln.[1]) Zwischen

---

[1]) Die Kosten der Förderung vom Schiff bis zu den Kesseln werden zu 15 Pf für die Tonne angegeben.

Lager und Kesselhaus liegt ein Klärteich für das Speisewasser.

In dem Kraftwerk am Broadway in Brooklyn (*C* in Abb. 131; 8500 PS Kesselleistung) befindet sich der Kohlenbehälter von 6000 t Fassungsraum über den Kesseln. Die Kohlenförderung ist aus der Abb. 148 ersichtlich.[1])

4. Die Kohlenförderung für das Kesselhaus der Metropolitan Street Railway Co. in New-York an der 96. Strasse (Kessel-

Stockwerken aufgestellten Kessel. Die Asche gelangt ins Kellergeschoss, wo sie von je einem wagerechten Förderband *b* aufgenommen wird. Sie gelangt von da in ein dazu rechtwinkliges Becherwerk *c*, das sie nach oben fördert und in den rückkehrenden Lauf des Becherwerks *a* entlädt; abgefahren wird sie zu Wasser.

Die einzelnen Fördermaschinen werden durch Dampfkraft angetrieben; die ganze Förderanlage wird von 4 Mann bedient.

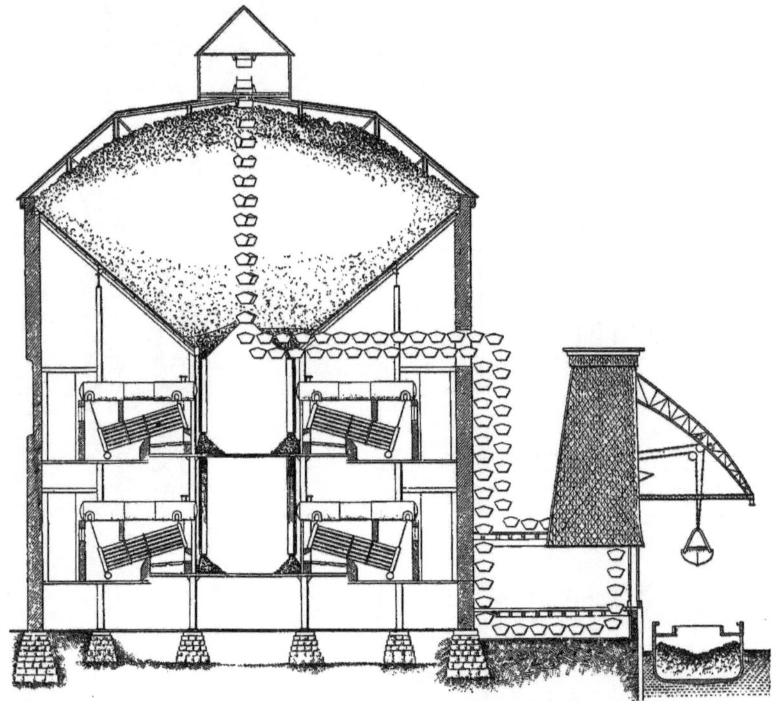

Abb. 148. Kohlenförderung im Kraftwerk am Broadway in Brooklyn.

leistung 25 520 PS) ist in Abb. 149 und 150 dargestellt.

Ein Auslegerkrahn mit einem 1¹/₂ t fassenden Gefäss hebt die Kohle aus dem Schiff 40 m hoch und lässt sie dann durch Brechwerk und Wage in das von Mead gebaute Becherwerk *aa* gelangen, das doppelt vorhanden ist; jedes Becherwerk vermag 90 t in der Stunde zu befördern. Die Becherwerke entleeren in die Kohlenbehälter, die 9000 t Kohle fassen. Von da führen Abfallrohre die Kohle in die in drei

Aehnlich ist die ebenfalls von Mead gebaute Kohlenfördereinrichtung im Kraftwerk der Manhattan-Hochbahn in New-York, Abb. 151. Die Leistungsfähigkeit der Kessel dieses Kraftwerks ist auf 33 280 PS festgesetzt.

Der Thurm ist hier bedeutend niedriger, so dass ein schnellerer Umlauf der Schaufel erzielt wird. Die Kohle muss deswegen aber durch ein besonderes Becherwerk gehoben werden und gelangt erst dann auf die beiden Hauptbecherwerke. Die aus 3 Theilen bestehenden Behälter fassen 15 000 t Kohle. Die Asche wird in Kippwagen durch eine elektrische Loko-

---

[1]) Eine Fülle von Beispielen ähnlicher Kohlenförderungsanlagen enthält der Katalog von Hunt, dem die Abbildungen 147 und 148 entnommen sind.

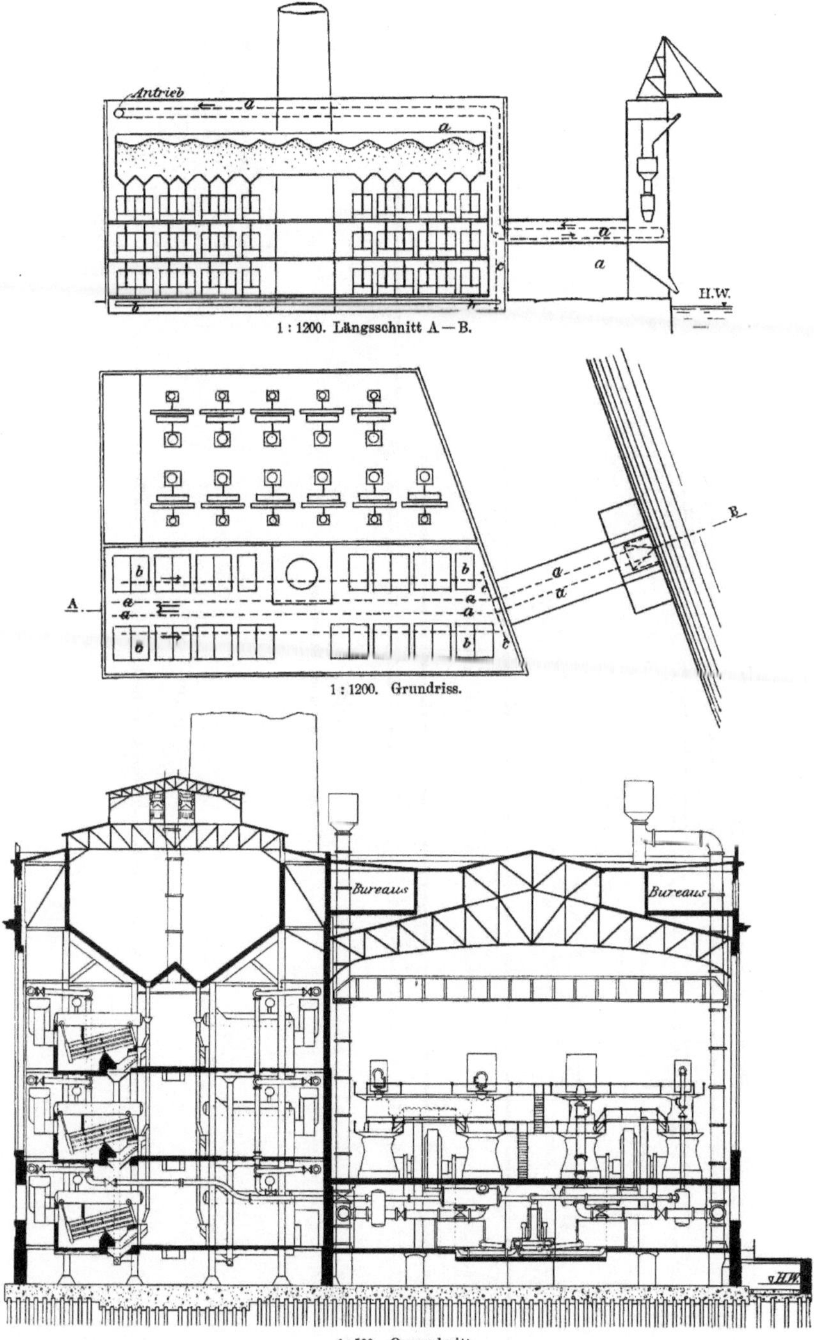

1 : 1200. Längsschnitt A—B.

1 : 1200. Grundriss.

1 : 500. Querschnitt.

Abb. 149 und 150. Kraftwerk der Metropolitan-Strassenbahn in New-York (96. Strasse).

Schimpff. 7

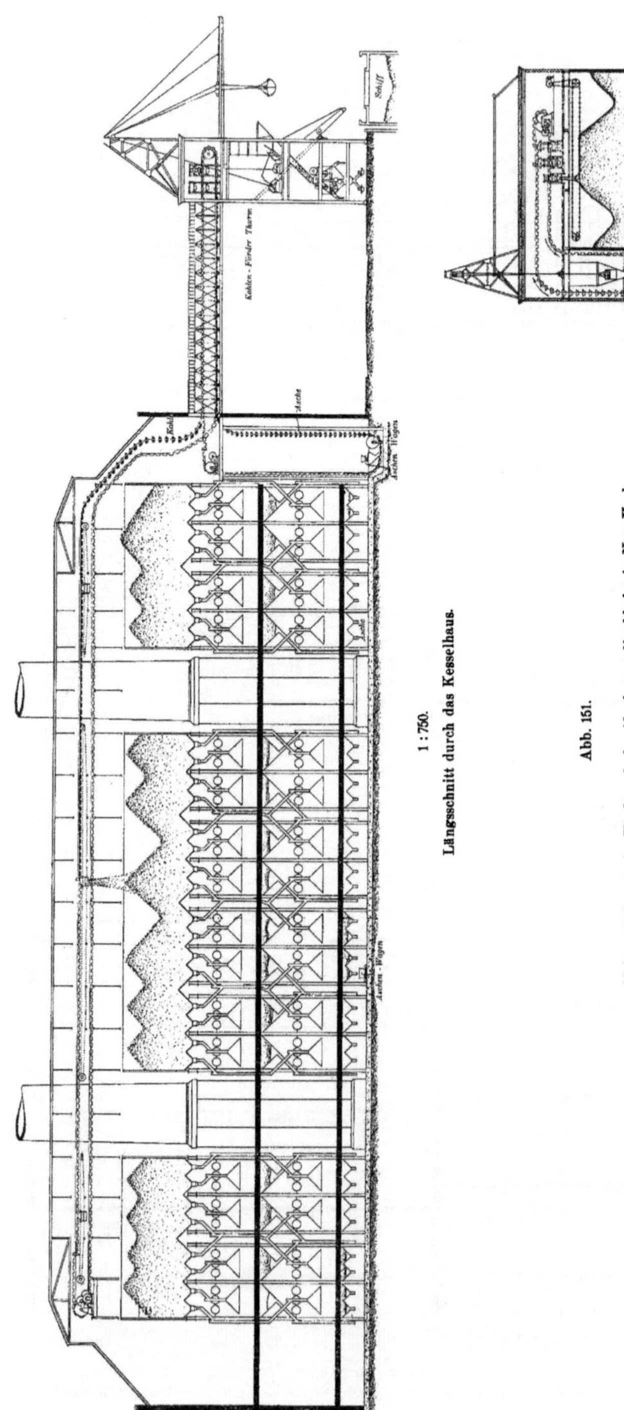

1:750.

Längsschnitt durch das Kesselhaus.

1:750.

Querschnitt durch den Aschenbehälter.

Abb. 151.

Kohlenförderung im Kraftwerk der Manhattan-Hochbahn in New-York.

motive nach dem Aschenförderwerk geschafft, das im Aufzugthurm endigt. Alle Fördermaschinen werden elektrisch angetrieben. Die Leistungsfähigkeit der Fördereinrichtung war zu 150 t in der Stunde gefordert, soll aber in Wirklichkeit höher sein.

anlage ist in den Harlemfluss hinausgebaut. Zunächst ist ein Förderthurm mit einer Greifschaufel von 1 t Inhalt errichtet worden; ein zweiter Thurm soll mit dem vollen Ausbau des Werkes dazukommen. Die Kohle geräth zunächst auf ein Sichtungs-

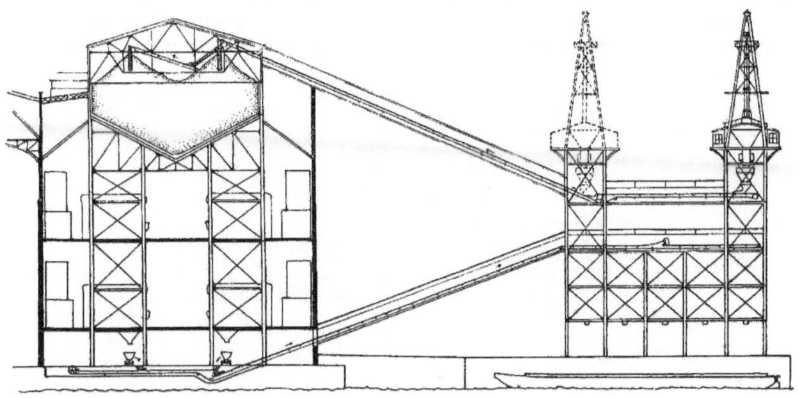

1 : 750.

Abb. 152. Kohlenförderung im Kingsbridge-Kraftwerk der Metropolitan-Strassenbahn in New-York.

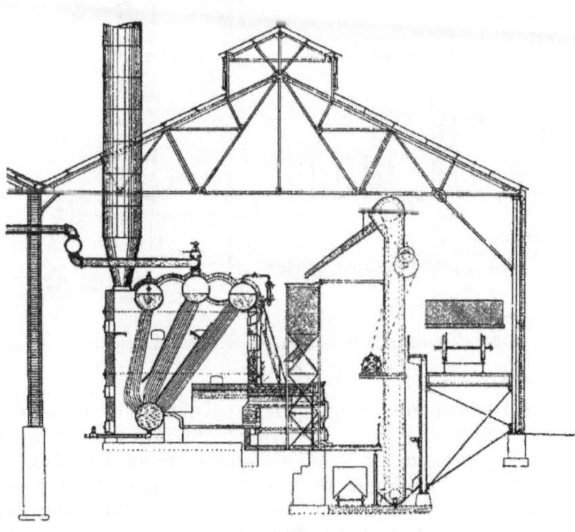

1 : 250.

Abb. 153. Kesselhaus und Kohlenförderung des Kraftwerks Juniata Str. in Pittsburgh.

Abb. 152 zeigt die Kohlenförderungsanlage für das Kingsbridge-Kraftwerk der Metropolitan-Strassenbahn, die sich in ausgedehntem Masse Robinsscher Förderbänder bedient. Die Kesselleistung der ausgebauten Hälfte beträgt 15 600 PS, der Inhalt des Kohlenbehälters 6000 t. Die Lade-

sieb, von dem die gröberen Stücke in den Kohlenbrecher befördert werden. Nach dem Durchlaufen der Waage gelangt die Kohle auf eines der beiden nebeneinanderliegenden Hauptförderbänder, die in Neigung 1 : 2,3 nach dem Kesselhaus führen. Die Breite jedes Bandes beträgt 610 mm, seine

7*

Leistungsfähigkeit 250 t in der Stunde. Dieselben Abmessungen haben die beiden längs über den Kohlenbehälter hinführenden Bänder, die mit selbstthätig sich bewegenden Abwurfwagen ausgerüstet sind. Zur Beladung des in der Abb. links liegenden Bandes dient ein kurzes Querband.

Die Asche wird durch zwei mit elektrischen Lokomotiven betriebene Rollbahnen auf das Aschenförderband geschafft,

kettenaufzug, der die ganze Länge der Behälter bedient. Die Kette wird durch einen ausgedienten Wagenmotor angetrieben. Neben der Laufgrube des Kohlenaufzugs befindet sich ein Schmalspurgleis für einen Aschenförderwagen, der durch Seilzug befördert wird.

6. Bei dem neuen Kraftwerk Cedar Avenue der Cleveland Electric Railway (7000 KW Kesselleistung) fehlt eine eigent

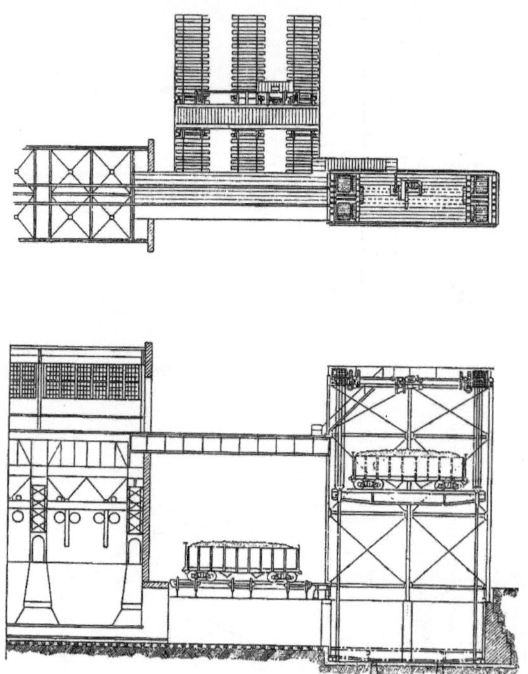

1 : 500

Abb. 154. Kohlenförderung im (neuen) Kraftwerk Cedar Avenue in Cleveland.

das sie in den auf der Ladeanlage befindlichen Aschenbehälter bringt.

5. In dem Kraftwerk Juniata Str. der United Traction Co. in Pittsburgh (K im Lageplan, Abb. 129 Tafel II; 2000 PS Kesselleistung) werden die Kohlen durch Eisenbahnwagen angefahren. Ein Vollbahngleis führt in das Kesselhaus, Abb. 153, und die Eisenbahnwagen entleeren durch Bodenklappen in einen unter den Gleisen befindlichen Kohlenbehälter von nur 820 t Inhalt. Ein zweiter Behälter von 240 t Inhalt befindet sich über der Kesselfeuerung. Die Kohlenförderung aus dem grossen in den kleinen Behälter geschieht durch einen fahrbaren Eimer

liche Kohlenförderanlage. Vielmehr gelangen die Eisenbahnwagen von einem in Geländehöhe an der Längswand des Kesselhauses entlang laufenden Vollbahngleis über eine Schiebebühne zu dem Aufzug und werden durch diesen samt ihrem Inhalt an Kohlen auf ein im Dachgeschoss des Kesselhauses über dem 1600 t fassenden Kohlenbehälter sich erstreckendes Gleis gehoben, Abb. 154. Senkrecht unter dem oberen Entladegleis befindet sich im Untergeschoss des Kesselhauses das Aschenladegleis, das ebenfalls mit gewöhnlichen Eisenbahnwagen befahren wird und nach demselben Aufzug hinführt. Das Tragwerk ist auf ein Wagengewicht von 100 t berechnet. Die Wirthschaftlichkeit der ganzen Anlage erscheint recht fraglich.

Oel- und Gasfeuerung.

In der grösseren Zahl der Bahnkraftwerke Chicagos ist ebenso wie in mehreren anderen Städten eine Zeit hindurch Oel als Brennstoff verwandt worden. Es ist dies ein Petroleumdestillat vom spezifischen Gewicht 0,83 und einer theoretischen Verdampfung von 20, einer wirklichen von 12 bis 15. Das Oel wird in den Feuerungsraum durch Dampfgebläse fein vertheilt eingespritzt; die Zuführung ist so zu regeln, dass das Oel vollständig verbrennt, ehe es die Heizfläche berührt. Man kann diese Art der Feuerung eine vollkommen ideale nennen; in neuerer Zeit ist aber der Preisunterschied zwischen Oel und Kohle so bedeutend geworden, dass die Oelfeuerung nicht mehr wirthschaftlich ist; und sie ist deshalb überall da verlassen worden, wo ihre Beibehaltung nicht ausdrücklich vorgeschrieben war (wie in der inneren Stadt in Chicago). Da die Einrichtung für die Kohlenfeuerung überall bereits bei der Erbauung des Kraftwerks neben der Oelfeuerung vorgesehen war, machte ihr späterer Einbau keine besonderen Schwierigkeiten.

Naturgas wird auch heute noch an verschiedenen Stellen, namentlich in Pennsylvanien und Indiana, zur Kesselfeuerung verwandt. Doch sind die früher so ergiebigen Gasquellen jetzt so weit erschöpft, dass eine Gewinnung des Gases in grossem Massstabe nicht mehr vorkommt. Bei Neueinrichtung von Anlagen zur Nutzbarmachung des Gases ist die Gaskraftmaschine an Stelle von Dampfkessel und Dampfmaschine getreten; von ihr soll später die Rede sein.

Kessel.

Als Kessel sind gegenwärtig ausschliesslich Wasserrohrkessel in Anwendung, welche bei geringem Raumbedarf ein hohes Mass von Sicherheit besitzen. Um einen Vorrath von trockenem Dampf für zeitweise Ueberlastung zu haben, sind die Kessel stets mit obenliegendem Dampfsammler ausgerüstet.

Am weitesten verbreitet ist der liegende Wasserrohrkessel, Bauart Babcock & Wilcox [1]); man findet ihn fast überall [2]). In der Regel werden die Kessel in Paaren neben einander gelegt, so dass sie nur durch die Scheidewand der Einmauerung getrennt sind. Die Kessel sind an einem Rahmenwerk aufgehängt, belasten also die Wände der Einmauerung nicht. Sie werden in jeder Grösse bis zu 850 PS (nach Angabe von Aultman & Taylor) hergestellt. Die Grössen zu 250 und zu 500 (520) PS können als Regelgrössen gelten. Bis zu 150 PS ist ein Dampfsammler (Oberkessel) vorhanden, bei grösseren Kesseln liegen zwei und drei neben einander. Die Neigung der Rohre beträgt 15°. Die üblichen Abmessungen gehen aus folgender Zusammenstellung hervor:

Grössen-bemessung	Anzahl der Rohre		Länge der Rohre	Durchmesser der Rohre	Oberkessel		Grundfläche		Höhe	Heiz-fläche
	neben	über			Zahl	Durchmesser	Tiefe	Breite		
PS	einander		m	mm		mm	m	m	m	qm
250	14	9	5,5	100	2	1067 [3])	7,0	3,5	4,5	247
520	20	12	5,5	100	2	1040	7,3	4,8	6,5	485

Man sieht daraus, dass die Tiefe nahezu unabhängig von der Grösse des Kessels ist und die Breite mit der Leistung zunimmt.

Für besondere Verhältnisse werden auch Kessel mit kürzeren Rohren, demnach geringerer Tiefe und grösserer Breite und Höhe, gebaut, z. B. die Kessel im Kraftwerk der Consolidated Traction Co. in Pittsburgh (*H* im Lageplan) mit folgenden Zahlen:

Grössen-bemessung	Anzahl der Rohre		Länge der Rohre	Durchmesser der Rohre	Oberkessel		Grundfläche		Höhe	Heiz-fläche
	neben	über			Zahl	Durchmesser	Tiefe	Breite		
PS	einander		m	mm		mm	m	m	m	qm
375	18	13	4,57	100	3	914	6,1	4,1	5,9	370

---

[1]) S. Zeitschrift des Vereins Deutscher Ingenieure, 1901, S. 1658.   [2]) Kessel dieser Bauart werden auch von anderen Firmen, z. B. Aultman & Taylor, hergestellt.   [3]) Oder auch 914 mm.

Die normale Leistung in Pferdestärken berechnet man zu 0,9—1,1 der Heizfläche in Quadratmetern (als Werth einer PS gilt nach den Regeln der American Society of Mechanical Engineers eine Verdampfung von 15,64 kg Wasser in der Stunde); wie bei allen amerikanischen Kesselarten wird eine dauernde Ueberlastung um $\frac{1}{3}$ zugelassen. Das Verhältniss der Rostfläche (als Planrost) zur Heizfläche beträgt in der Regel 1 : 59.

Die Verdampfung einer Kohle von 8000 W. E. Heizwerth unter einem B. & W.-Kessel soll eine 11,36 fache sein, entsprechend einem Wirkungsgrad des Kessels von 76 %.

Neuerdings hat die Gesellschaft begonnen, ihre Kessel mit Ueberhitzern auszurüsten; die Ueberhitzung beträgt 40—60°.

Während beim Babcock & Wilcox-Kessel jede senkrechte Rohrreihe für sich in ein wellenförmiges senkrechtes Rohr mündet, enden die Rohre des Heinekessels beiderseits je in einen gemeinsamen breiten Stutzen, ähnlich der Rauchkammer der Lokomotive, der nach oben sich verengend in den Dampfsammler übergeht. Dieser liegt nicht wagerecht, sondern in derselben Neigung wie die Wasserrohre. Beide Abänderungen sollen dazu dienen, den Wasser- und Dampfumlauf reger zu gestalten; der Dampf steigt in dem breiten Stutzen, dessen Querschnitt gleich dem der Wasserrohre ist, auf, und hat, wo er in den Oberkessel eintritt, nur eine niedrige Wasserschicht zu durchbrechen, wird also auch nur wenig Wasser mitreissen. Die getrennten Steigrohre des B.&W.-Kessels sind aber offenbar betriebssicherer.

Eine weitere Abart des B. & W.-Kessels ist der Kessel von Abendroth & Root. Hier liegt der Oberkessel noch völlig innerhalb der Einmauerung, so dass er allseitig von den Feuergasen umspült wird; ein besonderer Dampfsammler ist darüber querliegend angebracht.

Die zweite, weniger oft angewandte Kesselform ist der Stirlingkessel, mit stark geneigten Wasserrohren. Während die älteren Formen dieses Kessels drei Oberkessel und einen Unterkessel mit drei Bündeln Wasserrohre besitzen, zeigt ein neuerer derartiger Kessel zwei Unterkessel und vier Rohrbündel.[1]

Der Stirlingkessel erfordert wesentlich geringere Tiefe, die verschiedenen Formen

älterer Art besitzen eine Tiefe von 5,25 m, bei 5,8 m Höhe und einer Breite von 0,17 m für die Pferdestärke (Mittelwerthe aus neun verschiedenen Ausführungen). Stirlingkessel eignen sich daher besonders zur

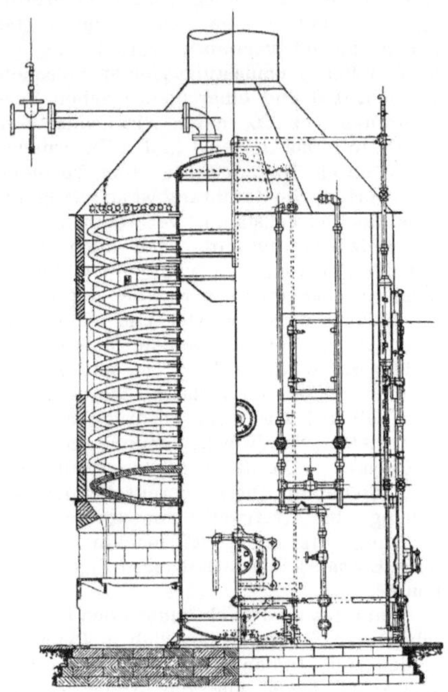

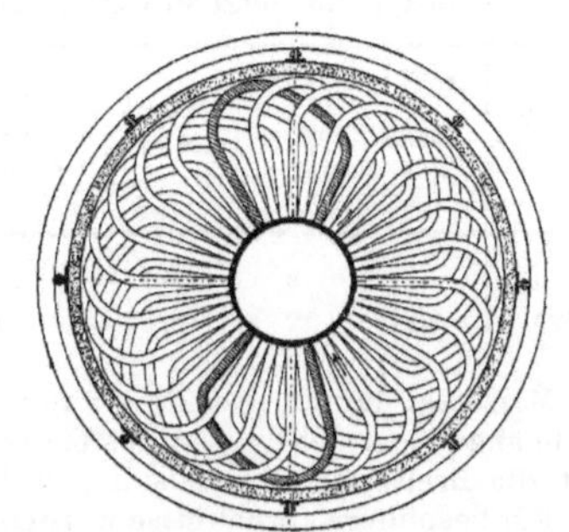

Abb. 155. Clonbrock-Climax-Kessel von 250 PS Leistung.

zweireihigen Anordnung in Kesselhäusern mit beschränkter Tiefenabmessung.

Als dritte Form ist ein senkrechter Kessel, Bauart Climax (Clonbrock-Kessel-Werke) zu verzeichnen, der wegen des Fehlens einer Einmauerung besonders in vorübergehenden Anlagen viel angewendet wird, um so mehr, als Lokomobilen in

---

[1] S. Zeitschrift des Vereins Deutscher Ingenieure, 1901, S. 1660.

Amerika nicht gebräuchlich sind. Die Mitte des Kessels nimmt ein aufrechtstehender Wasserzylinder ein, Abb. 155, in dessen Mantel eine grosse Zahl gekrümmter, etwas ansteigender Wasserrohre eingesetzt sind. Entsprechend einer Leistung von 250—1500 PS beträgt die Anzahl der Rohre 280—1000, ihr Durchmesser 38—75 mm, ihre Gesamtlänge 300—3600 m. Ueber den Rohren liegt ein Schlangenrohr gleichen Rohrdurchmessers, das als Speisewasser-Vorwärmer dient. Das Speisewasser tritt unten in das zylindrische Gefäss ein und von diesem in die Rohre, in denen sich infolge der Dampfbildung ein aufsteigender Wasserstrom herstellt. $^2/_3$ der Rohre enthalten Wasser, das obere Drittel Dampf. Dieser Theil des Kessels dient als Ueberhitzer (45° Ueberhitzung). Anschlagbleche im oberen Theil des Zylinders dienen zur Abscheidung des mitgerissenen Wassers, und eine Anzahl wagerechter Querwände zwingen den Dampf, die Rohre zu durchlaufen.

Ein besonderer Vorzug des Kessels ist sein schnelles Anheizen (angeblich 10 Minuten bei kaltem Wasser).

Zahlenangaben eines solchen Kessels:

Heizfläche für die Pferdestärke 0,5 qm,
Verdampfung 30 kg Wasser für das Quadratmeter Heizfläche in der Stunde,
8,1 fache Verdampfung,
Dampfspannung 8,5 Atm.[1]
Verhältniss der Rostfläche zur Heizfläche 1 : 46.

Die gebräuchliche Dampfspannung (bei allen Kesselarten) schwankt zwischen 7 und 12,5 Atm.; 8,5 bis 10,5 Atm. können als meist gebrauchte Mittelwerthe gelten.

Beschickung der Kessel.

Es wurde vorher beschrieben, wie die Kohle von der Ladestelle in die Kohlenbehälter gelangt. Die Abfallrohre, die von den oben im Kesselhaus gelegenen Behältern die Kohle zu den einzelnen Kesseln herab oder vor dieselben führen, werden häufig mit Wägevorrichtungen verbunden oder als solche ausgerüstet.

Die Beschickung der Kessel geschieht in der Regel auf mechanischem Wege. Die Einführung der selbstthätigen Rostbeschickung empfahl sich zunächst mit Rücksicht auf die hohen Löhne und wurde dadurch erleichtert, dass die amerikanische Kohle, wie erwähnt, wenig Neigung zum Backen zeigt; dagegen tritt die — mit den

mechanischen Rostbeschickungen verbundene und bei uns häufig in den Vordergrund gerückte — Ersparniss an Brennmaterial und Verminderung des Rauches vollständig in den Hintergrund. Eine annähernd gleichmässige Korngrösse ist unbedingtes Erforderniss; aus diesen Gründen sind meistens in die Kohlenförderung die mehrfach erwähnten Kohlenbrechwerke eingeschaltet. Das Kohle-Abfallrohr mündet unmittelbar in den Fülltrichter der Rostbeschickungsanlage.

Den verschiedenen Bauarten gemeinsam ist die Möglichkeit, einmal die Beschickungsmenge zu ändern (durch Verstellen der Austrittsöffnung des Fülltrichters) und weiter die Geschwindigkeit des Vorschubs des Brennstoffes auf dem Roste.

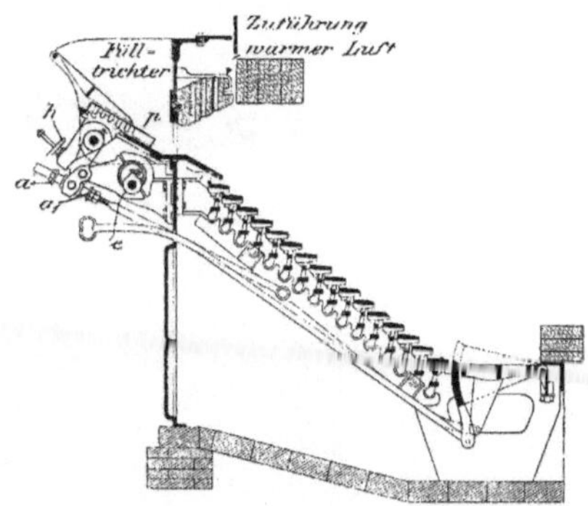

Abb. 156. Rostbeschickung von Roney.

In der Regel geschieht diese Veränderung mit der Hand, doch hat man auch Einrichtungen getroffen, sie selbstthätig durch den Dampfdruck des betreffenden Kessels vornehmen zu lassen. Der Antrieb der Bewegungsvorrichtungen geschieht meistens durch eine kleine Dampfmaschine, als Gruppen- oder Einzelantrieb, seltener durch einen Elektromotor.

Die wichtigsten Rostbeschickungen lassen sich in drei Gruppen ordnen:

1. Treppenrostfeuerungen mit Beschickung von oben,
2. Planrostfeuerungen mit Beschickung von unten,
3. Kettenroste.

Als Beispiel für die Gruppe 1 sei die Feuerung von Roney angeführt, Abb. 156.

Ein Exzenter e bewirkt eine hin- und hergehende Bewegung der Boden- und Stossplatte p des Fülltrichters und gleichzeitig eine schüttelnde Bewegung der Rost-

---

[1] Bei den folgenden Dampfspannungsangaben ist stets Ueberdruck verstanden.

stäbe, um das allmähliche Herabrutschen der Kohle auf der treppenförmigen, um 37 ° geneigten Rostfläche zu unterstützen. Der Weg der Platte p und damit die Beschickungsmenge wird durch ein Handrad h, der Weg der Roststäbe durch die Anschlagsschrauben a und a_1 geregelt. Der mit dem Feuer in unmittelbare Berührung kommende Theil der Roststäbe besteht aus kleinen auswechselbaren Platten. Der tiefste Theil des Rostes kann zur besseren Entfernung der Asche hochgeklappt werden. Warme

eisenblöcken gebildet, durch welche die Verbrennungsluft zutritt. Die Asche wird durch die nachdrängende Kohle weiter geschoben und gelangt in den hinteren Theil der Feuerungskammer, von wo sie von Zeit zu Zeit entfernt werden muss. Gegen das Festbacken des Brennstoffes in der Rinne dient eine Kratze, die von dem Kolben aus in Bewegung gesetzt wird.[1]

Dieselbe Gesamtanordnung zeigt die Feuerung der American Underfeed Stoker Co., Abb. 158. Der Vorschub des

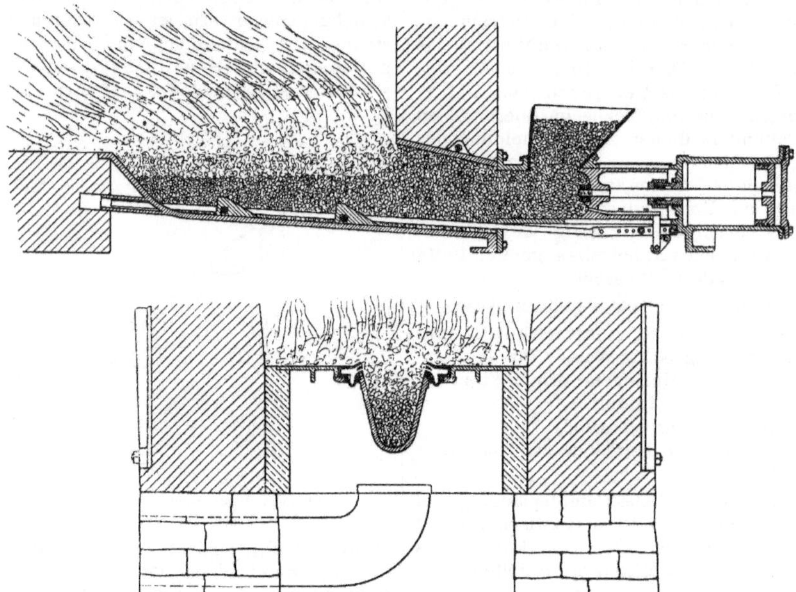

Abb. 157. Rostbeschickung von Jones.

Verbrennungsluft tritt unmittelbar hinter dem Fülltrichter zu und unterstützt das Vergasen der Kohle.

Die Feuerung von Brightman ist der vorbeschriebenen sehr ähnlich. Die Abweichung besteht hauptsächlich darin, dass die mit treppenförmigen Aufsattelungen versehenen Roststäbe in der Beschickungsrichtung liegen; feste und bewegliche Stäbe wechseln mit einander ab.

Zur Gruppe 2 gehört die Feuerung von Jones, Abb. 157. An Stelle des Rostes tritt eine Rinne, in der die Kohle durch einen mechanisch angetriebenen Kolben in das Feuerloch geschoben wird. Die Seitenwände der Rinne sind aus hohlen Guss-

Brennmateriales in der Rinne geschieht durch eine Förderschnecke, die durch eine kleine Dampfmaschine angetrieben wird. An beiden Seiten der Rinne befindet sich ein schwach geneigter Rost, dessen Stäbe beweglich sind. Durch die Bewegung der Roststäbe wird der Brennstoff gleichmässig über den Rost vertheilt. Der Antrieb der Bewegungsvorrichtung geschieht von der Schneckenspindel aus durch Stirnräder. Der Luftzutritt erfolgt einmal zur Rinne,

[1] Da bei der Feuerung von Jones bewegliche Roststäbe, die durch die bei starker Erhitzung unvermeidlichen Formänderungen leicht unwirk-am werden und zu steten Ausbesserungen Anlass geben, vermieden sind, und sie hierdurch auch gegen den Einfluss backender Kohle unempfindlich wird, so erscheint eine erfolgreiche Einführung des Systems auch für deutsche Kohle nicht ausgeschlossen.

durch seitliche Oeffnungen, und dann von unten durch die Roststäbe.

Die Feuerungen der Gruppe 2 haben die Eigenthümlichkeit, dass der Brennstoff in der Rinne vorgewärmt und dadurch entgast und verkokt wird, während die entweichenden Gase im Feuer vollständig verbrannt werden, wodurch eine fast vollkommene Rauchfreiheit eintritt.

beschickt werden, da eine Reinigung der Roststäbe leicht möglich ist, während sie vorn zu Tage treten.

Während Kohlenförderungsanlagen nur in mittleren und grossen Kraftwerken (über 2000 KW) ihre wirthschaftliche Berechtigung haben, werden selbstthätige Rostbeschickungen mit Vortheil auch bei kleineren Kesselanlagen (schon von 2 Kesseln an)

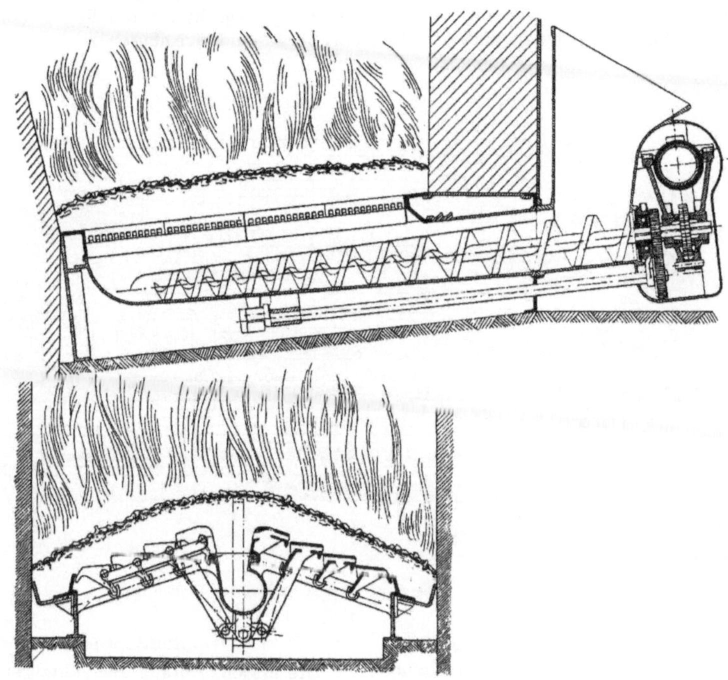

Abb. 158.　Rostbeschickung der American Underfeed Stoker Co.

Der bewegliche Rost, Gruppe 3 (Bauart Greene, Mansfield oder Playford) ist wohl die verbreitetste Anordnung. Der Rost von Greene ist durch die Düsseldorfer Ausstellung allgemein bekannt geworden;[1] den Rost von Playford stellt Abb. 159 dar. Bei dieser Anordnung sind die Roststäbe auf die Glieder der Gelenkkette aufgesetzt. Der Antrieb der Roste geschieht durch eine Exzenterstange (e in Abb. 159). Die Geschwindigkeit des Umlaufs und die Oeffnung des in der üblichen Weise angeordneten Fülltrichters sind beide veränderlich. Der Kettenrost kann auch mit backender Kohle

ausgeführt, wobei dann die Fülltrichter der Feuerungsanlagen mit der Hand beschickt werden.

Die Ersparniss an Bedienungspersonal bei Anwendung der selbstthätigen Rostbeschickung — unter Voraussetzung des Vorhandenseins einer Kohlenförderungsanlage — beträgt etwa $2/3$ der Heizer, indem sich deren Thätigkeit auf die Ueberwachung der beweglichen Theile, gelegentliche Regelung der Kohlenzuführung und die Kesselspeisung beschränkt.

Eine weitere Ersparniss bei selbstthätigen Feuerungen liegt in der Möglichkeit der Verwendung eines billigeren (feinkörnigen oder geringwerthigen) Brennstoffs, sobald sie mit einer Einrichtung zur künst-

---

[1] Zeitschrift des Vereins Deutscher Ingenieure 1901 S. 1659.

lichen Verstärkung des Zuges verbunden werden.

Hierzu dienen die bekannten Sturtevant-Windräder, die theils als Saugzug-, theils als Druckzug-Anlagen zur Anwendung kommen. Wenn es sich lediglich um vermehrte Zuführung der Verbrennungsluft handelt, werden in der Regel Gebläse-Windräder angewendet, dagegen saugende, wenn zugleich der Zug des Schornsteins verstärkt werden soll. Die Gebläse-Windräder werden seitlich der Kesselreihe aufgestellt und blasen in einen unter allen grossen Schwankungen im Dampfverbrauch der Kesseldruck annähernd auf gleicher Höhe gehalten werden kann.

Die Anwendung des künstlichen Zuges erlaubt zugleich die Weglassung des gemauerten Schornsteins und seinen Ersatz durch ein nur wenig über das Dach des Kraftwerks hervorragendes Blechrohr. Diese Anordnung wird besonders von der Westinghouse-Gesellschaft bei der Anlage von kleineren und mittleren Kraftwerken bevorzugt; sie bildet die Regel bei allen vorübergehenden Anlagen[1]).

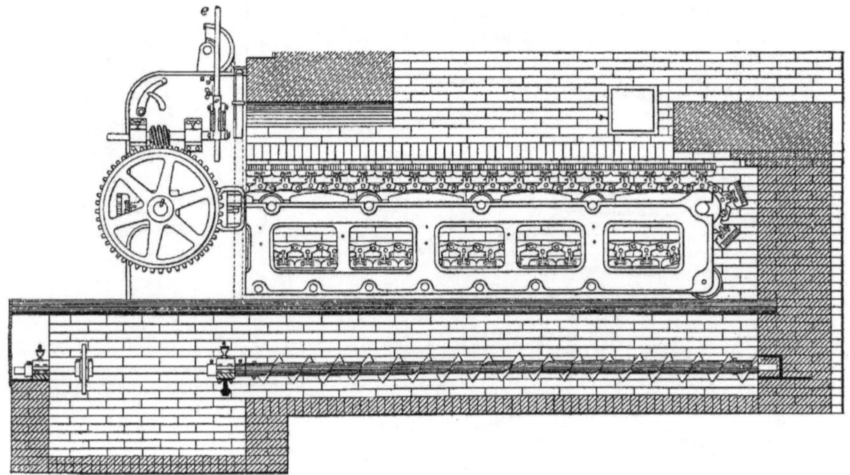

Abb. 159. Kettenrost von Playford. Aus: Street Railway Journal 1900.

Kesseln nahe deren Rückwand unterhalb der Feuerbrücke hindurchführenden Kanal, aus dem die Luft durch Oeffnungen in den rings vollständig geschlossenen Aschenfall eintritt. Die saugenden Windräder werden im Schornsteinhals angeordnet, so dass der Fuchs unmittelbar mit dem Einlassstutzen verbunden ist. Die Windräder haben in der Regel achsiale Einströmung, einseitig bei saugenden, zweiseitig bei blasenden, und tangentiale Ausströmung. Das Gehäuse ist aus Stahlblech gefertigt, die Blechschaufeln sind an gegossenen Armen befestigt. Die saugenden Windräder erhalten wassergekühlte Lager. Der Antrieb geschieht meistens durch Elektromotoren und zwar bei saugenden Windrädern stets an der von der Einströmung abgewandten Seite. Die Umlaufgeschwindigkeit wird meistens durch den Dampfdruck selbstthätig geregelt, so dass selbst bei

Dampfmaschinen.

Die ersten, Anfang der achtziger Jahre des vorigen Jahrhunderts in Betrieb gesetzten Dynamomaschinen waren Lichtmaschinen; in der Regel zweipolig, mit hoher Umdrehungszahl. Sie wurden durch Riemen von einer gemeinsamen (Haupt-) Welle aus, und diese von einer oder mehreren Dampfmaschinen ebenfalls durch Riemen angetrieben. Durch die doppelte Uebersetzung waren Geschwindigkeit von Dampfmaschine und Dynamo vollständig unabhängig von einander. Derartige Lichtwerke mit vielen kleinen Maschinen haben sich noch bis heute erhalten, und in dem 1890 vollständig umgebauten Bahn- und Lichtwerke in Milwaukee ist diese Bauweise für die Lichtmaschinen von neuem zur Anwendung gelangt.

---

[1]) Während man bei uns sogar für Ausstellungen recht unnöthiger Weise gemauerte Schornsteine aufführt.

Für die ältesten Bahn-Kraftwerke, die Mitte der achtziger Jahre erbaut wurden, wurde der Gruppenantrieb beibehalten; im Jahre 1890 ging man jedoch zum Einzelantrieb über, mit einfacher Riemenübertragung zwischen Dampfmaschine und Dynamo. Diese wurden jetzt vierpolig ausgeführt, wodurch das Uebersetzungsverhältniss bereits wesentlich verringert werden konnte; später wurde die Zahl der Pole auf 6, die Leistung bis auf 200 KW gesteigert; zum Antrieb der grössten Stromerzeuger genügte demnach eine 300pferdige Dampfmaschine.

Mit der Ausdehnung der Strassenbahnen wuchs die Möglichkeit, grössere Maschinensätze anzuwenden, und damit war die Vorbedingung für unmittelbare Kupplung von Dampfmaschine und Stromerzeuger gegeben. Zur Ausführung kam sie zuerst 1893 für die Rundbahn auf der Chicagoer Ausstellung mit der damals unerhörten Leistung von 800 KW für den Maschinensatz; diese Bahnanlage zeigte zugleich die erste Anwendung der dritten Schiene als Stromleitung und wurde bahnbrechend für die Anwendung der elektrischen Zugkraft auf Stadtbahnen. Als Antrieb dienten langsam laufende Dampfmaschinen.

Von nun an geht die Entwicklung der Stromerzeuger mit der der Dampfmaschinen für elektrischen Antrieb Hand in Hand.

Trotz der Vorzüge, welche die schnelllaufende Dampfmaschine für den Bau der Stromerzeuger hat, und trotz mannigfacher Versuche verschiedener Firmen, schnelllaufende Maschinen einzuführen, ist doch die Anwendung langsam laufender Maschinen überwiegend geblieben, und mit der weiteren Steigerung der Grösse der Maschinensätze hat man sich immer mehr auf die Umdrehungszahl von 75 beschränkt, die demnach heute für grosse Maschinen als Regel gelten kann. Mit der Steigerung des Dampfdrucks ging man bald zu Verbundmaschinen über, und für Leistungen bis zu 2000 PS bildete sich als Regelanordnung die liegende Zwillings - Verbundmaschine heraus, mit Kondensation und Lage von Schwungrad und Dynamo zwischen den beiden Zylindern. Stehende Maschinen dieser Grösse sind nur vereinzelt bei grossem Platzmangel angewendet worden. Der Vortheil der leichteren Ueberwachung und Bedienung erschien also gross genug, um die — bei langsamem Gange allerdings nicht so hervortretenden — Mängel der liegenden Maschinen, einseitigen

Kolbendruck und starke Beanspruchung der Gründung, aufzuwiegen.

Erst in allerletzter Zeit sind stehende Maschinen, von doppelt so grosser Leistung, häufiger geworden, nachdem durch die Vereinigung der gesamten Strassenbahnen einer Stadt zu einer Gesellschaft einmal der Umfang der Vertheilungsnetze, andererseits durch die Anwendung der Drehstrom-Kraftübertragung die Grösse des einzelnen Kraftwerks erheblich gewachsen war. Massgebend für die Einführung der stehenden Maschinen war dabei in erster Linie die Rücksicht auf den hohen Bodenwerth innerhalb der Städte.

In den Bauarten der einzelnen Maschinenfabriken zeigt sich eine grosse Uebereinstimmung, die — wie überhaupt die Vorliebe für Regelformen — ein hervortretender Zug des amerikanischen Ingenieurwesens ist. Dieses Streben nach Gleichheit, das ja bekanntlich im amerikanischen Leben überall zu Tage tritt, wird im vorliegenden Falle unterstützt durch den regen (und schnellen!) Meinungsaustausch in Wort und Schrift und den häufigen Stellungswechsel der Ingenieure. Die Formgebung wird dabei wesentlich beeinflusst durch die Rücksicht auf Einfachheit und Billigkeit der Herstellung, insbesondere der Gussstücke (Schablonenformung). Bemerkenswerth ist das Streben nach Vermeidung gekröpfter Wellen. Auch bei den stehenden Maschinen bildet deshalb die Anordnung am Schwungrad und Dynamo zwischen den Kurbeln die Regel.

Das Flächenverhältniss von Hoch- und Niederdruckkolben beträgt 1:3 bis 3,5, höchstens 1:4. Dampfmäntel werden nicht angewandt; nur der Zwischenbehälter, dessen Inhalt etwa gleich dem des Hochdruckzylinders sein soll, enthält eine Anzahl Messingrohre, in die Kesseldampf eingeleitet wird. Dadurch wird der in den Niederdruckzylinder eintretende Dampf in geringem Masse überhitzt.

Da eine Zeit lang die Gusseisen- und Gussstahl - Schwungräder häufig zersprangen, wurde von Rice & Sargent ein „Sicherheits-Schwungrad" eingeführt, mit schmiedeeisernem Kranze, Flussstahlspeichen und Gusseisennabe. Den gleichen Zweck verfolgte ein vollwandiges, an den Maschinen des Charlestown-Kraftwerks in Boston angewendetes Schwungrad, das, abgesehen von der Gusseisennabe, vollständig aus 20 bis 25 mm starken Blechen hergestellt ist. Als Nachtheil dieses Schwungrads wurde bemerkt, dass die Kühlung der dicht daneben liegenden Dynamomaschine verschlechtert wurde. Mit der fortschreitenden Stahlgusstechnik wurden derartige Sonderkonstruktionen verlassen.

Einem Fortfall des Schwungrads und seinem Ersatz durch den Läufer der Stromerzeugungsmaschine trat der Umstand hindernd entgegen, dass fast überall wegen des Fehlens von Pufferbatterien die Dampfmaschinen grossen plötzlichen Laständerungen ausgesetzt sind; aus dem gleichen Grunde ist auch die Anwendung von Mehrfach - Expansionsmaschinen für unmittelbaren Antrieb niemals ernstlich erwogen worden.[1]

Der gewährleistete Dampfverbrauch für die PSi-Stunde schwankt zwischen 6,8 und 5,9 kg; der untere Grenzwerth gilt für die grossen stehenden 4000 PS-Maschinen. Bei einer Aenderung der Leistung um $\pm$ 10 bis 15 % soll der Dampfverbrauch den gleichen Werth behalten.

Die schnelllaufenden Maschinen (über 105 Umdrehungen), die in der Anwendung stark die Minderzahl bilden, weisen eine gewisse Mannigfaltigkeit in der Ausführung der Einzelheiten, insbesondere der Steuerungen auf. Wir finden da Steuerungen mit Achsenregler für einfache und Doppelschieber, daneben auch Lenkersteuerungen mit Schwungkugelregler. Die Schieber kommen als Muschelschieber, Kolbenschieber, Rahmenschieber mit Gegenplatte und Gitterschieber vor; die Gitterschieber scheinen besonders beliebt. Getheilte Schieber werden häufig angewendet. Kniehebelübersetzungen zwischen Exzenterstange und Schieberstange zur Minderung des schleichenden Ganges der Schieber sind vereinzelt in Anwendung. Eigentliche Ventilsteuerungen, mit besonderer, um 90° gedrehter Steuerwelle, findet man nirgends. Bis zu 150 Umdrehungen sind abgeänderte Corlisssteuerungen (mit zwangläufigem Ventilschluss) in Anwendung.

Die an Zahl und Bedeutung weit überwiegenden langsamlaufenden Maschinen haben fast alle die bekannte Corlisshahn-Steuerung mit Schwungkugelregler. Einige wenige Maschinenfabriken, die in der Regel schnelllaufende Maschinen herstellen, behalten die von ihnen gepflegte Bauart der Steuerung auch für ihre Maschinen geringerer Umdrehungszahl bei.

Die Exzenter sitzen regelmässig auf der Hauptwelle. Bei grösseren Maschinen werden Niederdruck- und Hochdruckseite gesteuert, theils durch dieselbe, theils durch getrennte Steuerungen; bei kleineren Maschinen wird häufig die Niederdruckseite mit der Hand gesteuert.

Die Achsenregler besitzen theils eine kreisförmige, theils eine geradlinige Verstellungsbahn des Exzenters. Zur Verstellung wird theils die Fliehkraft benutzt, theils das Beharrungsvermögen eines Gewichts, das bei Verzögerung des Schwungrades voreilt, bei Beschleunigung desselben zurückbleibt. In der Regel werden beide Wirkungen vereinigt, indem die Bewegung des Beharrungsgewichts während des Anlaufens der Maschine bis zur Erreichung der Regelumdrehungszahl von den Fluggewichten gehemmt wird.

Als normale Leistung der Maschine wird in der Regel $^1/_4$ Füllung für den Hochdruckzylinder angenommen, als mittlerer Arbeitsdruck des Niederdruckzylinders 20 bis 26 % der Kesseldampfspannung.

Ein Beispiel einer liegenden Verbundmaschine mit Zwillingsanordnung der Zylinder ist in Abb. 160 gegeben. Die dargestellte Maschine, von 2000 PS Leistung, ist von der Corliss Steam Engine Co. in Providence erbaut (für das Kraftwerk California Avenue in Chicago). Die Bauarten der einzelnen Bauanstalten sind aber in Bezug auf die Gesamtanordnung und die Hauptabmessungen so wenig von einander unterschieden, dass dieses Beispiel der am meisten angewandten Grösse beinahe als Regelanordnung gelten kann. Dampfdruck 9 Atm., Umdrehungszahl 75, Kolbendurchmesser 762 und 1321, Kolbenweg 1324 mm.

In Abb. 161 ist eine der neuzeitlichen grossen stehenden Maschinen von 3500 PS Leistung dargestellt. 3500 bis 4500 PS ist die Regelgrösse für stehende Maschinen, und auch hier sind die Bauarten der verschiedenen Gesellschaften fast völlig übereinstimmend. Die Steuerung dieser grossen Maschinen weist insofern von der gewöhnlichen Corlisssteuerung ab, als der Schluss der Ventile in der Regel zwangläufig erfolgt.

Die Zahlen der abgebildeten Maschine sind: Höchstleistung 5000 PS, Dampfdruck 11 Atm., Umdrehungszahl 75. Zylinderdurchmesser 1016 und 1727 mm, Kolbenweg 1524 mm, Wellendurchmesser im Lager 610 mm, Durchmesser des Schwungrads 7620 mm, sein Gewicht 72 t.

Eine Ausnahme von der Regelanordnung zeigt die in Abb. 162 dargestellte Maschine für das neue Brooklyner Kraftwerk, bei

<hr>

[1] Vereinzelt finden sich noch für Riemenantrieb gebaute Dreifach-Expansionsmaschinen älterer Entstehung.

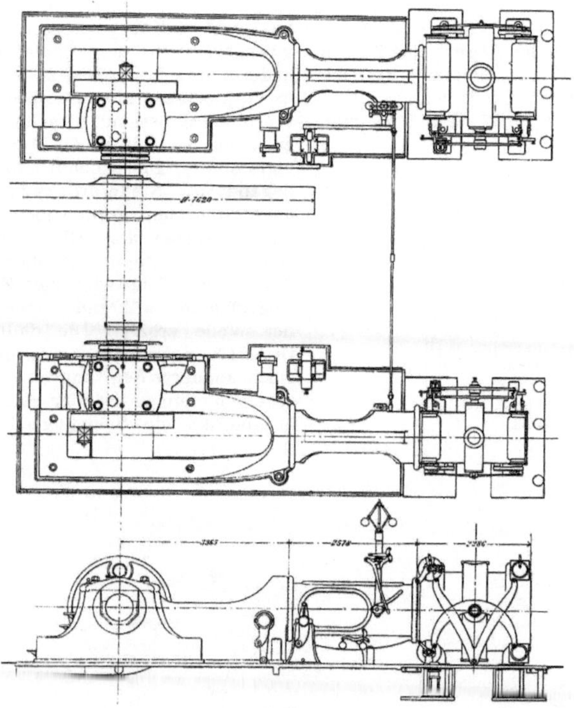

1 : 120.

Abb. 160. Corlissmaschine der Corliss Steam Engine Co., für 2000 PS Leistung, ohne Kondensation.

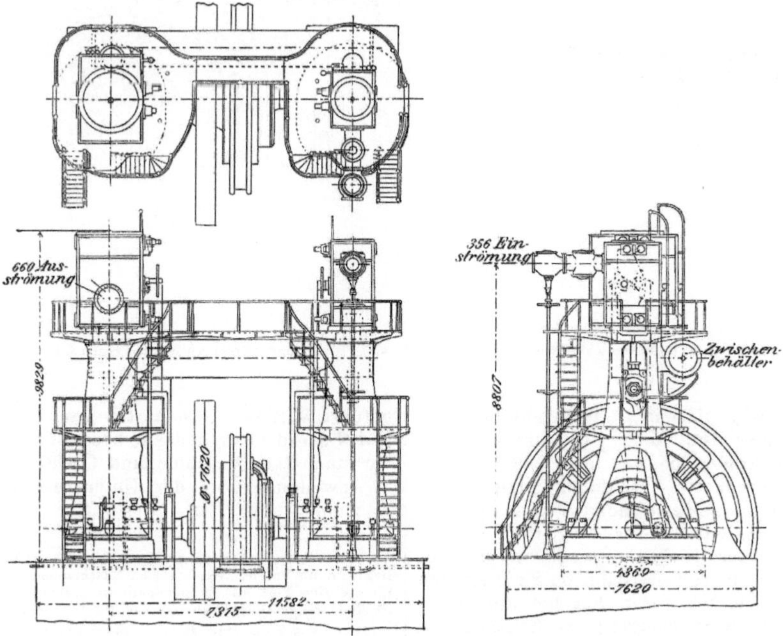

1 : 180.

Abb. 161. Verbundmaschine von Allis für 3500 PS Leistung (Cleveland Electric Railway).

der Schwungrad und Dynamo aussen, an einer Seite der Zylinder liegen. Die Zahlen der Maschine sind: Regelleistung 4000 PS, Dampfdruck 12 Atm., Umdrehungszahl 75. Zylinderdurchmesser 1067 und 2184 mm,

3500 auf 5000 KW gesteigert, hat aber nicht gewagt, auch der Dampfmaschine die anderthalbfache Grösse zu geben, sondern es vorgezogen, zwei Dampfmaschinen der erprobten Grösse auf dieselbe Welle wirken zu lassen, so dass sie die Dynamomaschine umfassen.[1] Die Hochdruckzylinder sind liegend, die Niederdruckzylinder stehend angeordnet und greifen paarweise an derselben Kurbel an. Die beiden Kurbeln sind um 135° gegen einander versetzt, so dass man infolge der vier Zylinder acht Angriffstakte während einer Umdrehung der Welle erhält. Die dadurch erzielte Gleichförmigkeit des Kräfteangriffs[2] liess ein besonderes Schwungrad entbehrlich erscheinen, und so ist hier zum ersten Male in Amerika ein Schwungraddynamo aus-

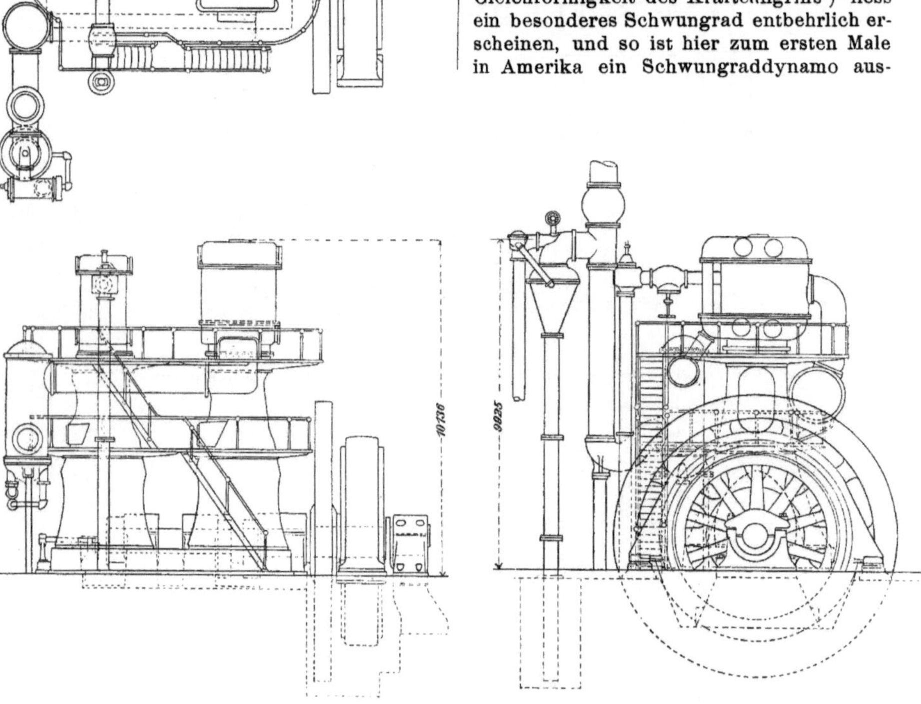

1 : 180.

Abb. 162. Verbundmaschine von Allis-Chalmers für 4000 PS Leistung. (Brocklyn Rapid Transit Co.)

Kolbenweg 1524 mm, Wellendurchmesser im Lager 686 mm, Durchmesser des Schwungrades 8534 mm, sein Gewicht 109 t.

Die neueste Maschinengattung ist die Vereinigung einer stehenden und liegenden Maschine, wie sie für das Kraftwerk der New-Yorker Hochbahn ausgeführt und für das der Unterpflasterbahn im Bau begriffen sind, Abb. 163. Man hat bei den zugehörigen Stromerzeugern die Leistung von

geführt worden. Gesteuert werden Hoch- und Niederdruckzylinder je besonders. Bei der Manhattan-Maschine sind Corlisshähne in Anwendung; bei der Untergrundbahn- maschine, bei der zum ersten Male

---

[1] Eine grössere Dampfmaschinengattung von 6000 PS Leistung, die von der Westinghouse-Maschinenbauanstalt für die New-York Edison Illuminatic Co. gebaut wurde, ist eine Dreifach-Expansionsmaschine für Lichtbetrieb.

[2] und das Vorhandensein von Pufferbatterien.

überhitzter Dampf in grösserem Massstabe zur Verwendung gelangen soll, sind für die Hochdruckzylinder Dockenventile vorge-schliesst, sobald der Hauptregler nicht an-spricht.

Die Zahlen der Manhattan-Maschine

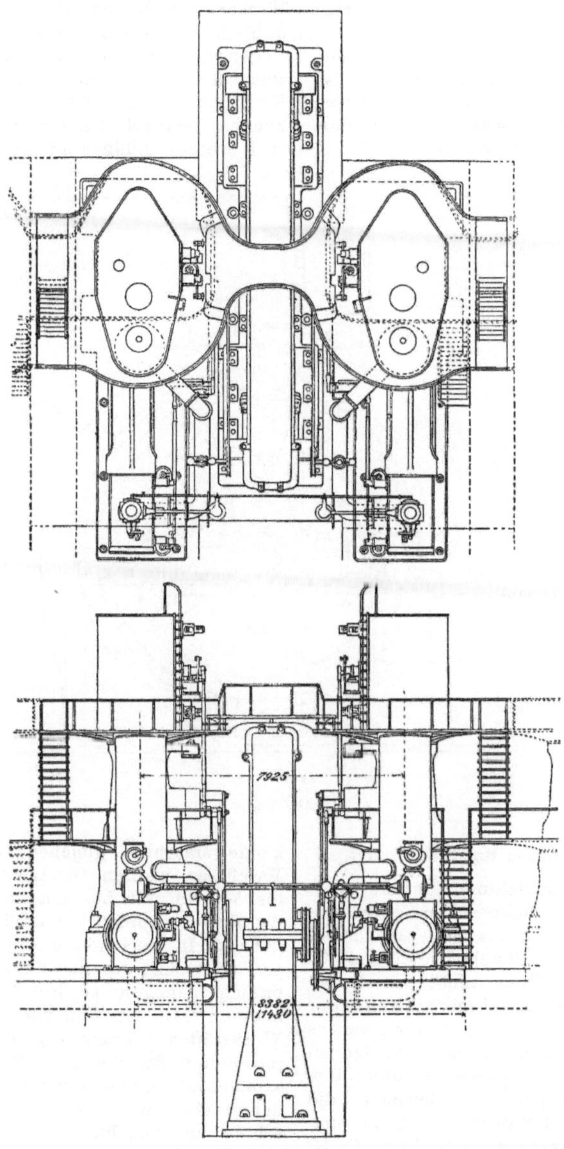

Abb. 168. Doppel-Verbundmaschine von Allis-Chalmers, für 8000 PS Leistung, Manhattan-Hochbahn.

sehen. Der Schwungkugelregler hat den üblichen Riemenantrieb; ein Sicherheits-regler ist vorgesehen, der den Dampfzutritt sind: Regelleistung 8000, Höchstleistung 12 500 PS, Dampfdruck 10,5 Atm., Um-drehungszahl 75. Zylinderdurchmesser (je doppelt) 1118 und 2236 mm, Kolbenweg 1524 mm. Wellendurchmesser im Lager 864 mm, Durchmesser des Läufers 9753 mm, sein Gewicht 150 t.

Das Gewicht der Maschine beträgt 80 kg für die PS (Normalleistung); der von ihr in Anspruch genommene Flächenraum 200 qm. Der Dampfverbrauch ist, wie bei den 4000 PS-Maschinen, zu 5,9 kg für die PSi-Stunde gewährleistet worden, ist also verhältnissmässig hoch.

Zu diesen Sonderbauarten gehören:

1. Kodak-Verbundmaschinen, einseitig wirkende Dampfmaschinen, deren Haupteigenthümlichkeit das feste, mit Wasser und Oel gefüllte Gehäuse bildet, in dem sich die Kurbeln bewegen. Im Gegensatz zu der sonstigen Einzelherstellung von Dampfmaschinen werden die Kodakmaschinen auf Lager gefertigt und können demnach besonders billig hergestellt werden, billiger als eine doppelt wir-

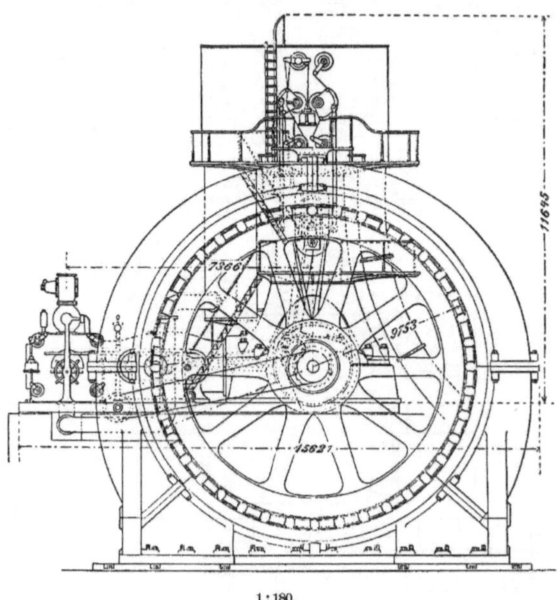

1 : 180.

zu Abb. 168.

Antriebsmaschinen besonderer Art.

Wenn die Entwicklung der Antriebsmaschinen für die elektrischen Kraftwerke im allgemeinen auch als eine allmähliche Ausgestaltung von Regelanordnungen erscheint, so darf doch nicht unterlassen werden, darauf hinzuweisen, dass eine der amerikanischen Maschinenbauanstalten es sich zur Aufgabe gemacht hat, ihre eigenen Wege zu gehen und, wesentlich unter dem Einfluss des europäischen Beispiels, die Einführung von Sonderbauarten in umfassendem Massstabe zu betreiben. Es ist dies die Westinghouse-Maschinenfabrik.[1]

kende Maschine gleicher Leistung. Die Maschinen werden für Leistungen von 35 bis 740 PS mit bestimmten Abstufungen für den Dampfdruck von 7,5 bis 11 Atm. gebaut. In Verbindung mit Bahn-Stromerzeugern sind sie allerdings selten in Gebrauch, dagegen ist ihre Anwendung auf anderen Gebieten weit verbreitet, z. B. für Werkstätten, ferner zur Zugbeleuchtung (besonders für die „L"-Züge, deren Zusammensetzung unverändert bleibt und bei denen eine im Packwagen stehende Maschine die Beleuchtung für den ganzen Zug ohne Zuhilfenahme von Batterien herstellt); weiter für vorübergehende Zwecke und

---

[1] Die Westinghouse-Maschinenfabrik ist eine der zahlreichen Gründungen von G. H. Westinghouse, die in der Umgebung Pittsburghs sich aneinander reihen und ihrem zielbewussten Zusammenarbeiten ein gut Theil ihres Weltrufs verdanken. Es sind dies die Westinghouse-Bremsenfabrik in Wilmerding, die Westinghouse Electric & Manufacturing Co. und die Westinghouse-Maschinenfabrik in East Pittsburgh, und die Union Switch & Signal Co. in Swissvale.

schliesslich als Erregermaschine für Drehstrommaschinen.

Der Dampfverbrauch bei der Normallast ist, da die Maschine ohne Kondensation arbeitet, etwas grösser als bei den doppelt wirkenden Verbundmaschinen, wächst aber sehr wenig mit abnehmender Belastung, so dass bei stark wechselnder Belastung (kleinen Kraftwerken) der Durchschnittsdampfverbrauch sich nicht so sehr erhöht. Er wird nach Messungen in dem Kraftwerk der Wilmington City Railway (1000 PS Maschinenleistung) zu i. M. 14 kg für die PSi-Stunde angegeben.

2. Gasmotoren.

Die Anwendung von Gasmotoren steht in den Vereinigten Staaten erst im Anfange der Entwicklung und wurde von der Westinghouse-Gesellschaft 1896 aufgenommen. In der inneren Einrichtung folgen ihre Gasmotoren im wesentlichen den deutschen Vorbildern, während die Gesamtanordnung den Kodak-Dampfmaschinen entlehnt ist. Die Motoren werden stehend angeordnet und sind einfach wirkend; die Kurbeln laufen in Oel. Es werden Zwei- und Drei-Zylinder-Viertaktmaschinen hergestellt, auf jeden zweiten Niedergang des Kolbens kommt ein Antrieb, so dass bei der Zwei-Zylindermaschine ein Antrieb auf eine Umdrehung des Schwungrads, bei der Drei-Zylindermaschine auf $^2/_3$ Umdrehungen erfolgt. Die Zündung erfolgt auf elektrischem Wege.

Die Grösse der Zwei-Zylindermaschinen bewegt sich in den Grenzen von 7 bis 70 PS, die der Drei-Zylindermaschinen von 15 bis 1500 PS. Die Maschinen von 650 bis 1500 PS haben unmittelbaren Antrieb, sonst ist Riemenübertragung gebräuchlich. Die Umdrehungszahl der Gasmotoren mittlerer Grösse beträgt 200.

Als Antriebsmittel ist zunächst nur Leuchtgas und natürliches Gas zur Anwendung gekommen. Der Gasverbrauch bei Leuchtgas mit einem Heizwerth von 5500 bis 6500 W.E. f. d. cbm soll für die PSe-Stunde 0,42 bis 0,48 cbm betragen, bei natürlichem Gas von 8900 W.E. Heizkraft 0,28 bis 0,34 cbm. Der Verbrauch an Kühlwasser wird zu 13,5 l im Winter, 17 bis 18 l im Sommer angegeben.

Als Beispiel einer unter sehr ungünstigen Umständen arbeitenden Leuchtgasanlage wird eine Zweiglinie der Long Island-Bahn zu Huntington N.-Y. von 5 km Länge angeführt, auf der im Sommer 3, im Winter nur 1 Wagen gleichzeitig im Dienst sind.

Der Höhenunterschied zwischen beiden Endpunkten der Linie beträgt 15 m. Es sind 2 Drei-Zylinder-Gasmaschinen von je 100 PS Leistung vorhanden, die mit Riemenübertragung je ein Dynamo von 75 KW Leistung antreiben. Zur Aufnahme der Stromstösse dient eine Pufferbatterie. Bei einer täglichen Leistung von 320 Wagenkilometern beträgt der Gasverbrauch 0,8 cbm für das Wagenkm; der Gaspreis beträgt 14 Pf für das cbm. Die gesamten Zugförderungskosten betrugen (1898) 37 Pf für das Wagenkm (zweiachsiger Wagen).

Als Beispiel einer Anlage mit natürlichem Gas als Kraftquelle sei das Licht- und Kraftwerk in Bradford Pa. genannt, in dem sich ein Gasmotor zu 200 PS und 3 zu je 125 PS befinden. Der Gasverbrauch betrug im Mittel 0,37 cbm für die PSe-Stunde.

Wenn es gelingen sollte, neue leistungsfähige natürliche Gasquellen aufzufinden, so hat der Gasmotor jedenfalls in Amerika eine grosse Zukunft und wird die minderwerthige Methode der Verbrennung des Gases unter Dampfkesseln bald verdrängen. Auffallend ist, wie langsam sich die Verwendung von Hochofen- und Koksofengasen zum Antrieb von Gasmotoren einführt, während doch die Westinghouse-Maschinenbauanstalt mitten in den Hochofenbezirken von Pittsburgh (Carnegie) liegt.[1] Auch Generatorgasanlagen sind in grösserem Umfange noch nicht hergestellt.[2] Die Westinghousegesellschaft glaubt eine Kraftübertragung mit Generatorgas als besonders vortheilhaft an Stelle der Drehstromkraftübertragung in grossen Städten empfehlen zu sollen, wobei dann an Stelle der Unterstationen Gasmotorkraftwerke treten. Auf diese Weise soll ein höherer Wirkungsgrad der Kraftübertragung erzielt werden, als bei elektrischen Anlagen.

Weiter baut die Westinghousefabrik auch Dampfturbinen (Bauart Parsons), die aber bisher lediglich zum Antrieb von Licht- und Kraftmaschinen, nicht für Bahnzwecke angewendet worden sind.

Wasserumlauf.

Aus den angeführten Beispielen für die Lage der Kraftwerke innerhalb der Städte

---

[1] Grosse Körting'sche Gasmotoren für Hochofengase werden übrigens neuerdings von anderen amerikanischen Bauanstalten ausgeführt.

[2] Es ist auch wohl kaum auf eine grosse Entwicklung derartiger Anlagen in der Zukunft zu rechnen, denn der Vorzug einer besseren Ausnutzung der Energie des Brennstoffs, den die Generator-Gasanlagen gegenüber den Dampfanlagen zeigen, fällt nicht besonders ins Gewicht, weil die Kosten des Brennstoffs im Verhältniss zu den Arbeitslöhnen niedrig sind.

war zu ersehen, dass in vielen Fällen, namentlich in den kleineren Städten, die Lage an dem See oder Flusslauf eine natürliche Speisung ermöglichte. In Chicago boten stellenweise die unterirdischen Fluthkanäle zwischen See und Fluss ein gutes Beschaffungsmittel für Speise- und Kühlwasser. Wo das aus dem natürlichen Wasserlauf gewonnene Wasser wegen seines Salzgehalts zur Kesselspeisung unbrauchbar war, wie in New-York, konnte man es wenigstens als Kühlwasser benutzen. In allen anderen Fällen hat man die Entnahme aus der städtischen Wasserleitung gewählt. Da die Wasserwerke keine Filteranlagen und nur in den seltensten Fällen Klärbecken besitzen, kann das Wasser verhältnissmässig billig abgegeben werden.

Um gegen Betriebsstörungen in der städtischen Wasserleitung gesichert zu sein, hat man häufig Vorrathwasserbehälter angelegt; so z. B. besitzt das Kraftwerk der Manhattan-Hochbahn (bei 38 500 KW Maschinenleistung) Wasserbehälter von 60 000 l Inhalt, welche Menge zur Kesselspeisung während 4 Stunden ausreicht.

Wo Filteranlagen für das aus den Wasserläufen entnommene Wasser nicht zu umgehen waren, hat man meistens eiserne Filtergefässe im Kraftwerk selbst aufgestellt, sonst aber auch die Entnahmestelle zugleich als Filter ausgebaut, wie z. B. in Pittsburgh (Juniatia Avenue, K im Lageplan). Eine kastenförmige Entnahmeleitung aus Lattenwerk, von 2,44 m Breite und 1,52 m Höhe, wurde auf eine Länge von 30 m quer in das Flussbett eingelegt und zur Herstellung eines Filters mit Steinschlag, Kies und Sand bedeckt. Die Entnahmeleitung mündet in einen gemauerten Kanal, der nach einem Sammelbrunnen führt, von da wird das Wasser in ein Sammelbecken geleitet oder gepumpt, dessen Sohle 2,44 m unter dem Fussboden des Maschinenraums liegt. Aus diesem Becken wird das Speise- und Kühlwasser entnommen. Das Sammelbecken wurde wegen des wechselnden Wasserstandes des Flusses angelegt (0,30 bis 9,15 m unter dem Fussboden des Maschinenraums).

Die Kesselspeisepumpen sind in der Regel Dampfpumpen, seltener solche mit elektrischem Antrieb. Die Dampfpumpen sind meistens schwungradlose Doppelpumpen, Bauart Worthington. Daneben werden schwungradlose Einfachpumpen, Bauart Blake, angewendet. Die Steuerung geschieht hier durch einen Hilfskolben.

Nach Angabe der Fabrik soll der Dampfverbrauch dieser Pumpen sich besser als bei den Doppelpumpen der jeweiligen Leistung anpassen. (Dieselben Arten Pumpen werden an den kleineren Einzelkondensatoren angewandt.)

Als Aushilfe sind stellenweise Injektoren (Körting) in Gebrauch.

Speisewasservorwärmer erfreuen sich einer grossen Verbreitung. Es sind dreierlei Arten, in der Regel hintereinander geschaltet, in Anwendung:

1. Hauptvorwärmer (primary heaters). Die Erwärmung geschieht durch den Abdampf der Dampfmaschinen, und zwar liegt der Vorwärmer unmittelbar vor der Kondensation.

2. Nebenvorwärmer (secondary heaters) benutzen den Abdampf der Pumpen und sonstigen Hilfsmaschinen. Infolge der geringen Expansion in den Pumpen ist deren Abdampfwärme grösser als die der Dampfmaschinen.

Die Bauart beider Arten Vorwärmer ist die gleiche. Die am meisten gebrauchte Art gleicht einem Oberflächenkondensator; der Unterschied besteht lediglich in dem Verhältniss der Abmessungen. Die Heizfläche besteht aus einer Anzahl senkrecht oder wagerecht angeordneter Messing- oder gewellter Kupferrohre. Man unterscheidet Vorwärmer mit wenig Rohren, Dampf innen, und solche mit zahlreichen Rohren, Wasser innen. Im ersten Falle wird der Schwerpunkt auf die Reinigung des Speisewassers gelegt, die während der Erwärmung stattfindet (indem kohlensaurer Kalk, kohlensaure Magnesia und Eisen bei 100° C gefällt werden), im zweiten Falle auf eine vollkommene Ausnutzung der Wärme.

Andere Vorwärmer ähneln einer Einspritzkondensation. Dazu zählt das System Schlieper; dieser Vorwärmer besteht aus einem Gefäss, in dem das kalte Wasser regenartig heruntertropft und den seitlich eintretenden Maschinenabdampf kondensirt.

3. Abgasevorwärmer (Economizer), System Green. Dieselben sind in allen neueren Kraftwerken mit gutem Erfolg zur Anwendung gekommen, sie bilden ein fast unentbehrliches Zubehör zu Wasserrohrkesseln. Mit Rücksicht auf den Wasserumlauf im Kessel müssen die Feuergase am Austritt einen höheren Wärmegrad haben, als für den Zug der Feuerung nöthig ist; wegen des geringen Wasserraums sind sie gegen den Eintritt kalten

Speisewassers besonders empfindlich, und aus demselben Grunde erweist sich bei plötzlicher starker Beanspruchung der grosse Vorrath heissen Wassers im Vorwärmer besonders günstig. Der Abgasevorwärmer dient auch zur weiteren Abscheidung aller Verunreinigungen (einschl. des Oels), die aus ihm leichter als aus dem Kessel entfernt werden können.

Die Temperatur des Speisewassers beträgt, auch wenn es den Sammelbrunnen der Kondensanlage entnommen wird, höchstens 45° C. Durch den Abdampf einer Verbundmaschine lässt es sich auf 55° erwärmen, durch den Abdampf der Pumpen auf nahezu 100°, während die im Abgasevorwärmer erreichte Temperatur bis zu 150° beträgt.

Ein Beispiel des Speisewasserumlaufs ist in Abb. 164 dargestellt (Hauptkraft-

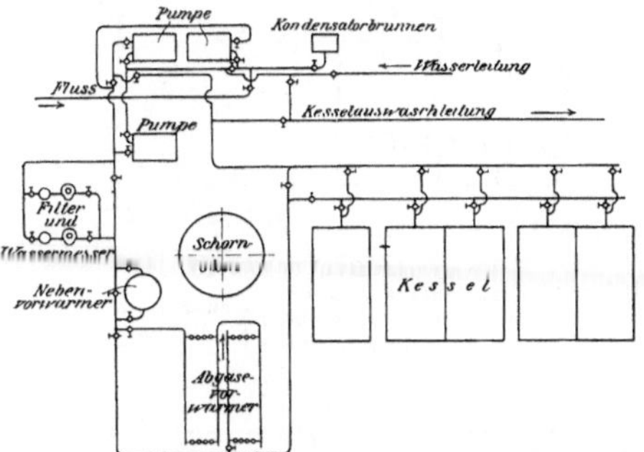

Abb. 164. Speisewasserumlauf im Kraftwerk zu Milwaukee.

werk der Milwaukee Electric Power & Light Co.). In den grösseren Kraftwerken werden die Kesselspeiseleitungen als Ringleitungen angelegt.

Die von den einzelnen Kesseln kommenden Dampfleitungen münden in der Regel in ein quer über oder hinter den Kesseln liegendes Hauptsammelrohr; von diesen zweigen dann die einzelnen Leitungen zu den Dampfmaschinen ab. Jede Maschine und jeder Kessel sind für sich absperrbar.

Diese Anordnung bildet die Regel bei kleinen Kraftwerken (bis zu 2500 PS).

Liegt das Hauptsammelrohr hoch, so laufen die nach den Dampfmaschinen führenden Rohre durch die Luft; liegt es tief, so sind sie in den Keller des Maschinenraums gelegt. Die Dampfleitungen zu den Hilfsmaschinen zweigen entweder von dem Hauptsammelrohr ab oder haben ein eigenes, parallel belegenes Sammelrohr.

Die Dampfleitung für den zwischen den Zylindern liegenden Erwärmer (Zwischenbehälter) zweigt kurz vor der Maschine von dem Einströmungsdampfrohr ab.

In Abb. 165 sind verschiedene Anordnungen der Dampfrohrleitungen dargestellt. (1) zeigt die beschriebene Anwendung für kleine Kraftwerke. Bei grösseren Leistungen (2) wird das Hauptrohr in zwei Theile gelegt, die durch ein kurzes Rohrstück, das nur als Aushilfe dienen soll, in Verbindung stehen. Im Kraftwerk der Manhattan-Hochbahn in New-York (3) speisen je 4 Kessel eines Stockwerks ein kurzes Sammelrohr; von je zwei übereinander liegenden Sammelrohren geht das nach der zugehörigen Dampfmaschine führende Rohr aus, das dicht vor der Maschine einen Dampfsammelraum enthält. Aehnlich ist die Anordnung im Kingsbridge-Kraftwerk (4). Hier sind keine Sammelrohre vorhanden, sondern nur Ausgleichsleitungen von etwa demselben Querschnitt wie die zu den einzelnen Maschinen führenden Rohre. Eine vollständige Ringleitung zeigt das Kraftwerk der Capital Traction Co. in Washington (5), und Gruppen von Ringleitungen das Kraftwerk an der 96. Strasse in New-York (6). Sonst sind Ringleitungen nicht gerade häufig.

Bei der Anlage der neueren Kraftwerke ist man bestrebt gewesen, nach Möglichkeit die Rohrleitungen unter den Fussboden des Maschinenraums zu legen.

Vor der Einmündung in die Dampfmaschine liegt in jedem Dampfrohr ein (durch Richtungsänderung wirkender) Wasserabscheider, um das Niederschlagswasser der Dampfleitung zu entfernen und in besonderer Rohrleitung in den Kessel zurückzuführen. Diese Rückbeförderung wird durch die saugende Wirkung einer kleinen Einspritzkondensation unterstützt (System Holly[1]).

In Abb. 166 ist der Rohrplan eines kleineren Kraftwerks dargestellt (der Bahn Hartford—Springfield). Es sind (vorläufig) drei Kessel von je 250 PS Leistung (von Aultman & Taylor), zwei Dampfmaschinen von je 450 PS Leistung und zwei Stromerzeuger von je 300 KW Leistung aufgestellt. Das Hauptdampfsammelrohr liegt tief, 60 cm über dem Fussboden des Kesselhauses, und die Dampfleitungen von da nach den Maschinen liegen unter dem Fussboden des Maschinenraums. Von

---

[1] Siehe Herrick, Electric Railway Hand Book, S. 228.

den Verbundmaschinen kann jeder Zylinder für sich allein mit Dampf gespeist werden. Haupt- und Nebenvorwärmer sind vorhanden. Das Speisewasser wird dem Flusse entnommen, das Kühlwasser (Einspritzkondensation) nicht weiter verwandt.

Als Kondensation ist die Einzel-Einspritzkondensation am verbreitetsten; doch kommen auch Einzel-Oberflächenkonden-

keiten bietet, Niederschlags- und Kühlwasser zur Kesselspeisung wieder verwandt, während in der Regel das Wasser aus der Kondensation unmittelbar abläuft. Wegen der Einleitung der Abwässer in die Wasserläufe und Siele werden nirgends Schwierigkeiten gemacht.

Die bei Wiederverwendung des Wassers erforderlichen Rückkühlanlagen sind häufig

1

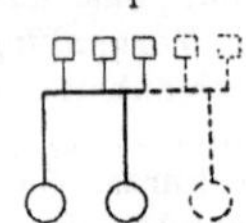

Hartford-Springfield.
Kesselleistung 750 (1250) PS.
Maschinenleistung 600 (900) KW.

2

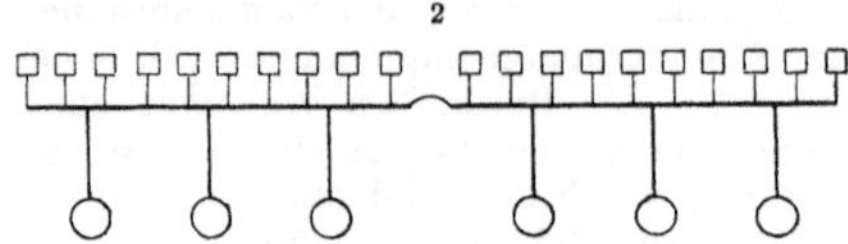

Westseitenhochbahn in Chicago.
Kesselleistung 6000 PS.
Maschinenleistung 7900 KW.

3

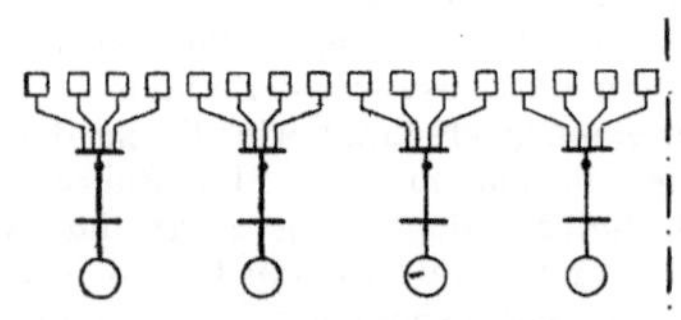

Manhattan-Hochbahn in New-York (Hälfte).
Kesselleistung 33 280 PS.
(64 Kessel in 2 Stockwerken.)
Maschinenleistung 64 000 KW.

4

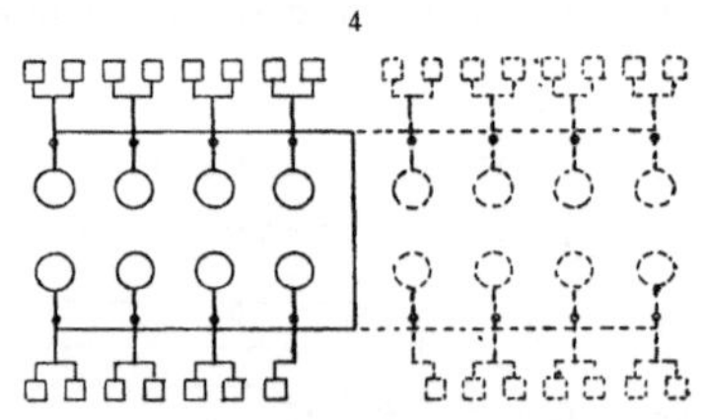

Kingsbridge-Road in New-York.
Kesselleistung 15 600 PS
(30 Kessel in 2 Stockwerken) } ausgebaute
Maschinenleistung 28 000 KW } Hälfte.

5

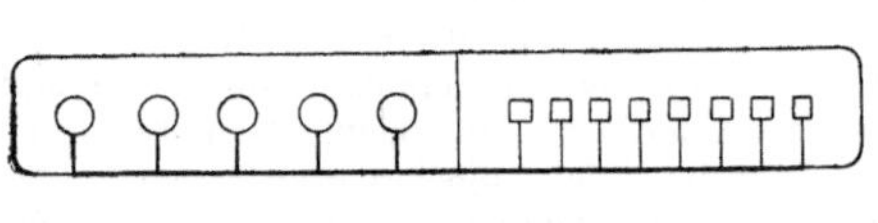

Capital Traction Co. in Washington.
Kesselleistung 2800 PS.
Maschinenleistung 2625 KW.

6

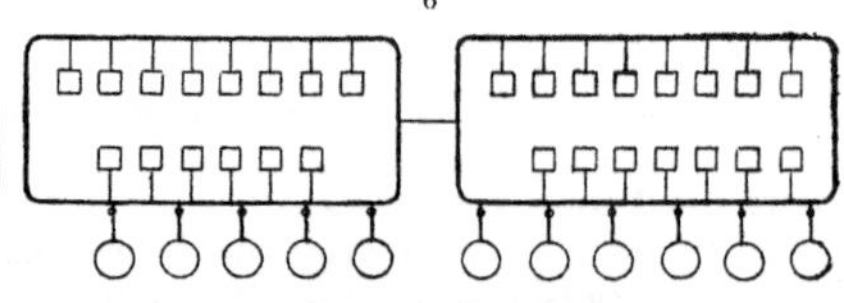

96. Strasse in New-York.
Kesselleistung 25 520 PS. (87 Kessel in 3 Stockwerken).
Maschinenleistung 38 500 KW.

Abb. 165.   Anordnung der Dampfleitungen.

sation und Zentral-Einspritzkondensation mit selbst saugendem Barometerrohr vor, mit Unterstützung der Saugwirkung durch eine Luftleerpumpe und eine Einspritzwasser-Hebepumpe. Die Einzelkondensationen erhalten stets besonders angetriebene Pumpen; bei grösseren Leistungen (4000 PS-Maschinen) werden Schwungradpumpen angewandt.

Mit Rücksicht auf die Unvollkommenheit der vorhandenen Oelabscheidungsverfahren wird nur in den Fällen, wo die Wasserbeschaffung hinsichtlich der Menge und des Preises ganz besondere Schwierig-

erst nachträglich angelegt worden, und man war dann oft gezwungen, die Kühlthürme auf dem Dache des Kesselhauses oder in einem engen Hofe unterzubringen. Wegen der Beschränkung des Raumes musste dann zur künstlichen Lüftung gegriffen werden, durch Windräder (Ventilatoren), die in eine Seitenwand des Kühlthurms eingebaut sind und durch Elektromotoren betrieben werden.

In der Regel ist der Kühlthurm selbst aus Eisenblech gebaut, mit aufgesetztem Kamin aus demselben Material. Als Kühlfläche dienen entweder verzinkte Drahtnetze

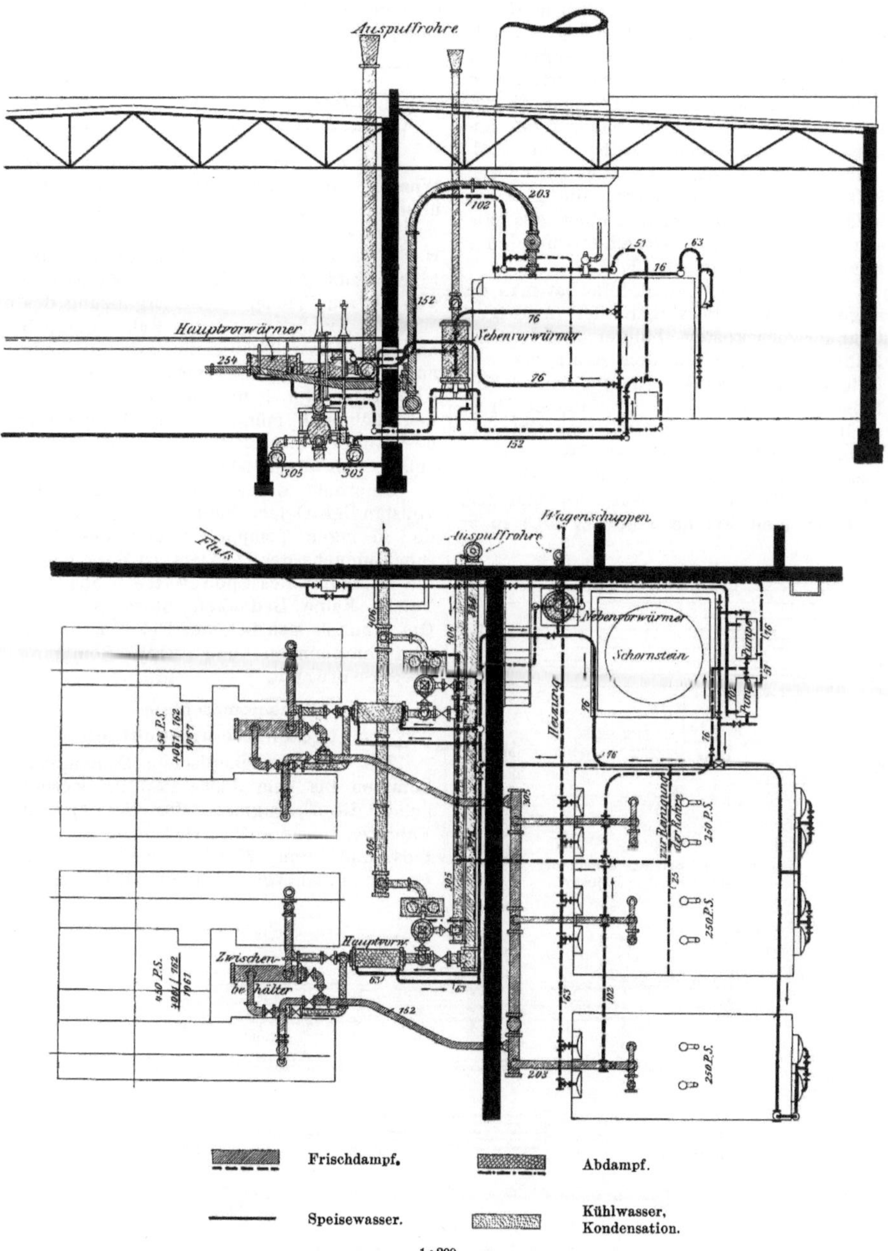

Abb. 166. Rohrleitungen im Kraftwerk der Bahn Hartford—Springfield.

oder unglasirte Thonrohre; die Wasservertheilung erfolgt durch eine Brause oder einen Drehzerstäuber.

Die Kühlanlage des Kraftwerkes der Südseiten-Hochbahn in Chicago besteht aus einem hölzernen Kühlthurme von

28,5 . 4,6 m Grundfläche und 16,5 m Höhe, in dessen beiden Längswänden je 8 Windräder von 3,05 m Durchmesser angebracht sind, von denen je zwei gegenüberliegende durch einen Motor von 18 oder 25 PS Leistung mittelst durchgehender Welle unmittelbar angetrieben werden. Der Kühlthurm steht auf dem Hofe längs der kurzen Seite des Maschinenraums; die Motoren befinden sich in einem Anbau des Maschinenraums. Die Gesamtleistung des Kraftwerks beträgt 6600 KW.

Kühlteiche mit Kühltafeln hat man da angelegt, wo sie wegen der niedrigen Grunderwerbskosten billiger wurden als Kühlthürme, z. B. in dem Kraftwerk der Chicago and Milwaukee Electric Ry (750 KW Leistung) und in dem der Calumet-Strassenbahn (*H* im Lageplan von Chicago, Abb. 13, Tafel 1) von 1100 KW Leistung. Der Kühlteich des an erster Stelle genannten Kraftwerks, Abb. 167 und 168, bedeckt eine Fläche von 45,7 . 18,3 m =

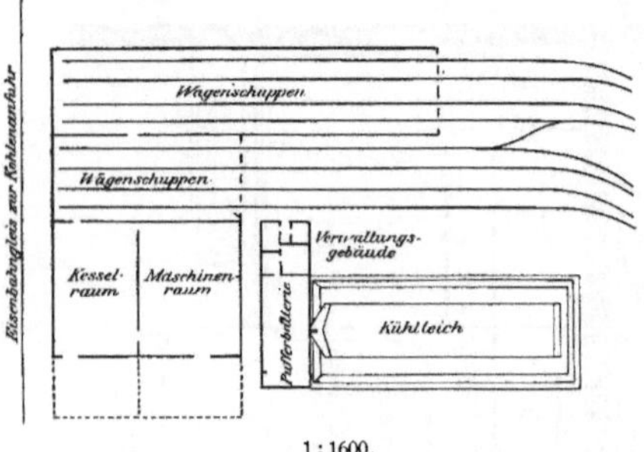

1 : 1600.

Abb. 167. Kraftwerk und Betriebsbahnhof der Chicago & Milwaukee Electric Railway.

werken aufgebaut und werden nach einander von dem Kühlwasser überströmt.

Die gleichmässige Vertheilung des Wassers über die Tafelbreite geschieht über ein quergestelltes Brett.

Das an zweiter Stelle genannte Kraftwerk besitzt einen Kühlteich von 1500 qm Fläche und 2 m Tiefe, sowie Kühltafeln von 800 qm Fläche. — Die Ergänzung des Wassers erfolgt im ersten Falle lediglich aus der Wasserleitung; im zweiten Falle ausserdem durch Regenwasser, indem die Abfallrohre der benachbarten Gebäude in den Kühlteich münden. Die Temperatur des Kühlwassers sinkt in der Rückkühlanlage von 50 auf 30 ° C.

Innerhalb des Kühlteichs findet eine vollständige Oelabscheidung statt, infolge der geringen Temperatur und des Zurruhekommens des Wassers, so dass gegen die Entnahme des Speisewassers aus dem Teiche keine Bedenken obwalten. Das Oel sammelt sich in einer Ecke, wird von dort entnommen und nach Reinigung wieder verwandt.

Dynamomaschinen.

A. Gleichstrommaschinen.

Für den amerikanischen Dynamobau kommen bis zum Jahre 1899 im wesentlichen die Erzeugnisse der vier grossen Fabriken: General Electric Co. in Schenectady und Lynn, Westinghouse El. & Mfg. Co. in Pittsburgh, Walker Mfg. Co. in

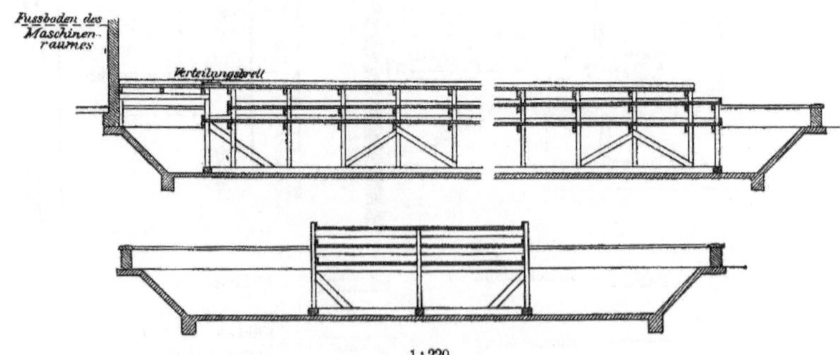

1 : 220.

Abb. 168. Einzelheiten des Kühlteichs.

rd. 850 qm; seine Tiefe beträgt 1,5 m; die Wände sind aus Beton. Die hölzernen Kühltafeln von 40 m Länge und 9,5 m Breite sind in dem Teiche in 3 Stock-

Cleveland, Siemens & Halske Co. in Chicago in Betracht. Die Walker-Gesellschaft ging im Jahre 1899 an die Westinghouse-Gesellschaft über. Die Siemens & Halske

Co. wurde im Jahre 1892 als ein Zweighaus von Siemens & Halske in Berlin begründet, machte sich aber bald selbständig und wurde im Jahre 1900 von der General Electric Co. angekauft. Seitdem bestehen, von einigen kleinen Werken abgesehen, nur noch diese beiden grossen Wettbewerbsunternehmungen.

Sieht man von den Erzeugnissen der Siemens & Halske Co. ab, so sind die Gleichstrom-Dynamomaschinen der anderen drei Fabriken im wesentlichen übereinstimmend gebaut, Aussenpolmaschinen, deren Polzahl zwischen 6 und 26 schwankt, je nach der Leistung und Geschwindigkeit.

Für Bahnzwecke kommen z. Z., entsprechend den Antriebsdampfmaschinen, nur noch 2 Gruppen der Dynamomaschinen in Betracht:

1. mittlere Maschinen von 225[1]) bis 1600 KW, für unmittelbaren Antrieb durch liegende Dampfmaschinen,
2. grosse Maschinen von 1800 bis 3500 KW, für Antrieb durch stehende Dampfmaschinen, Umdrehungszahl 80 bis 75.

In den nachstehenden Zahlentafeln (S. 119 und 120) sind die Hauptzahlen der von beiden Gesellschaften fabrikmässig herge-

[1]) Maschinen von 100 KW Leistung werden gebaut, sind aber für unmittelbaren Antrieb kaum in Anwendung.

Gleichstrom-Generatoren.

1. General Electric Co.
Klemmenspannung 575 Volt.

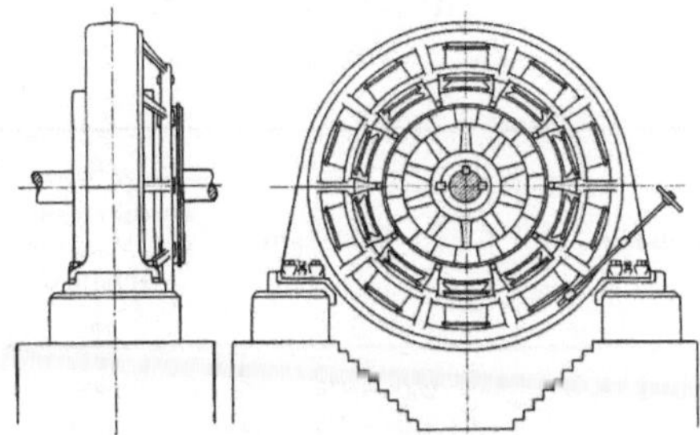

Leistung KW	Polzahl	Umdrehungs- zahl	Durchmesser der Maschine (Gehäuse) mm	Gewicht	
				der ganzen Maschine t	des umlaufen- den Theiles t
100	6	275	2044	6,8	1,8
150	6	200	2515	13,2	2,9
200	6	200	2946	17,7	4,1
200	6	150	2950	22,7	4,8
300	8	150	3175	25,0	7,7
300	8	120	3251	29,5	8,6
300	8	100	3272	34,0	9,3
400	8	150	3352	31,3	9,5
400	8	120	3429	35,8	9,9
400	8	100	3493	40,8	10,9
500	10	120	3670	36,8	11,3
500	10	100	4064	43,5	13,1
500	10	90	4089	50,0	16,3
500	10	80	4115	53,5	16,7
650	12	90	4394	53,0	18,5
800	12	120	4324	51,3	19,0
800	14	100	4724	53,5	21,2
800	14	80	4750	61,3	22,3
1000	16	80	4750	68	26,2
1200	18	80	4966	70,8	30,0
1600	22	75	5842	81,7	33,5
2000	28	75	7239	85,3	39,5
2400	28	75	8128	102	45,4

2. Westinghouse.

Regelmaschinen.

Klemmenspannung 550 V; bei den Maschinen mit zwei verschiedenen Umdrehungszahlen
auch 575 V (bei der höheren Umdrehungszahl).

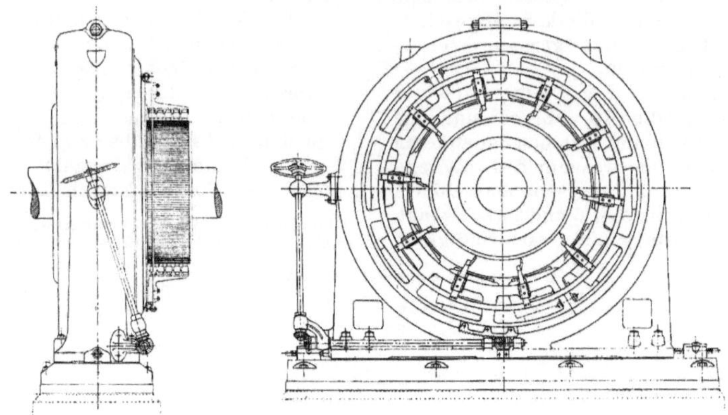

Leistung KW	Polzahl	Umdrehungszahl	Ungefährer Durchmesser der Maschine (Gehäuse) mm	Gewicht der Maschine t
100	8	250 — 275	1600	4,5
100	8	200 — 220	1600	5,5
150	8	200 — 225	1800	8,5
150	8	170 — 185	2040	11,8
200	8	200 — 220	2040	11,0
250	8	150 — 170	2200	13,7
250	8	120 — 125	2540	19,6
250	10	90 — 100	2760	22,7
300	8	145 — 160	2540	19,7
325	8	90	2940	25,9
400	10	90 — 100	3060	35,4
500	8	150	2940	28,2
500	10	90 — 100	3380	45,4
800	10	80 — 90	3660	61,2
1050	12	80	4000	66,7
1200	12	75 — 80	4280	83,9
1500	14	75 — 80	4700	90,7

Sondermaschinen.

Leistung KW	Klemmen- spannung V	Polzahl	Umdrehungs- zahl	Ungefährer Durchmesser der Maschine (Gehäuse) mm	Gewicht der Maschine t
800	650	10	80	3660	61,2
1050	575	12	80	4000	66,7
1500	650	14	80	4700	90,7
1800	410	20	75	5340	112
2700	575	24	75	6080	142

stellten Maschinen für unmittelbaren Antrieb zusammengestellt.

Magnetrahmen und Polschuhe bestehen in der Regel aus einem zusammenhängenden vollen Gusseisenstück. Doch kommen auch Polschuhe aus Blechscheiben vor, die in den Rahmen eingegossen werden. Eine kleinere Fabrik höhlt den Kern der Polschuhe aus, um bessere Luftkühlung zu erreichen. Die Wicklung ist stets Doppelschlusswicklung; Hauptstrom- und Nebenschlusswicklung liegen hintereinander, die Hauptstromwicklung nach innen. Bei den kleineren Stromerzeugern bis zu 375 KW sind die Polwicklungen hintereinander geschaltet, bei den grösseren parallel. Die Ankerbleche werden von einem durchbrochenen Stern getragen; die Wicklung ist Schablonenwicklung, mit Luftzwischenräumen. Die Aussenseite des Ankers wird bisweilen mit einem Stoffüberzug versehen, der das Eindringen von Staub verhindern soll. Die Ankerwicklungen der Westinghouse-Maschinen sind mit einer besonderen Ausgleichsanordnung versehen, Verbindungsdrähten, die dazu dienen, die Spannungsunterschiede zwischen Punkten der Wicklung auszugleichen, welche dieselbe Spannung haben sollen; hierdurch wird das Feuern der Bürsten stark verringert.

Die Kohlebürsten werden von einem gemeinsamen Ringe getragen, der mittelst Handrades verstellbar ist.

Die Spannung der Stromerzeuger beträgt fast allgemein 500 V bei Leerlauf, 550 V bei voller Belastung. Ausnahmsweise kommen auch Maschinen mit höherer Klemmenspannung, bis zu 650 V, vor (besonders für Überlandbahnen). Der Wirkungsgrad bei voller Belastung beträgt 94 bis 95 %; bei 94 % sollen sich die Verluste, wie folgt, vertheilen:

Ummagnetisirungsverlust in den
    Ankerblechen . . . . . . 2,25 %,
Verluste in der Ankerwicklung
    (Stromwärme) . . . . . . 2,25 „ ,
Verluste im Magnetfeld . . . . 0,75 „ ,
Verluste im Kommutator (Erwärmung und Reibung) . . . . 0,75 „ .

Die Leistungskurven eines Westinghouse-Stromerzeugers von 800 KW (= 1460 Ampère bei 550 V) Normalleistung sind in Abb. 169 dargestellt.

Die Normalleistung der Stromerzeuger ist begrenzt durch die Forderung, dass die Temperaturerhöhung bei 16 stündigem Betriebe an keiner Stelle mehr als 30 ° C gegen die Aussentemperatur beträgt (gemessen mit dem Thermometer; entsprechend 45 ° C bei Widerstandsmessung). Daneben wird in der Regel gefordert, dass eine Ueberlastung von 25 % dauernd geleistet wird, bei einer Temperaturerhöhung von 40 ° C. Eine Ueberlastung von 50 % soll während zweier Stunden, eine solche von 75 % während 10 Minuten ertragen werden können, ohne schädliche Erwärmung, ohne Feuer an den Bürsten und ohne ein Verstellen der Bürsten nothwendig zu machen. Die im Betriebe auftretenden Ueberlastungen sind in der Regel weit höher.

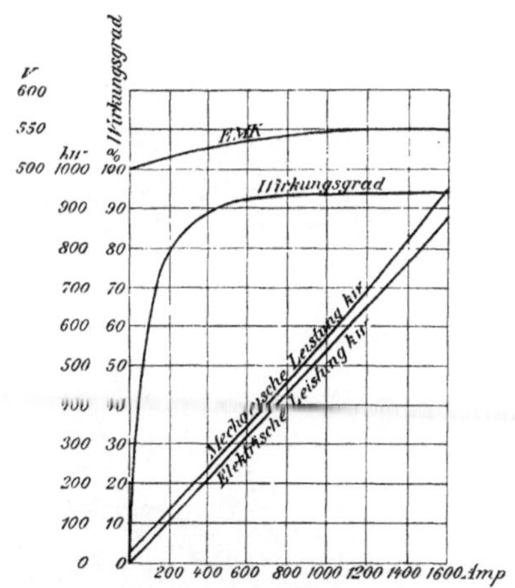

Abb. 169. Leistungskurven einer Westinghouse-Gleichstrommaschine von 800 KW Leistung.

Abb. 170 und 171 zeigen zwei Beispiele von grösseren Dynamomaschinen für unmittelbaren Antrieb. Die erste ist eine Walkermaschine aus dem Albany Str.-Kraftwerk in Boston, von 2700 KW Normalleistung, 24 Polen und einer Umdrehungszahl von 75. Als Antrieb dient eine Dampfmaschine von 4000 PS Leistung. Die andere ist eine General Electric - Maschine von 1650 KW Normalleistung, aus dem Kraftwerk der Strassenbahn in Louisville, mit der ausnahmsweise niedrigen Umdrehungszahl von 60. Die Polzahl ist 26.

Von der Siemens & Halske-Gesellschaft in Chicago sind besonders in Chicago und Kansas City nach dem Muster des Stammhauses eine Anzahl Innenpolmaschinen von 500 bis 1500 KW Leistung hergestellt worden. Die Anbringung des Kommutators an der Aussenseite des Ankers hat sich bei den grösseren Maschinen nicht bewährt, da

die Befestigung der Kommutatorsegmente
bei grösserer Umfangsgeschwindigkeit
Schwierigkeiten bot. Diese Maschinen sind
daher nachträglich mit einem besonderen

B. Drehstrommaschinen.

Das Bedürfniss nach einer Hochspannungs-Arbeitsübertragung trat zuerst bei

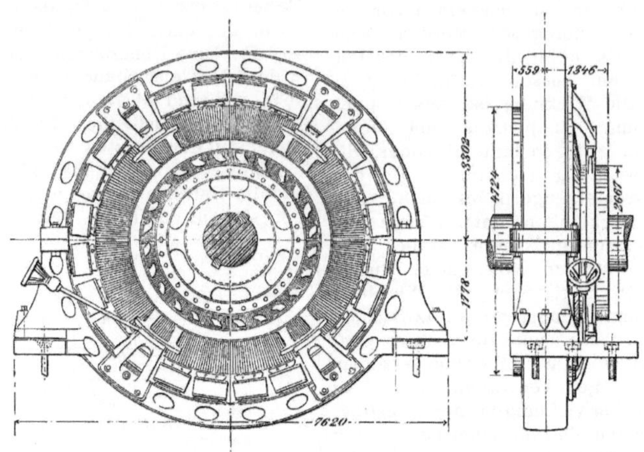

1:107.

Abb. 170. Gleichstrommaschine von 2700 KW Leistung, erbaut von Walker.

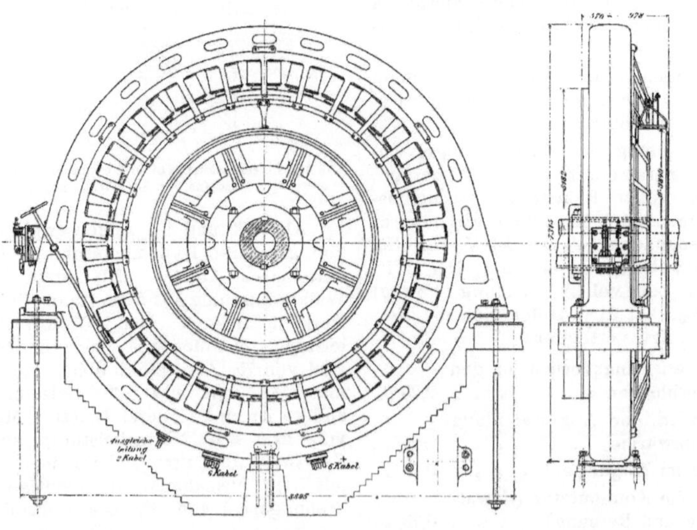

1:100.

Abb. 171. Gleichstrommaschine von 1650 KW Leistung, erbaut von der General Electric Co

nebenliegenden Kommutator geringeren
Durchmessers versehen worden.

Nach dem Uebergang der Fabrik an
die General Electric Co. wurde die Erbauung dieser Maschinengattung eingestellt.

den längeren Vorortbahnen auf. Es handelte
sich hier um verhältnissmässig geringe
Energiemengen, also kleinere Maschinen;
und da man es noch nicht wagte, die zur
Arbeitsübertragung wünschenswerthe hohe

Spannung unmittelbar zu erzeugen, so mussten Transformatoren zwischen Stromerzeuger und Fernleitung eingeschaltet werden. Nachdem auf diese Weise die Erzeugungsspannung unabhängig war von der Uebertragungsspannung, wählte man sie mit Vorliebe zu 330 bis 400 Volt, um womöglich eine Unterstation unmittelbar mit dem Kraftwerk vereinigen und die Drehstrom-Gleichstrom-Umformer gleich von den Niederspannungssammelschienen aus speisen zu können.

Die Periodenzahl der Drehstrommaschinen schwankt zwischen 60 und 25; 60 Perioden wurden gewählt, wo Lichtnetze von denselben Maschinen gespeist werden sollten; sonst hat man, zunächst mit Rücksicht auf die Umformer, die Periodenzahl möglichst niedrig, auf 38—25 bemessen.

Man baute die Drehstromerzeuger nach demselben Muster wie die Gleichstromerzeuger, mit feststehendem Polkranz und umlaufendem Anker, nur dass an Stelle des Kommutators die Schleifringe traten. Diese Bauart hat man bis zu 5000 Volt Spannung beibehalten,

Beispiele für Drehstrommaschinen mit umlaufendem Anker:

1. Rapid Railway bei Detroit Mich. Normalleistung 500 KW. Polzahl 16, Periodenzahl 28,5, Umdrehungszahl 214. Drehstromspannung 390 V.

2. Hougton County (Mich.) Railway. Normalleistung 500 KW. Polzahl 30. Periodenzahl 25. Umdrehungszahl 100, Spannung 380 V. Gewicht der Maschine 33,5 t, des Läufers 9,5 t. Wirkungsgrad bei Vollast 94 %.

In sehr kleinen Kraftwerken findet man bisweilen Doppelstromerzeuger, die aus der Ankerwicklung theils Drehstrom für die Fernleitung mittelst Schleifringe, theils Gleichstrom für die unmittelbare Speisung der Arbeitsleitung mittelst des Kommutators zu entnehmen gestatten. Die Bauart ist die gleiche wie bei den reinen Drehstrommaschinen. Die Felderregung geschieht von der Gleichstromseite aus.

Als Beispiel eines Doppelstromerzeugers diene eine durch Riemen angetriebene Maschine der Linie Lewiston—Brunswick—Bath (Maine), von 250 KW Leistung, 12-polig. Umdrehungszahl 600. Es wird Gleichstrom von 550 V und Drehstrom von 330 V Spannung und 60 Perioden erzeugt (500 und 300 V Spannung bei Leerlauf).

Nachdem es sich im weiteren Verlaufe der Entwicklung darum handelte, für die umfangreichen Kraftübertragungen innerhalb der grossen Städte Drehstromerzeuger hoher Leistung zu entwerfen, erschien es zur Vermeidung der Arbeitsverluste und Kosten der Transformatoren erwünscht, die Erzeugungsspannung so hoch anzunehmen, dass sie für die Fernleitung unmittelbar brauchbar wurde. Mit Rücksicht auf die Isolation bei der hohen Spannung ging man zu Maschinen mit feststehendem Anker und beweglicher Feldwicklung über. Abgesehen von einigen Bauarten mit einer ringförmigen Feldwicklung, die z. B. von Walker auf den Markt gebracht, aber für die Folge nicht weiter entwickelt wurden, bildete sich als Norm die Anordnung eines Polkranzes aus, der von einem Gusseisenstern gehalten wird und innerhalb des Ankers umläuft. Die Blechscheiben der Pole sind bei den ganz grossen Maschinen schwalbenschwanzförmig in dem Gusseisenkranz befestigt, sonst nur angeschraubt. Zwischen die Wicklungen zweier benachbarter Pole sind durchbrochene keilförmige Gussstücke gelegt, die die Wicklungen festhalten. Der Anker besteht aus einem schweren Gusseisengehäuse, das die gezahnten Bleche trägt. Die Spulen sind treppenförmig gelagert; ihre Zahl beträgt 6—12 für den Pol. Die Lüftungsschlitze in Feld und Anker sind radial angeordnet. Um zu den Wicklungen gelangen zu können ist in der Regel der Lauf (Stator) seitlich verschieblich gemacht.

Die übliche Spannung der Maschinen mit festem Anker beträgt 6600—12500 Volt; die Bauart wird aber auch bisweilen für niedere Spannung angewendet. Um bei der gegebenen geringen Umdrehungszahl mit einer mässigen Polzahl auszukommen, hat man wiederum die Periodenzahl so niedrig wie möglich gewählt und ist so auf 25 als Regel gekommen.

Als Beispiel einer Niederspannungsmaschine sei genannt die der Bahn Brockton—Plymouth (Mass.). Normalleistung 300 KW, Polzahl 28. Periodenzahl 25. Umdrehungszahl 107. Spannung 380 Volt. Gewicht des Läufers 9 t. Wirkungsgrad bei Vollast 93,5 %, bei dreiviertel Last 92,5 %, bei halber Last 90 %.

Beispiele von Hochspannungsmaschinen geben die der beiden Metropolitan-Kraftwerke in New-York und des Brooklyner Kraftwerks. Alle diese Maschinen sind für 75 Umdrehungen erbaut, bei 6600 V Spannung und einer Periodenzahl von 25. Die Polzahl ist 40. Die Maschinen des Kraftwerks an der 96. Strasse stammen von der

General Electric Co., die der beiden anderen Kraftwerke von Westinghouse.

Die Maschinen des Kraftwerks an der 96. Strasse leisten normal 3500 KW bei 35 ⁰ Uebertemperatur. Eine Ueberlastung von $33^{1}/_{3}$ % soll während der Dauer von vier Stunden ohne schädliche Erwärmung ertragen werden. Die Maschinen des Kingsbridge-Kraftwerks haben dieselbe Normalleistung; die des Brooklyner Kraftwerks leisten normal 2700 KW bei 35 ⁰ Uebertemperatur. Eine Ueberlastung von 50 % soll während dreier Stunden bei 60 ⁰ Uebertemperatur aufgenommen werden, sowie eine kurze Ueberlastung von 100 %. Der Wirkungsgrad dieser Maschinen ist ein ziemlich hoher: 95,4 und 96,5 % bei induktionsfreier Belastung und cos $\varphi = 1$. Der Durchmesser des Läufers beträgt 4,5 und 5,5 m.

Von besonderem Interesse sind die von der Westinghouse-Gesellschaft gelieferten grossen Stromerzeuger von 5000 KW Regelleistung, die für das Manhattan-Kraftwerk erbaut wurden, Abb. 172 und 173. Sie gleichen in der Gesamtanordnung den vorher beschriebenen Maschinen, weichen jedoch in den Einzelheiten des Aufbaues nicht unwesentlich von ihnen ab. Die wichtigste Neuerung ist die Erhöhung der Spannung auf 11 000 V. Periodenzahl, Umdrehungszahl und Polzahl wurden beibehalten. Der Durchmesser des Läufers beträgt 9,754 m bei 0,58 m aktiver Breite, sein Gewicht, das mit Rücksicht auf die Wirkung als Schwungrad besonders hoch ist, 170 t, die an einem Halbmesser von 3,58 m angreifen. Sein Körper ist vollwandig, wie das oben beschriebene Schwungrad der Bostoner Maschine. Kranz und Nabe, aus Gusseisen und Stahlguss, sind durch Flusseisenplatten verbunden. Die Polbleche sind mit der Nabe, ebenso wie die Ankerbleche mit dem gusseisernen Gestell mittelst besonderer ringförmiger Bleche verbunden, die mit Verzahnung in die Gussstücke eingreifen. In dem Gusseisenkranz des umlaufenden Theiles befinden sich Luftlöcher und in dem Anker, den Anker- und Feldwicklungen die üblichen radialen Luftzwischenräume.

Die dauernde Erwärmung der Maschine soll nicht über 35 ⁰ C Uebertemperatur betragen; eine dauernde Ueberlastung von 25 % bei 45 ⁰ Uebertemperatur und eine zeitweise Ueberlastung von 50 % bei 55 ⁰ Uebertemperatur wird gewährleistet (induktionsfreie Belastung und cos $\varphi = 1$ vorausgesetzt). Der Wirkungsgrad soll unter denselben Voraussetzungen bei $^{1}/_{4}$ Last 90 %, bei $^{1}/_{2}$ Last 94,5 %, bei $^{3}/_{4}$ Last 95,5 %, bei voller Last 96,5 %, bei $^{1}/_{4}$ Ueberlastung 97 % betragen.

Für Kraftübertragungen auf sehr weite Entfernungen, bei denen man wieder zu Transformatoren im Kraftwerk greifen musste, hat man bisweilen als Stromerzeuger Zweiphasenmaschinen mittlerer Spannung gewählt, wohl hauptsächlich mit Rücksicht auf ihren etwas höheren Wirkungsgrad. Die Bauart dieser Maschinen entspricht den Dreiphasen-Stromerzeugern mit festem Anker. Beispiel: Stromerzeuger der Bahn Seattle — Tacoma (Wash.) von 1600 KW Leistung, 2200 Volt Spannung und 60 Perioden.

Die Erregermaschinen der Drehstromgeneratoren sind bisweilen, bei kleinen Maschinensätzen, auf derselben Welle angebracht; vereinzelt werden sie von der Maschinenwelle durch Riemen angetrieben. Die Regel bildet aber die Aufstellung von besonderen dampfangetriebenen Erregern. So dient als Erregermaschine für die vier Stromerzeuger der Rapid Railway eine Gleichstrommaschine von 30 KW Leistung bei 125 V Spannung, die von einer stehenden Westinghouse - Kodakmaschine angetrieben wird.

Im Metropolitan - Kraftwerk befinden sich drei Erregermaschinen, zwei von 160 KW, eine von 75 KW Leistung; die Erregerspannung beträgt 125 V. Das Manhattan - Kraftwerk besitzt vier Erregermaschinen von je 250 KW Leistung bei 250 V Spannung (Umdrehungszahl 220). Als Antrieb dienen in beiden Kraftwerken Tandem-Verbundmaschinen.

Die Erregermaschinen werden zugleich zur Beleuchtung des Kraftwerks benutzt.

Gesamtanordnung der Kraftwerke.

Bei der Eintheilung der verlangten Gesamtleistung eines (neu zu erbauenden) Kraftwerks herrscht im allgemeinen das Bestreben vor, grosse Maschinensätze anzuwenden, wegen der Steigerung der Nutzwirkung der Dampfmaschinen mit der Leistung (wenigstens für Grössen unter 1000 PS) und der Ersparniss an Raum[1]) und an Bedienungskosten.

Die Grenze ist hier einmal durch den Bau der Maschinen selbst gegeben; sie be-

---

[1]) Wenn auch die von den Maschinen selbst eingenommene Grundfläche fast in demselben Verhältniss zunimmt wie die Leistung, so ist die Gangbreite um die Maschinen doch unabhängig von ihrer Grösse.

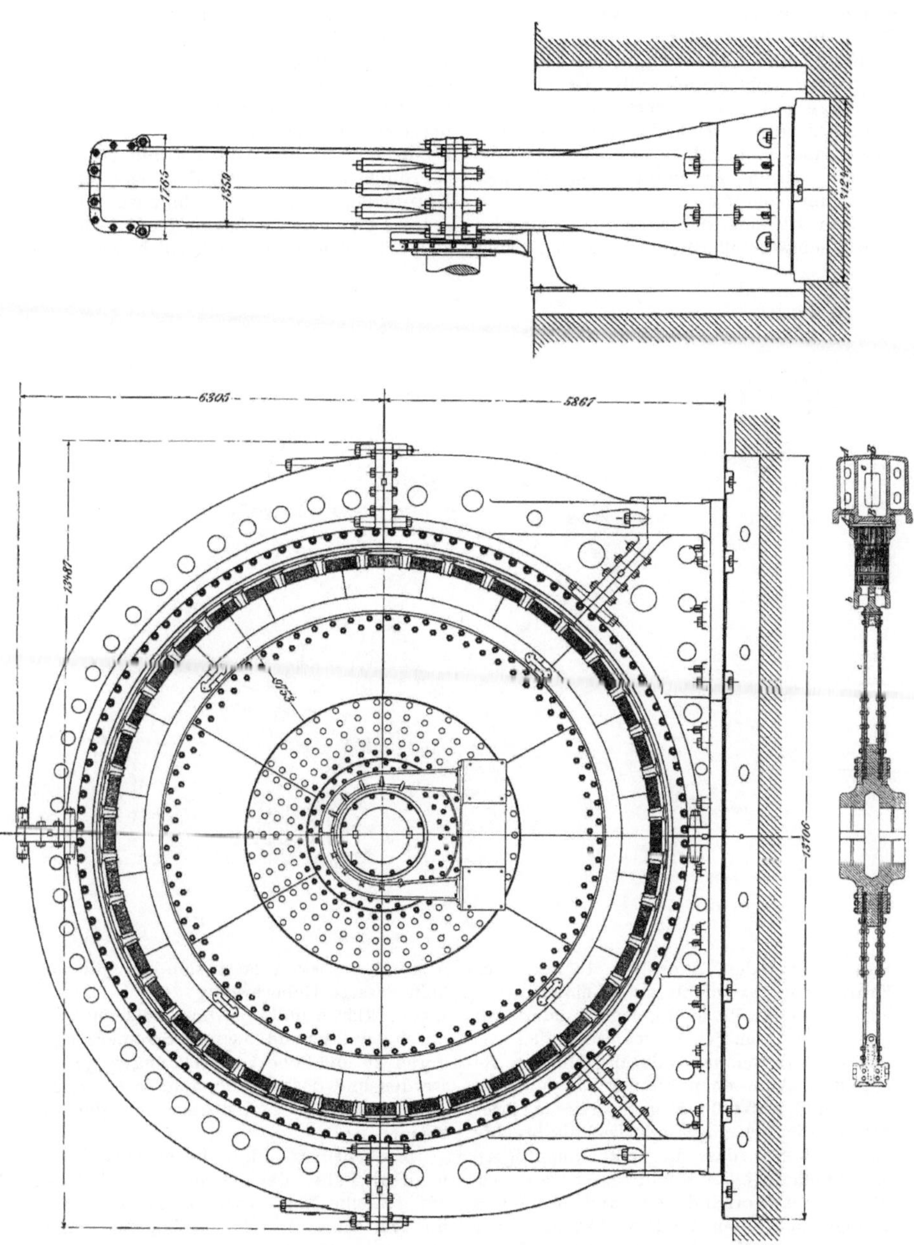

1 : 100.

Abb. 172. Drehstrommaschine von 5000 KW Leistung, erbaut von Westinghouse.

findet sich, wie wir gesehen haben, etwa bei 2000 PS für liegende, 4000 PS für stehende Maschinen, andererseits aber auch durch die Rücksicht auf die Belastungsstufen des Kraftwerks und die nöthige Reserve. Daher gilt als Regel, dass bei kleineren Werken (unter 3000 PS) eine Drei- bis Viertheilung eintreten soll, während man bei den grossen Werken nicht über acht gehen soll. Damit wäre die Grenze für die Grösse eines Kraftwerks zu etwa 32 000 PS gegeben; wir sahen, dass man sich bei grösseren Kraftwerken durch Erbauung von Doppelmaschinen geholfen hat.

Nun ist eine derartige Eintheilung in Maschinensätze allerdings in den seltensten

es denn beinahe als Regel betrachten, dass bei allen älteren Anlagen zur Zeit des grössten Kraftbedarfs nicht nur keine Reservemaschine mehr stillsteht, sondern alle Maschinen voll ausgenutzt, womöglich gar überlastet werden. Ein Blick auf die Belastungskurven der Abb. 174 und 175 zeigt allerdings, dass, wenn zur Zeit des höchsten Kraftbedarfs noch ein Maschinensatz in Reserve steht, die Ausnutzung des Kraftwerks sich ziemlich unwirthschaftlich gestaltet.

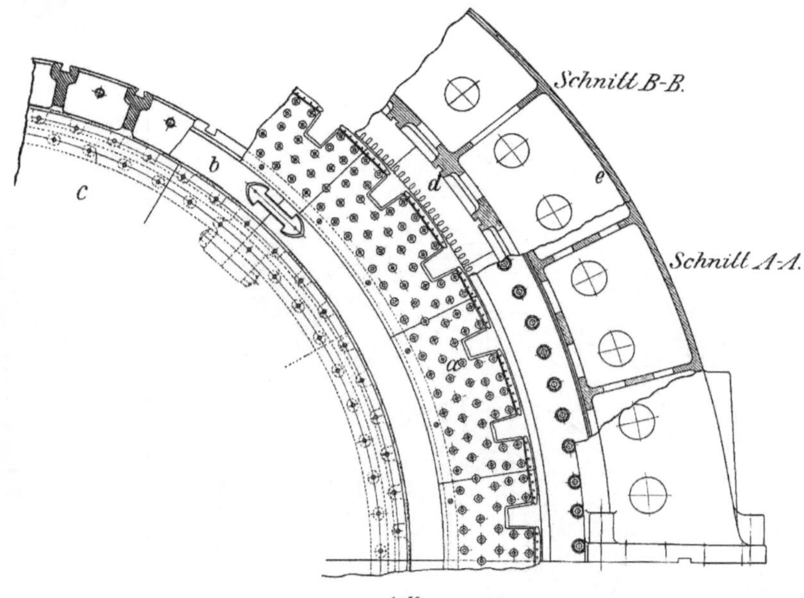

1 : 50.
Abb. 173. Einzelheiten zu Abb. 172.

Fällen vorhanden, denn die Mehrzahl der Kraftwerke ist nicht nach einem weitausschauenden Plane angelegt, sondern mit dem Wachsthum des Netzes allmählich vergrössert worden, sei es durch Anbauten, sei es durch Abbrechen kleinerer Maschinensätze und Aufstellung grösserer an ihrer Stelle. Die fortschreitende Technik brachte es so mit sich, dass die später angefügten Maschineneinheiten stets grösser waren als die älteren vorhandenen, und besonders häufig findet man die Hinzufügung einer grossen stehenden Maschine zu einer Reihe kleinerer, bisweilen noch mit Riemen angetriebener.

In vielen Fällen hat die Erweiterung der Kraftwerke mit dem Strombedarf nicht gleichen Schritt gehalten, und so kann man

Abgesehen davon lässt sich die gewohnheitsmässige Ueberlastung der Maschinensätze erklären und theilweise entschuldigen durch den Umstand, dass die Stromerzeuger geradezu auf hohe Ueberlastungen gebaut werden und dass der Sonntag in der Regel ein Ruhetag für die grössere Zahl der Maschinen ist.

Entbehrlich sind die Reservemaschinen in dem Falle, dass mehrere Kraftwerke auf dasselbe Netz arbeiten, da diese sich im Fall eines Maschinenschadens gegenseitig aushelfen können.

Bei der Vertheilung der erforderlichen Gesamtleistung eines Bahnnetzes auf mehrere Kraftwerke ist auf die „wandernde Last", d. h. die zeitweise Zusammendrängung des Strassenbahnverkehrs auf bestimmte

Stadtgegenden Rücksicht zu nehmen. Die Summe der Leistungsgrössen mehrerer Kraftwerke wird daher stets grösser sein,

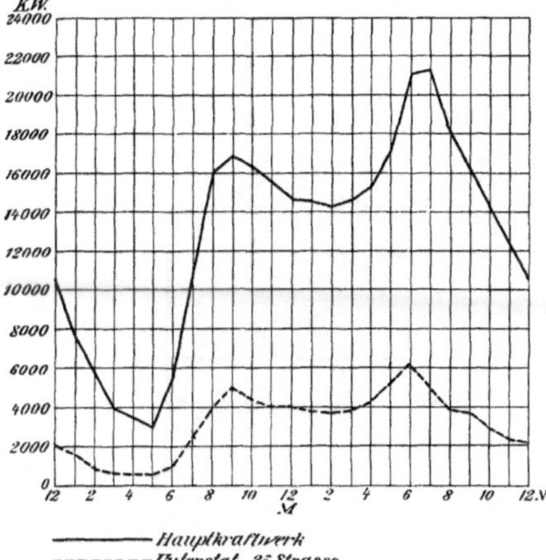

Abb. 174. Kraftbedarf der Metropolitan-Strassenbahn in New-York.

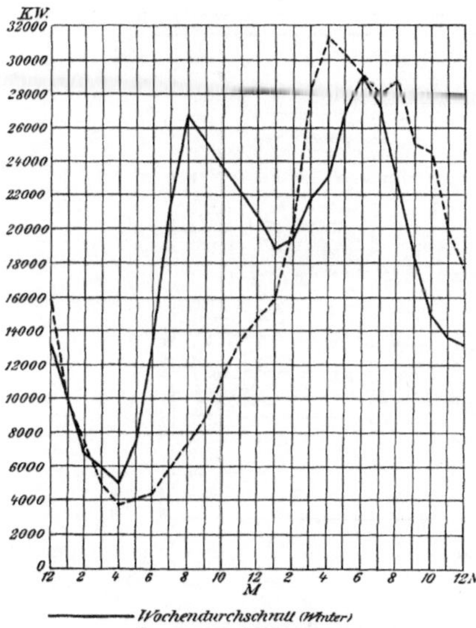

Abb. 175. Kraftbedarf der Brooklyner Strassenbahn und Hochbahn.

als die eines einzigen an deren Stelle tretenden.

Pufferbatterien im Kraftwerke, durch welche eine gleichmässige Belastung der Maschinen hervorgerufen werden würde, findet man fast niemals; die Amerikaner halten ihre Anwendung nicht für wirthschaftlich[1]).

Da eine Ueberlastung der Dampfmaschinen nicht in dem Masse, wie man sie den Stromerzeugern zumuthet, möglich und vor allem nicht wirthschaftlich ist, so wird beim Zusammenbau von Dampfmaschine und Dynamomaschine die Dampfmaschine in der Regel wesentlich grösser genommen, als sie bei normaler Belastung der Stromerzeuger sein müsste. Als ein Regelwerth der Verhältnisse der Leistungszahlen in Pferdestärken und Kilowatt kann der Werth 1,5 gelten.

Bei den neueren grösseren Kraftwerken ist mit Rücksicht auf die Sicherheit eine Theilung der Gesamtanlage vorgenommen („in mehrere Kraftwerke unter einem Dache"). Diese Theilung, in der Regel nach vier Gruppen, erstreckt sich möglichst vollständig auf alle Anlagen: Kessel, Maschinen, Kondensanlagen, Vorwärmer, Rohrleitungen, Sammelschienen und Schaltbretter u. s. w., häufig auch auf den Schornstein. Nur die Haupt-Dampfsammelrohre und Sammelschienen der einzelnen Gruppen stehen untereinander in lösbarer Verbindung. Womöglich sollen auch die Kabel der einzelnen Gruppen an verschiedenen Stellen das Kraftwerk verlassen, zumal die Einmündungsstellen durch Kurzschlüsse besonders gefährdet sind. Beim Schadhaftwerden einer Gruppe sollen dann die anderen drei unter Ueberlastung den Betrieb möglichst ohne Einschränkung weiterzuführen im Stande sein.

Für die Grundrissbildung des Kraftwerks sind folgende Rücksichten massgebend: Kohlenförderung, Kürze der Rohrleitungen, Uebersichtlichkeit, Erweiterungsfähigkeit. Als normale Anlage kann die Anordnung der Kessel und Maschinen in zwei einfachen Reihen nebeneinander angesehen werden. Bis zu 10 000 KW („mittlere Kraftwerke") wird diese Anordnung fast stets befolgt. Zur Verringerung der Länge des Kesselhauses müssen die Kessel möglichst schmal und tief (also mit langen Röhren) gebaut sein. Die Dampfleitungen zwischen Kessel und Maschinen werden in diesem Falle besonders einfach und kurz (Abb. 166).

Bei Maschinensätzen bis zu 2000 PS (und Zwillingsanordnung) lässt sich der Raumbedarf für die Einheit der Kraftgrösse

---

[1]) Bell stellt den Grundsatz auf: Eine Batterie ist nur da am Platze, wo das Verhältniss $\frac{\text{mittlere}}{\text{normale}}$ Belastung der Dampfmaschine geringer als 40 % ist.

in der Längsrichtung des Maschinen- und Kesselhauses annähernd gleich gestalten; bei grösseren Maschinensätzen müssen die Kessel in zwei Reihen angeordnet werden; man wählt alsdann gern Stirling-Kessel, die

werden (Washington, Abb. 181, Boston, Albany Str., Abb. 144, Brooklyn, 52. Strasse, Abb. 147 u. 177.) Die Dampfleitungen werden in diesem Falle reichlich lang; zu ihrer Verkürzung dient die Anordnung der Kessel

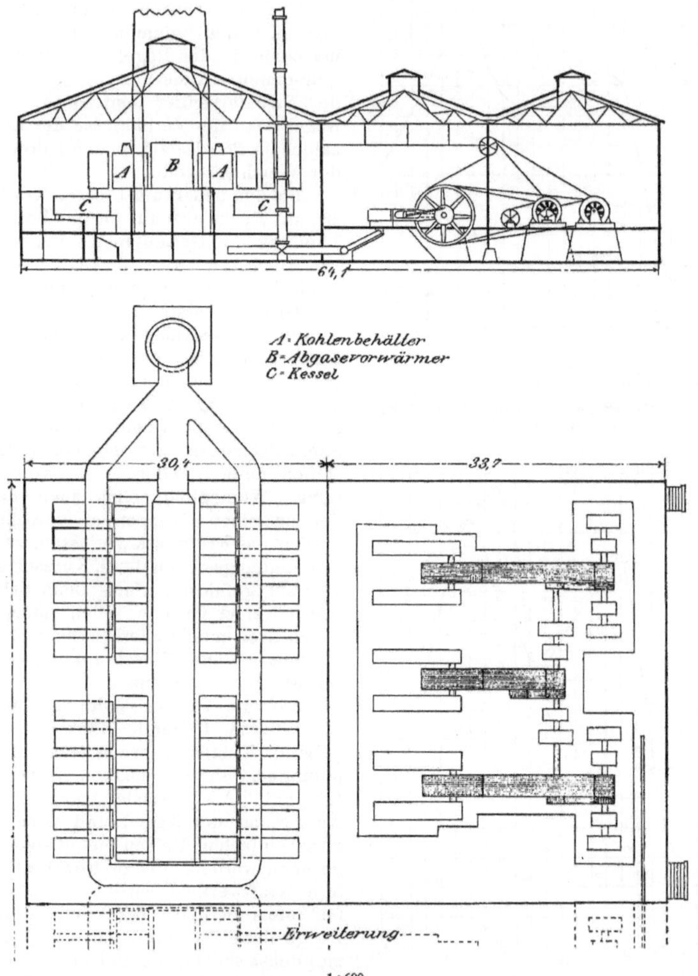

1 : 600.

Abb. 176. Kraftwerk an der 49. Strasse, Chicago City Railway.

Aus: Street Railway Journal 1899.

eine geringere Tiefe erfordern, oder Babcock-Wilcox-Kessel besonders gedrungener Bauart. Die Dampfleitungen sind dann häufig Ringleitungen.

Mit Rücksicht auf die Gestalt des Grundstücks müssen bisweilen Kessel- und Maschinenhaus hintereinander angeordnet

in zwei Reihen. Diese Art Kraftwerke sind schwer erweiterungsfähig, da das Kesselhaus vom Maschinenhause und der Kohlenfördervorrichtung begrenzt wird und mit der Erweiterung die Querschnitte der Rohrleitungen vergrössert werden müssen.

Bei den grossen Kraftwerken, in denen

Maschinensätze von 4000 PS in zwei Reihen oder solche von 8000 PS in einer Reihe angeordnet werden, ist es nicht möglich, die Kessel, auch bei zwei Reihen, in derselben Gebäudelänge unterzubringen; man muss sie vielmehr in zwei oder drei Stockwerken über einander anordnen, was in Amerika durch keine Polizeivorschrift unmöglich gemacht wird.

Die bei uns beliebte Anordnung, den Kesselraum senkrecht über den Maschinen-sicht auf den Wasserumlauf. Wenn man dann den Maschinenraum in Geländehöhe anordnet, so wird die tiefe Lage des Kesselhauses günstig für die Kohlenversorgung, besonders wenn diese mit der Eisenbahn erfolgt.

Die Kohlenförderungsanlage liegt in der Regel an der kurzen Seite des Kesselhauses, so dass in der Wagerechten in der Förderung der Kohle keine Richtungsänderung einzutreten braucht. Der Raum

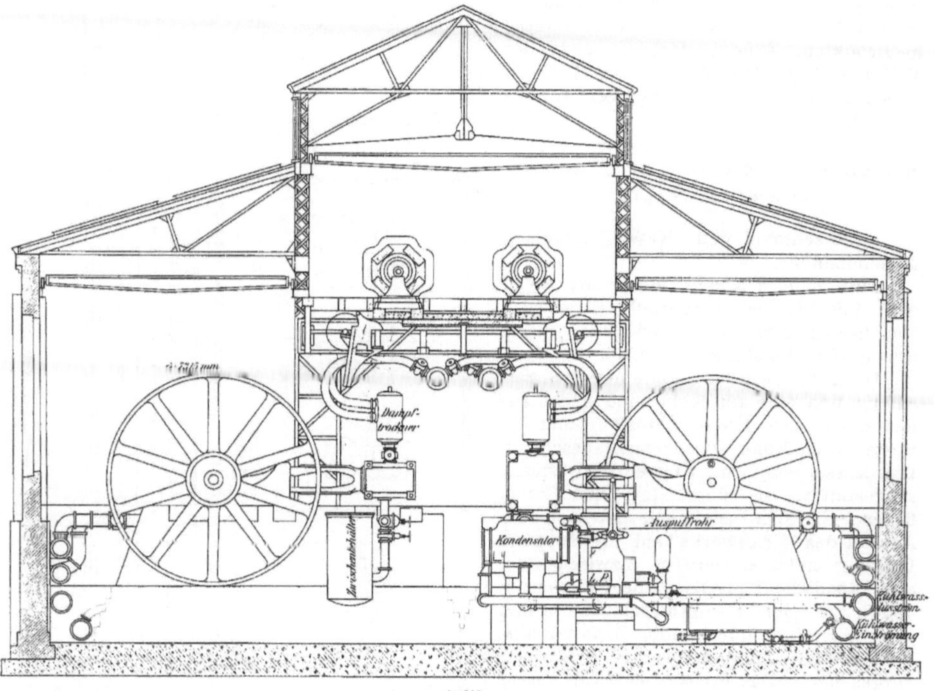

1 : 200.

Abb. 177. Kraftwerk an der 52. Strasse in Brooklyn.

raum zu legen, findet sich nur einmal, im Schleifen-Kraftwerk in Chicago.

Der Fussboden des Maschinenraumes wird in der Regel 2 bis 2,5 m über dem des Kesselhauses angelegt (besonders bei paralleler Lage beider Räume), um die Frischdampfleitungen zur Erzielung trockenen Dampfes womöglich steigend anlegen zu können (vergl. Abb. 166). Andererseits legt man die Hilfsmaschinen (Kondensation, Vorwärmer, Pumpen) möglichst tief, also in gleicher Höhenlage mit dem Fussboden des Kesselhauses, zur Verringerung der Saughöhe des Kondensators und mit Rück-vor den Kesseln (auf der dem Maschinenhaus abgewandten Seite) muss genügend breit sein zum Herausziehen der Rohre. Der Rauchsammelkanal liegt hinter den Kesseln; wenn die Abgase-Vorwärmer bereits bei Erbauung des Kraftwerks vorgesehen und nicht erst später eingebaut wurden, liegen sie über oder auch neben dem Rauchkanal. Durch Verstellung von Klappen können die Feuergase entweder unmittelbar durch den Rauchkanal oder durch den Vorwärmer geleitet werden.

Von Kraftwerken mit reinem Riemenantrieb der Stromerzeuger bestehen nur

Schimpff.

9

noch wenige. Ein Beispiel zeigt Abb. 176 (Kraftwerk 49. Strasse der Chicago City Ry; *F* im Lageplan). Die Grösse der paarweise angeordneten 6 Einzylinder-Dampfmaschinen beträgt je 1000 PS, die der 6 Stromerzeuger zusammen 5200 KW. Die 3 Stromerzeugerwellen sind durch Riemen miteinander in Verbindung gebracht, so dass sie wie eine Hauptwelle wirken oder auch getrennt werden können. Eine eigenthümliche Anordnung, bei der die Stromerzeuger (nebst dem Schaltbrett) in einem oberen Stockwerk sich befinden, zeigt Abb. 177 (Kraftwerk an der 52. Strasse in Brooklyn, *A* im Lageplan). Jede der Verbund-Dampfmaschinen von 1000 PS Leistung treibt 2 Stromerzeuger von je 400 KW an.

Beispiele für die Gesamtanordnung von Kraftwerken.

1. Maschinen und Kessel einreihig, nebeneinander.

Eine neuere Anlage dieser Art ist in Abb. 178 bis 180 dargestellt (Kraftwerk Manchester Str. in Providence R. I., erbaut 1902, Leistung 5750 KW).

Die Kohlen werden durch einen Auslegeraufzug und eine für Kohle und Asche gemeinsame Becherkette gefördert und die Roste durch Roney-Feuerungen beschickt. Die Kessel sind mit Abgase-Vorwärmern ausgestattet, die über dem Rauchkanal liegen. Ein Schornstein soll erst nach dem Ausbau des Kraftwerks auf die doppelte Leistung errichtet werden; inzwischen ist eine künstliche (Saug-) Zuganlage eingebaut. Jede der vier Dampfmaschinen besitzt eine Einspritzkondensation, Bauart Blake. Ferner sind Pumpenabdampf-Vorwärmer vorgesehen. Das Speise- und Kühlwasser wird dem Flusse entnommen.

2. Maschinen und Kessel einreihig, hintereinander.

Abb. 181. Kraftwerk der Capital Traction Co. in Washington. Die Rostbeschickung der 8 Kessel ist nach dem System Roney angeordnet. Für einen späteren Einbau von Abgase-Vorwärmern ist neben dem Hauptrauchkanal Platz gelassen. Jede der 5 Dampfmaschinen von 800 PS Leistung ist mit einer Einspritz-Kondensation ausgerüstet, Bauart Deane, und einem Speisewasser-Vorwärmer. Zum Kesselspeisen dient gefiltertes Kanalwasser (Leitungswasser zur Aushilfe). Weiter ist noch ein Nebenvorwärmer vorhanden, der im Kesselhaus gelegen ist. Die Kondensationsanlagen

und Hauptvorwärmer liegen neben jeder Maschine; die Auspuffrohre sind für jede Maschine getrennt angeordnet. Neben den 5 Stromerzeugern von je 525 KW Leistung sind 3 motorgetriebene Zusatzmaschinen von je 100 KW Leistung vorhanden und

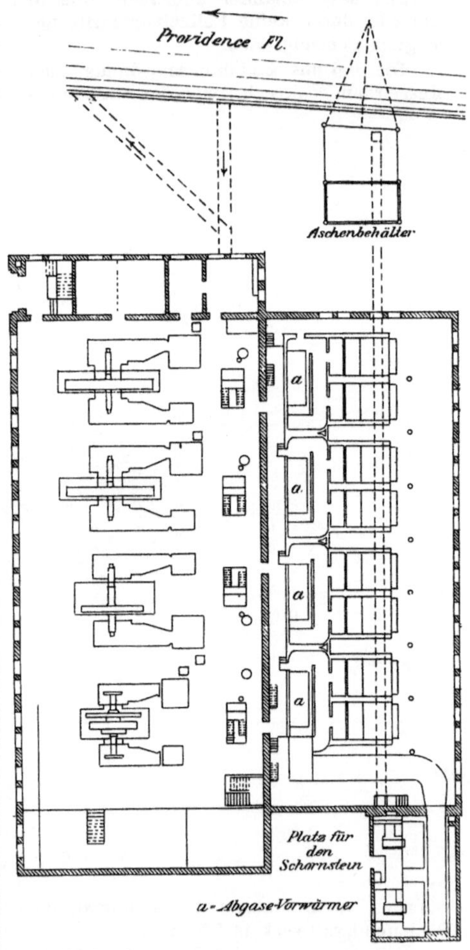

1 : 600.

Abb. 178. Kraftwerk Manchester-Str. in Providence, R. I.

eine kleine dampfangetriebene Beleuchtungsmaschine von 50 KW Leistung. Das von dem Kraftwerk gespeiste Bahnnetz ist mit 188 Triebwagen und 174 Anhängewagen belegt.

3. Maschinen einreihig, Kessel zweireihig, nebeneinander.

Abb. 182 und 183 zeigen das Kraftwerk Lincoln-Werft in Boston. Dieses Werk

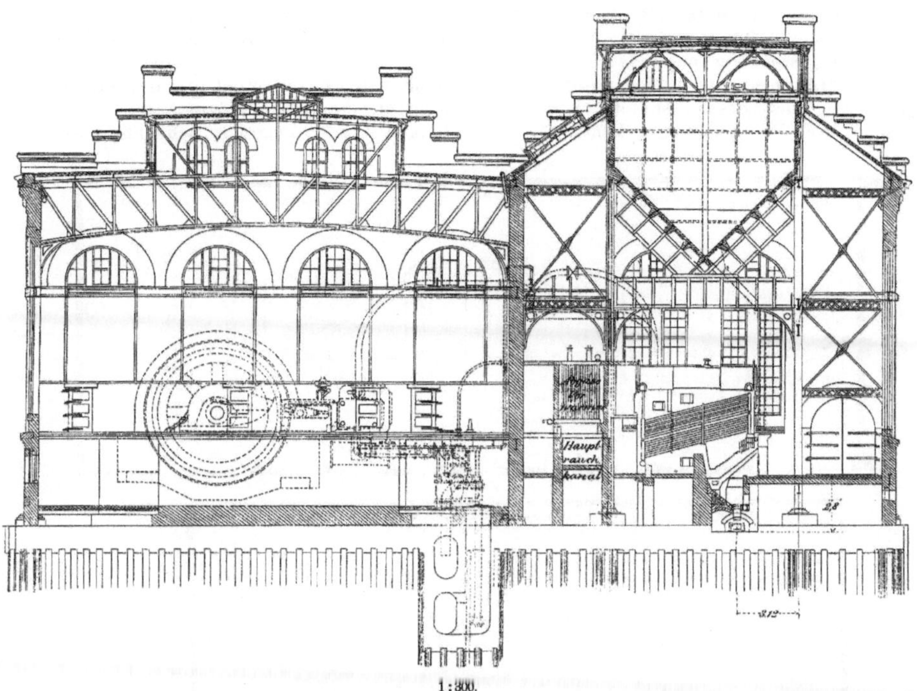

1:300.

Abb. 179. Kraftwerk Manchester Str. in Providence, R. I. Querschnitt.

soll im vollen Ausbau 18 900 KW leisten; zunächst sind nur 8100 KW ausgebaut. Vorläufig sind 8, später 28 Babcock & Wilcox-Kessel von je 500 PS Leistung vorhanden, die mit Ueberhitzern ausgerüstet sind. Ueber den Kesseln liegen Speisewasser-Vorwärmer; zwischen den beiden Reihen Vorwärmer erstreckt sich der Hauptrauchkanal, unmittelbar unter dem Kohlenbehälter. Jede der stebenden Dampfmaschinen ist mit einer Einspritzkondensation, Bauart Blake, und einem Speisewasser-Vorwärmer ausgerüstet. Diese Nebenapparate liegen an der dem Kesselhaus entgegengesetzten Wand, dort findet auch das Auspuffrohr seinen Platz. Ein Nebenvorwärmer liegt unterhalb des Schornsteins. Das Speisewasser wird aus der Wasserleitung, das Kühlwasser aus dem Meere entnommen.

4. Maschinen zweireihig, Kessel zweireihig in mehreren Stockwerken.

Beispiele: die beiden Kraftwerke der Metropolitan-Strassenbahn in New-York.

Das Kraftwerk an der 96. Strasse ist in Abb. 149 u. 150, S. 97, dargestellt. Die Ge-

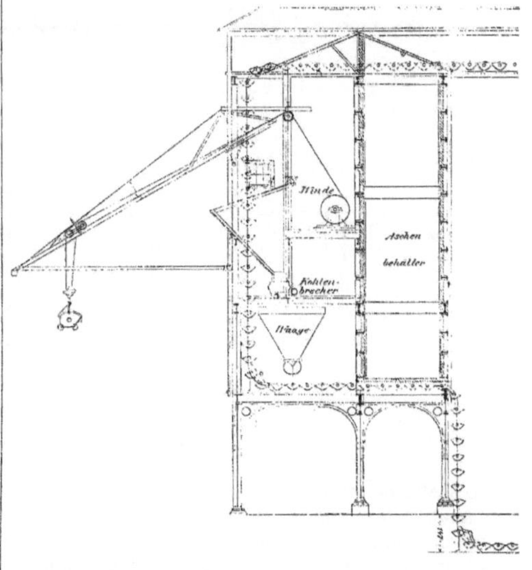

1:300.

Abb. 180. Kraftwerk Manchester Str. in Providence, R. I.
Längenschnitt durch die Kohlenförderung.

samtleistung von 38 500 KW wurde in 11 Sätze von je 3500 KW getheilt. Die Kessel liegen in 3 Stockwerken; jedes Stockwerk enthält 29 Kessel, die beiden unteren von je 265 PS, das oberste, später ausgebaute von je 350 PS Leistung. Hinter jeder

ton, das Niederschlagwasser wird aber nicht zum Kesselspeisen verwandt, sondern strömt ins Meer. Der Abdampf der Pumpen tritt mit in den Zwischenbehälter der Dampfmaschinen ein. Die Hilfsapparate, Rohrleitungen u. s. w. liegen in Schächten, die

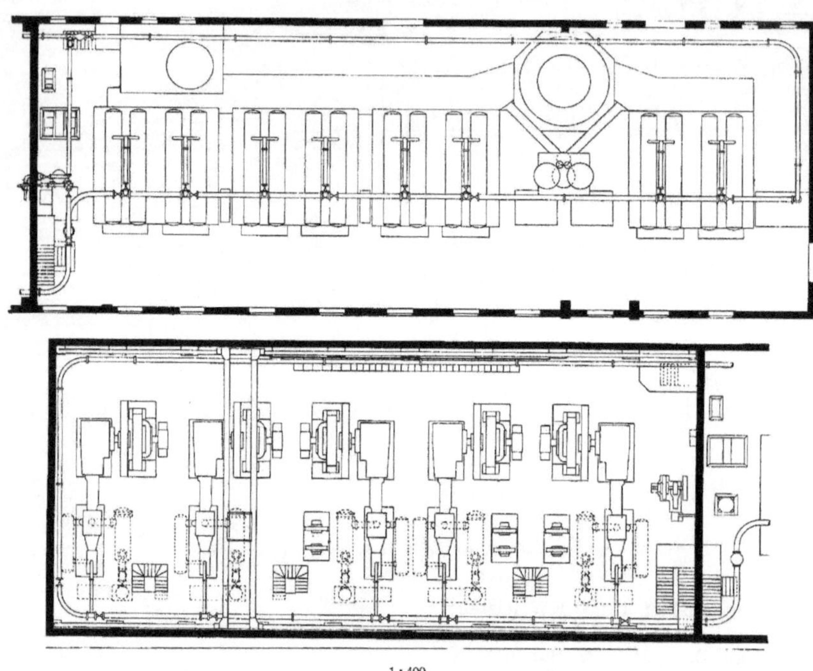

1 : 400.

Abb. 181. Kraftwerk der Capital Traction Co. in Washington.

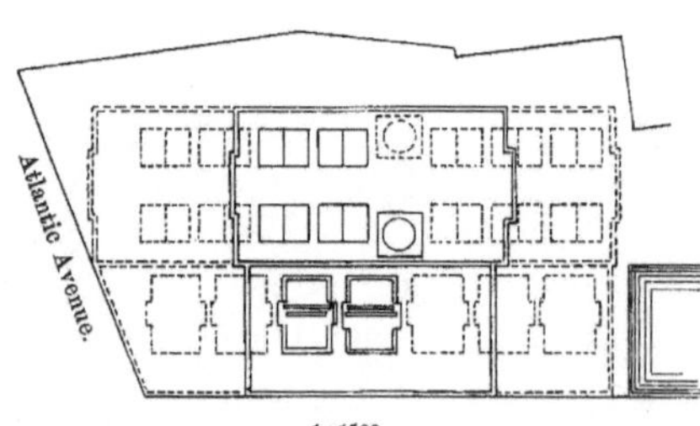

1 : 1500.

Abb. 182. Kraftwerk Lincoln-Werft in Boston.

Kesselreihe liegt der zugehörige Rauchkanal; alle sechs Rauchkanäle münden in einen Schornstein. Abgase-Vorwärmer sind nicht vorhanden. Die Roste werden nach dem System Roney beschickt. Jede Maschine besitzt einen Vorwärmer und einen Oberflächen-Kondensator, Bauart Worthing-

senkrecht zu der Trennungswand zwischen Maschinen- und Kesselhaus zwischen den Dampfmaschinenreihen verlaufen. An jedem Ende eines solchen Schachtes befindet sich das Auspuffrohr für eine Dampfmaschine.

Der an die Maschinenhalle anstossende Raum (links im Grundriss) enthält die mehrstöckige Schaltanlage und eine Unterstation von 3000 KW Leistung.

Bemerkenswerth ist die Anlage der Bureau-, Aufenthalts- und Lagerräume oberhalb der Dachbinder der Maschinenhalle (siehe den Querschnitt).

Das Kraftwerk an der Kingsbridge Road (s. a. Abb. 152 S. 99) zerfällt im vollen Ausbau in 16 Einheiten von je 3500 KW Leistung und enthält alsdann 60 Kessel von 520 PS Leistung in zwei Stockwerken übereinander. Die Abgase-Vorwärmer liegen hinter den Kesseln.

(Fortsetzung des Textes s. S. 141.)

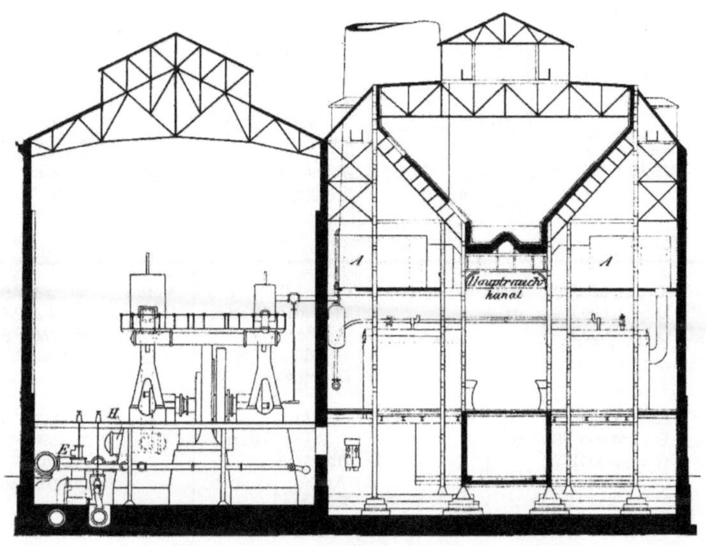

Querschnitt.

A = Abgase-Vorwärmer, *H* = Hauptvorwärmer, *E* = Auspuffrohr.

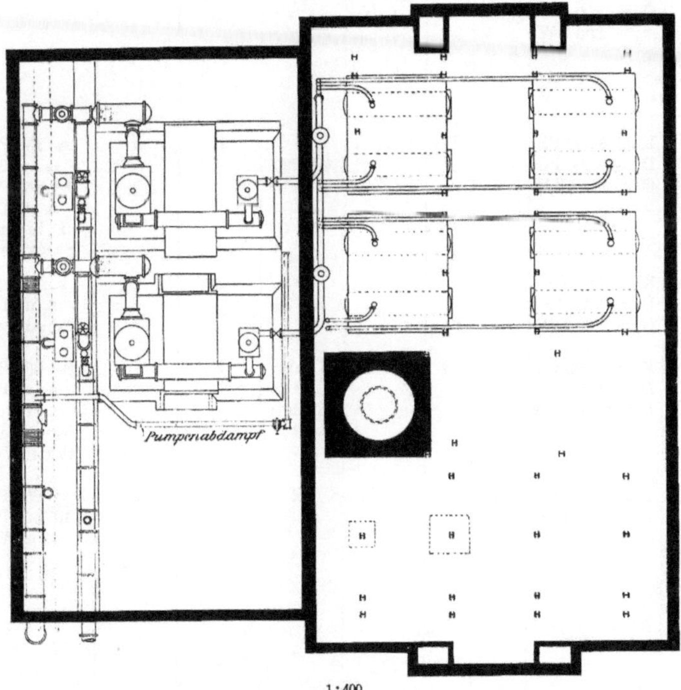

1 : 400.

Grundriss.

Abb. 183. Kraftwerk Lincoln-Werft in Boston.

Laufende Nummer	Ort des Kraftwerks. Inbetriebnahme	Gesamtleistung (K = Kessel, D = Dampfmaschinen, G = Generatoren)	Wasserentnahme (F = Fluss, M = Meer, W = städtische Wasserleitung)	Kohlenanfuhr (W = Wasser, E = Eisenbahn, G = eigenes Gleis, F = Fuhrwerk)	Lage und Inhalt der Kohlenbehälter (n = neben den Kesseln, u = über den Kesseln)	Kohlen- und Asche-förderung (B = Becherwerk, Bd = Band, T = Tafelzug, R = Rollbahn, H = Hängebahn)	Rostbeschickung (H = Hand, S = Selbstthätig, K = Kettenrost, T = Treppenrost)	Abgasevorwärmer	Anzahl, Leistung und Erbauer der Kessel (B u. W = Babcock und Wilcox. A u. T = Aultman und Taylor)	Dampfdruck Atm.
1	2	3	4	5	6	7	8	9	10	11
1	New-York, Metropolitan-Strassenbahn, 96. Strasse 1900	K = 25 520 PS D = 49 500 PS G = 38 500 KW	M; W	W	u 9000 t	Kohle: B (Mead) Asche: Bd (Robins)	T (Roney)	keine	29.265 PS 29.265 PS 29.350 PS B u. W	11
2	New-York, Metropolitan-Strassenbahn, Kingsbridge Road 1902 [1]	K = 15 600 PS D = 36 000 PS G = 28 000 KW	M; W	W	u 6000 t	Kohle: Bd (Robins) Asche: R u Bd	T (Roney)	8	15.520 PS 15.520 PS B u. W künstl. Zug	10,5
3	Brooklyn, A. 52. Strasse 1892	K = 4 000 PS D = 6 000 u. 1 000 PS G = 4 800 u. 800 KW	M; W Klärteich	W	n 8000 t u kleine Behälter	B (Hunt)	K (Wilkinson)	4	16.250 PS B u. W	11
4	Brooklyn, C. Broadway. Erster Ausbau 1893 und 1898	K = 8 500 PS D = 12 000 PS G = 9 400 KW	.	W	u 6000 t	B (Hunt)	H	6	24.250 PS A u. T 10.250 PS A u. T je 17 in einem Stockwerk	11
	Erweiterung 1903	K = 500 PS D = 4 000 PS G = 2 700 KW	.	.	.	.	.	.	2.250 PS A u. T künstl. Zug	.
5	Brooklyn, D. Dritte Avenue (neu) 1903	K = 15 600 PS D = 24 000 PS G = 16 200 KW		W	u 1600 t	Kohle: B Asche: R	S	keine	24.650 PS A u. T je 12 in einem Stockwerk künstl. Zug	12
6	Boston, A. Albanystrasse (errichtet 1889). Erster Ausbau (Umbau) 1896 und 1899	K = 11 000 PS D = 17 600 PS G = 13 300 KW	M; W	W	n	R	H	2	24.250 PS 10.500 PS B u. W	12,5
	Erweiterung 1902	G = 4 000 KW								

¹) Zahlen der ausgebauten Hälfte. — ²) Die 4 G. E.-Maschinen für 550, die 2 Walker für 600 V gebaut. — ³) Zu erweitern

Anzahl, Leistung, Bauart und Erbauer der Dampfmaschinen (wenn Bauart nicht angegeben, Zwillings-Verbundmaschinen)	Zylinderzahlen $\left(\frac{\text{Durchmesser}}{\text{Kolbenhub}}\right)$ mm	Umdrehungszahl	Kondensation (E = Einzel-Einspritz-, G E = Gruppen-Einspritz-, O = Oberflächenkondensation)	Anzahl, Leistung und Erbauer der Stromerzeuger (G E = General Electric Co., S & H = Siemens & Halske, Chicago)	Klemmenspannung	Grösse des Kesselhauses (Innenmasse) qm	$\frac{\text{qm}}{\text{PS}}$	Grösse des Maschinenhauses (Innenmasse) qm	$\frac{\text{qm}}{\text{KW}}$	Grösse des Kraftwerks einschl. etwaiger Anbauten (Aussenmasse) $\frac{\text{qm}}{\text{KW}}$
12	13	14	15	16	17	18	19	20	21	22
11.4500 PS Allis	1168/2184 / 1524	75	O	11.3500 KW G. E.	6600 Drehstrom	1860	0,073	2270	0,059	0,121
8.4500 PS Westinghouse	1168/2184 / 1524	75	G. E.	8.3500 KW Westinghouse	6600 Drehstrom	3090 (für das voll ausgebaute Werk)	0,099	3760 (für das voll ausgebaute Werk)	0,068	0,131
6.1000 PS Allis	660/1219 / 1219	75	O	12.400 KW G. E. 4 polig Riemenantrieb	575	.	.	.	.	.
2.500 PS Westinghouse			O	2 Zusatzmaschinen je 400 KW Riemenantrieb						
6.2000 PS Allis	813/1575 / 1524	75	O	4.1600 KW G. E. 2.1500 KW Walker[2])	580	.	.	.	.	.
1.4000 PS Allis	1067/2184 / 1524	75	.	1.2700 KW Westinghouse	575	.	.	.	.	.
6.4000 PS[3]) Allis - Chalmers	1067/2184 / 1524	75	E	4.2700 KW 2.2700 KW Westinghouse	6600 575	1110 für 20 800 PS	0,053	1630 für 27 600 KW	0,059	0,112
6.1600 PS Dreifach-Expansionsmaschinen[4]) Allis	584/914/1321 / 1219	80	E	2.1350 KW G. E. 4.1200 KW G. E.	550	.	.	.	.	.
2.2000 PS Allis	813/1575 / 1524	75	E	2.1500 KW G. E.						
1.4000 PS Corliss Steam Engine Co.	1067/2286 / 1524	75	E	1.2700 KW Walker-Westinghouse						

auf S.4000 PS. — [4]) Ursprünglich für Riemenantrieb.

Laufende Nummer	Ort des Kraftwerks. Inbetriebnahme	Gesamtleistung (K = Kessel, D = Dampfmaschinen, G = Generatoren)	Wasserentnahme (F = Fluss, M = Meer, W = städtische Wasserleitung)	Kohlenanfuhr (W = Wasser, E = Eisenbahn, G = eigenes Gleis, F = Fuhrwerk)	Lage und Inhalt der Kohlenbehälter (n = neben den Kesseln, u = über den Kesseln)	Kohlen- und Ascheförderung (B = Becherwerk, Bd = Band, T = Tafelzug, R = Rollbahn, H = Hängebahn)	Rostbeschickung (H = Hand, S = Selbstthätig, K = Kettenrost, T = Treppenrost)	Abgasevorwärmer	Anzahl, Leistung und Erbauer der Kessel (B u. W = Babcock und Wilcox, A u. T = Aultman und Taylor)	Dampfdruck Atm.
1	2	3	4	5	6	7	8	9	10	11
7	Boston, B. Allston 1889	K = 900 PS D = 800 PS G = 744 KW	W	G	n	H	H	keine	6 . 150 PS	.
8	Boston, C. Ost-Boston 1896	K = 1 000 PS D = 750 PS G = 600 KW	M; W	W	.	.	H	keine	4 . 250 PS stehend	.
9	Boston, D. Ost-Cambridge 1896	K = 2 500 PS D = 3 400 PS G = 2 800 KW	M; W	W	.	.	H	2	10 . 250 PS B u. W	.
10	Boston, E. Charlestown. Erster Ausbau 1896	K = 1 500 PS D = 2 000 PS G = 1 600 KW	M; W	W	.	R	H	1	3 . 500 PS B u. W	.
	Erweiterung 1902	K = 2 000 PS D = 4 000 PS G = 2 700 KW	.	E	.	.	.	1	4 . 500 PS B u. W	.
11	Boston, F. Dorchester 1896	K = 2 000 PS D = 3 000 PS G = 2 000 KW	M; W	W	.	R	H	keine	4 . 500 PS B u. W	.
12	Boston, G. Harvard 1897	K = 3 000 PS D = 5 400 PS G = 3 600 KW	M; W	G	n 600 t	R	T (Acme)	1	6 . 500 PS B u. W	.
13	Boston, H. Lincoln-Werft 1901	K = 4 000 PS D = 8 000 PS G = 5 400 KW	M; W	W	u 3500 t	B	S	4	8 . 500 PS B u. W mit Ueberhitzern	11 bis 12,5
14	Chicago, A. Hawthorne-Avenue 1895	K = 3 000 PS D = 4 000 PS G = 3 200 KW	F	E	5 t über jedem Kessel	B Link-Belt	T	keine	10 . 300 PS B u. W	9,5
15	Chicago, B. California-Avenue 1895	K = 3 000 PS D = 5 200 PS G = 4 000 KW	F	F (W)	n 2000 t u 400 t	T Borden & Selleck	K	keine	10 . 300 PS	.

Anzahl, Leistung, Bauart und Erbauer der Dampfmaschinen (wenn Bauart nicht angegeben, Zwillings-Verbundmaschinen)	Zylinderzahlen (Durchmesser/Kolbenhub) mm	Umdrehungszahl	Kondensation (E = Einzel-Einspritz., G E = Gruppen-Einspritz., O = Oberflächenkondensation)	Anzahl, Leistung und Erbauer der Stromerzeuger (G E = General Electric Co., S & H = Siemens & Halske, Chicago)	Klemmenspannung	Grösse des Kesselhauses (Innenmasse) qm	qm/PS	Grösse des Maschinenhauses (Innenmasse) qm	qm/KW	Grösse des Kraftwerks einschl. etwaiger Anbauten (Aussenmasse) qm/KW
12	13	14	15	16	17	18	19	20	21	22
4.200 PS einfach Armington & Sims	.	.	keine	4.3.62 KW Riemenantrieb	550	.	.	.	.	.
3.2500 PS Tandem-Verbund	.	.	.	3.200 KW	550	.		.	.	.
2.1400 PS Dreifach-Expansionsmaschinen Allis	584/914/1321 1219	.	O	3.400 KW Riemenantrieb	550	.	.	.	.	.
1.600 PS Dreifach-Expansionsmaschinen Allis	406/635/914 1321			1.400 KW Riemenantrieb						
2.1000 PS Allis	660/1270 1219	90	E	2.800 KW G. E.	550	.	.	.	.	.
1.4500 PS Westinghouse	1118/2210 1524	75	.	1.2700 KW Westinghouse	550	.	.	.	.	.
2.1500 PS	660/1270 1524	.	E	2.1000 KW	550	.	.	.	.	.
3.1800 PS Allis	711/1422 1524	60	E	3.1200 KW G. E.	550	1280 für 6000 PS	0,214	1430 für 7200 KW	0,199	0,398
2.4000 PS Rix & Sargent	1118/2236 1524	75	E	1.2700 KW G. E. 1.2700 KW Westinghouse	550	1440 für 14000 PS	0,103	1930 für 18900 KW	0,102	0,193
4.1000 PS Allis	610/1168 1219	80	E	4.800 KW G. E.	550	900	0,300	730	0,228	0,557
4.1000 PS 1.1200 PS	610/1016 1219 610/1219 1219	.	E	5.800 KW S & H	550	1670 für 4800 PS	0,348	1860 für 5600 KW	0,332	0,670

Laufende Nummer	Ort des Kraftwerks. Inbetriebnahme	Gesamtleistung (K = Kessel, D = Dampfmaschinen, G = Generatoren)	Wasserentnahme (F = Fluss, M = Meer, W = städtische Wasserleitung)	Kohlenanfuhr (W = Wasser, E = Eisenbahn, G = eigenes Gleis, F = Fuhrwerk)	Lage und Inhalt der Kohlenbehälter (n = neben den Kesseln, u = über den Kesseln)	Kohlen- und Ascheförderung (B = Becherwerk, Bd = Band, T = Tafelzug, R = Rollbahn, H = Hängebahn)	Rostbeschickung (H = Hand, S = Selbstthätig, K = Kettenrost, T = Treppenrost)	Abgasevorwärmer	Anzahl, Leistung und Erbauer der Kessel (B u. W = Babcock und Wilcox, A u. T = Aultman und Taylor)	Dampfdruck Atm.
1	2	3	4	5	6	7	8	9	10	11
16	Chicago, C. Harvey-Avenue 1894	K = 2 400 PS D = 2 000 PS G = 1 500 KW	W	E	.	.	.	.	8.300 PS	.
17	Chicago, D. Western Avenue. Erster Umbau 1895	K = 8 000 PS D = 11 000 PS G = 8 250 KW	W	E	.	.	K Greene	keine	20.400 PS Stirling	:
	Erweiterung 1899	K = 1 600 PS D = 2 000 PS G = 1 500 KW	.	.	.	.	.	.	4:400 PS Stirling	:
18	Chicago, F. 49. Strasse 1896	K = 7 200 PS D = 6 000 PS G = 5 200 KW	W	E	u	B Mead	S	.	24:300 PS Röhrenkessel	.
19	Chicago, G. 52. Strasse 1893	K = 3 800 PS D = 7 000 PS G = 5 000 KW	W	E	u	B Link-Belt	T Murphy	keine	19:200 PS Röhrenkessel	7,0
20	Pittsburgh, Consolidated Traction Co. (H.) 1898	K = 4 500 PS D = 9 360 PS G = 4 800 KW	F	E	n und u zu- sammen 1600 t	B Mead	S	keine	12.375 PS B u. W	8,5
21	Pittsburgh, United Traction Co. K. Juniata-Strasse 1898	K = 2 000 PS D = 3 500 PS G = 2 350 KW	F	E	n 820 t u 240 t	.	T Murphy	keine	4.400 PS Stirling 1.400 PS B u. W	8,75
22	Washington, Capital Traction Co. 1898	K = 2 800 PS D = 4 000 PS G = 2 625 KW	F	W	u 2000 t	B Bradley	T Roney	für später vorge-sehen	8.350 PS A u. T	.
23	Providence, Manchester-Strasse 1902	K = 4 000 PS D = 7 800 PS G = 5 750 KW	F	W	u 2000 t	B	T Roney	4	8.500 PS B u. W künstl. Zug	.

¹) An Stelle der Kondensation treten Abdampfvorwärmer.

Anzahl, Leistung, Bauart und Erbauer der Dampfmaschinen (wenn Bauart nicht angegeben, Zwillings-Verbundmaschinen)	Zylinderzahlen (Durchmesser / Kolbenhub) mm	Umdrehungszahl	Kondensation (E = Einzel-Einspritz, G E = Gruppen-Einspritz, O = Oberflächenkondensation)	Anzahl, Leistung und Erbauer der Stromerzeuger (G E = General Electric Co., S & H = Siemens & Halske, Chicago)	Klemmenspannung	Grösse des Kesselhauses (Innenmasse) qm	qm/PS	Grösse des Maschinenhauses (Innenmasse) qm	qm/KW	Grösse des Kraftwerks einschl. etwaiger Anbauten (Aussenmasse) qm/KW
12	13	14	15	16	17	18	19	20	21	22
2.1000 PS	610/1016 1219	.	E	2.750 KW S & H	550	.	.	.	.	.
5.2000 PS	864/1372 1524	80	keine 1)	5.1500 KW S & H	550	.	.	.	.	.
1.1000 PS	660/1016 1219	80	keine 1)	1.750 KW S & H						
1.2000 PS	864/1372 1524	80	keine 1)	1.1500 KW S & H	.	.	.	.	.	.
6.1000 PS paarweise angeordnet	914 1524	80	keine 1)	6 von zusammen 5400 KW Walker	550	1120	0,156	1480	0,286	0,520
10.700 PS paarweise angeordnet	610 1219	100	keine 1)	10.500 KW Westinghouse	550	.	.	.	.	.
6.1560 PS Pennsylvania Iron Works	762/1372 1219	80	E	6.800 KW Westinghouse	550	.	.	.	.	.
4.750 PS Tandem-Verbund Providence Steam Engine Co.	711/965 1219	100	E	4.500 KW Westinghouse	550	.	.	.	.	.
1.500 PS Tandem-Verbund Russel				1.350 KW G. E.						
5:800 PS Tandem-Verbund Allis	508/1016 1067	100	E	5.525 KW G. E.	600	900	0,322	750	0,286	0,671
1.1800 PS Filer & Stowell	711/1372 1219	.	E	1.1250 KW G. E.	550	850	0,212	1330	0,232	0,458
3.2000 PS Filer & Stowell	813/1626 1372	.	E	3.1500 KW G. E.						

Für je 4 Maschinen ist, wie oben erwähnt, eine Gruppen-Einspritzkondensation angeordnet, sie liegen nebeneinander im Kesselhause an der Trennungswand. Haupt- und Hilfs-Speisewasser-Vorwärmer sind vorgesehen.

Mit Rücksicht auf den ungünstigen Baugrund hat man die Höhe der zwei (später vier) Schornsteine auf 60 m beschränkt und nur die untere Hälfte aus Ziegeln gebaut, während die obere aus Blech besteht. Der Durchmesser beträgt 3,66 m. Da diese Abmessungen der Schornsteine an sich nicht ausreichen, hat man künstlichen Zug eingerichtet. Zum Vergleich seien die Abmessungen des Schornsteins des Werkes an der 96. Strasse angeführt: Höhe 108 m, Durchmesser 6,71 m.

In einer Zahlentafel (S. 134—139) sind die Hauptangaben einiger besonders bemerkenswerthen Kraftwerke, nach Städten geordnet, zusammengestellt. Die von dem Kessel- und Maschinenhaus eingenommene Grundfläche ist in den Spalten 18 bis 22 für einige Kraftwerke angegeben, die entweder voll ausgebaut sind oder deren Leistung bei vollem Ausbau bekannt ist.

Zur Beurtheilung der Anlagekosten der Kraftwerke dienen folgende Angaben:

Für die beiden Kraftwerke der Strassenbahn in Detroit, von zusammen 6200 KW Leistung, haben die Baukosten 225 M für das Kilowatt betragen, für das Kraftwerk an der 96. Strasse in New-York 380 M für das Kilowatt, beide Zahlen einschliesslich des Grunderwerbs.

Veranschlagt werden neuzeitlich eingerichtete grosse Kraftwerke (über 10000 KW Leistung) bei den gegenwärtigen, verhältnissmässig hohen Preisen, mit 425 Mark für das Kilowatt, ohne Grunderwerb und Gebäude; für das Gebäude ausserdem 34—42 Mark für das Kilowatt.

Betriebszahlen.

Als mittlere Werthe des Stromverbrauchs für das Wagenkilometer, gemessen am Wagen, (für ebene Strecken) gelten 750 bis 1150 Wattstunden. Der Zuschlag für elektrische Heizung der Betriebsmittel wird zu 15 bis 20 % angegeben. Der Stromverbrauch der Strassenbahn in New-York beträgt 930 Wattstunden für das Wagenkilometer (bei einer mittleren Geschwindigkeit von 13,5 km in der Stunde). Die Strassenbahn in Minneapolis — St. Paul (grosse Wagen, starke Steigungen)

giebt den Stromverbrauch für das Wagenkilometer, im Kraftwerk gemessen, zu 1740 bis 2100 Wattstunden an, je nach der Jahreszeit.

Die Kosten der Kilowatt-Stunde, am Schaltbrett gemessen, einschliesslich Unterhaltung der Kraftanlage, aber ausschliesslich aller Abschreibungen und Verzinsungen, schwankt für die neueren, best eingerichteten Kraftwerke zwischen 2,1 und 3,2 Pf. Der niedrigste Satz gilt für die Kohlenpreise und Arbeitslöhne in den Mittleren Staaten, der höchste etwa für New-York und Boston. Die geringe Höhe dieses Betrags erklärt sich in erster Linie durch die Verminderung der Bedienungskosten durch die selbstthätigen Kohlenförderungs- und Rostbeschickungsanlagen. Das gegenseitige Verhältniss der Kosten für Brennmaterial, Wasser und Löhne ist aus den Betriebszahlen einiger Strassenbahnen zu ersehen, die am Ende des achten Abschnitts mitgetheilt werden.

Aus den Betriebsergebnissen des Metropolitan-Kraftwerks sei noch folgendes mitgetheilt:

Für die Kilowatt-Stunde, am Schaltbrett gemessen, wurde verbraucht: 1,2 kg Kohle und 10,17 kg Wasser, entsprechend einer 8,4 fachen Verdampfung. Dabei ist der Dampfverbrauch der Hilfsmaschinen (Pumpen, Fördereinrichtungen u. s. w.) eingerechnet. Die Kohle hatte einen Heizwerth von 7800 WE und eine Zusammensetzung von 80,3 % Kohlenstoff, 12,5 % flüchtigen Bestandtheilen und 7,2 % Asche. Der Dampfverbrauch für die PSi-Stunde betrug 6 kg. Die Bedienung erfolgt durch ein Personal von 180 Angestellten, bei theils zwei-, theils dreifacher Besetzung, das sich wie folgt, vertheilt:

11 Ingenieure,

 3 Bureaubeamte,

56 Mann zur Wartung der Dampfmaschinen,

76 Mann zur Wartung der Kessel,

28 Mann zur Wartung der elektrischen Maschinen und Bedienung des Schaltbretts,

 7 Mann für die Kohlen- und Asche-förderung.

Für je 15 Kessel sind ein Kesselwärter und i. M. 3½ Heizer gleichzeitig in Thätigkeit, sowie ein Arbeiter zum Auswaschen.

Einzelheiten der Stromvertheilung.

I. Gleichstrom.

Das Schaltbrett liegt bei Kraftwerken unter 5000 KW Leistung in der Regel zu ebener Erde, bei den grösseren Werken, wo ohnehin eine ständige Besetzung durch einen Schaltbrettwärter nothwendig wird, dagegen erhöht.

Die neueren Schaltanlagen zeichnen sich durch eine vollständige Vermeidung von Schmelzsicherungen aus; zur Erhöhung der Betriebssicherheit (Abkürzung von Betriebsstörungen infolge von Kurzschlüssen) werden nur selbstthätige Ausschalter gewählt, bei denen die Löschung des Lichtbogens in der Regel auf magnetischem, daneben auch auf mechanischem Wege erfolgt (Einschliessen desselben in eine wagerechte Papierhülse, auf die eine Anzahl „Schornsteine" senkrecht aufgesetzt ist).

Die Speiseleitungen wurden früher stets als blanke oder isolirte Luftleitungen verlegt; erst in neuerer Zeit haben die Verwaltungen grosser Städte die unschönen Luftleitungen wenigstens für die innere Stadt untersagt; man ist infolgedessen dazu übergegangen, hier die Speiseleitungen unterirdisch zu verlegen, und zwar in die gelegentlich der unterirdischen Stromzuführung beschriebenen Thonzellen, Hohlsteine, die wabenartig übereinandergelegt werden und deren jeder mehrere Kabel aufnimmt.

Als einziges Beispiel einer Dreileiter-Anlage konnte das Netz der Consolidated Traction Co. in Pittsburgh angeführt werden; nach der Eingliederung dieses Bahnnetzes in die vereinigten Bahnanlagen der Stadt ist man nachträglich wieder zu einem Zweileiternetz übergegangen.

Die besonderen Hilfsmittel der Gleichstrom-Kraftübertragung zur Ueberwindung grosser Entfernungen, Leistungsbatterien an den Ausläufern des Netzes und Zusatzmaschinen im Kraftwerke, verlieren mit der zunehmenden Einführung der Drehstrom-Kraftstromübertragung immer mehr an Bedeutung.

Die Zusatzmaschinen (Hauptstrom-Dynamos, die zwischen Sammelschiene und Speiseleitung geschaltet sind), werden in der Regel durch Motoren, seltener durch Dampfmaschinen unmittelbar angetrieben. Die E. M. K. der Maschine ist (Reihenschlusswicklung vorausgesetzt) proportional der durch sie fliessenden Strommenge, und da der Spannungsverlust in der Speiseleitung ebenfalls proportional dem Strome ist, so ergiebt sich von selbst eine gleichmässige Spannung am Ende der Speiseleitung.

2. Drehstrom.

Schaltanlagen des Kraftwerks.

Die zwei grundsätzlich verschiedenen Arten der Schaltung kann man als Handschaltung und Kraftschaltung bezeichnen. Bei der Handschaltung werden die eigentlichen Schaltapparate entweder unmittelbar mit der Hand (das kommt bei Hochspannungsanlagen wegen der Gefährlichkeit kaum vor) oder durch ein Gestänge bewegt. Bei der Kraftschaltung wird eine fremde Kraftquelle durch den Handhebel der Bedienungstafel ausgelöst. Die Kraftschaltung, auch als Fernschaltung zu bezeichnen, ermöglicht eine beliebige räumliche Trennung der Schaltapparate von einander; dadurch lässt sich also die weiter oben als erwünscht bezeichnete Trennung der Sammelschienen und Schaltapparate nach Maschinengruppen ohne Weiteres durchführen, während die Bedienungstafel an einer Stelle und auf kleinstem Raum vereinigt wird. Kraftschaltung eignet sich daher besonders für grössere Kraftwerke, während Handschaltung für kleinere Anlagen in Gebrauch ist. (Eine Anwendung der Handschaltung siehe weiter unten, bei Behandlung der Unterstationen.)

Da die Bauart der Hochspannungsschaltapparate ziemlich viel Raum erfordert, ordnet man die Schaltanlagen gern in mehreren Stockwerken über einander an. Beispielsweise befindet sich auf der ersten Empore das Bedienungsschaltbrett der Hochspannung und das stets für Handstellung eingerichtete Erregerschaltbrett, darüber in einem für gewöhnlich verschlossen gehaltenem Raume die Hochspannungssammelschienen (soweit diese nicht etwa unmittelbar neben den Maschinen liegen), die Hochspannungsschalter und die Transformatoren für Messzwecke und die etwa im Kraftwerk sonst noch erforderliche Niederspannung. Die zugehörigen Umformer, die beispielsweise Gleichstrom zum Antrieb der Pumpen, Fördervorrichtungen u. s. w. abgeben oder einer mit dem Kraftwerk verbundenen Unterstation angehören, liegen in dem Raum unterhalb der Bedienungstafel. Dort befinden sich auch die Erregermaschinen und die Luftpumpen zur Erzeugung der für das Kraftwerk benöthigten Druckluft.

Als Kraftquelle für die Fernschaltung kommen in Betracht: 1. Druckluft, die ohnehin zum Reinigen der Stromerzeuger u. a. gebraucht wird, mit unmittelbarer Steuerung an der Bedienungstafel. Diese Anordnung erfordert bei umfangreichen Anlagen ziemlich verwickelte Rohrleitungen zwischen Schalttafel und Apparaten und kommt deshalb kaum noch zur Neuanwendung. 2. Druckluft, mit elektrischer Steuerung durch einen Niederspannungs-Gleichstrom. Diese Anordnung ist die verbreitetste. 3. Der niedriggespannte Strom selbst. An

Abb. 184. Mit Druckluft gesteuerter Oelschalter der General Electric Co.

Stelle der Druckluftzylinder treten dann Elektromagnete für die gradlinige Bewegung (die eigentlichen Schaltapparate), Motoren für die Drehbewegung (Widerstandsschaltungen u. a.). Diese Anordnung kommt neuerdings in Aufnahme.

Da man die Wirksamkeit der Schalter an der Bedienungstafel nicht überblicken kann, geschieht eine Rückmeldung der erfolgten Umstellung der Schalter nach der Bedienungstafel, indem dort durch den Rückmeldestrom ein Scheibenzeiger bethätigt wird.

Man unterscheidet zwei Arten von Schaltern, Luftschalter und Oelschalter, je nachdem ob die Unterbrechungsstelle in Luft oder in Oel sich befindet. Luftschalter werden nur bei kleineren Anlagen angewandt. Die Unterbrechung des Lichtbogens geschieht durch Auseinanderziehen der Berührungsflächen.

Der Luftschalter von Westinghouse besteht aus drei nebeneinanderliegenden Einzelschaltern, die durch Marmorwände getrennt sind und gemeinsam gesteuert werden, beispielsweise durch einen unten angebrachten Luftzylinder. Die Stromübertragung im Zustand des Stromschlusses wird durch Berührung einer Kupferbürste mit einem festen Kupferfinger hergestellt. Im Nebenschluss liegt ein Kohlenkontakt am oberen freien Ende eines langen drehbaren Arms, dessen Länge sich nach der zu unterbrechenden Spannung richtet. Vor dem Oeffnen des Schalters wird der Kupferkontakt allmählich ausgeschaltet und der Kohlekontakt eingeschaltet, dann öffnet sich der Kupferkontakt, und zuletzt schwingt der Hebel des Kohlekontakts aus und der Lichtbogen reisst ab.

Ein Oelschalter, Bauart der General Electric Co., ist in Abbildung 184 dargestellt. Die drei Schalter der zusammengehörigen Leitungen liegen nebeneinander in gemauerten Zellen und sind durch einen halben Stein starke Wände von einander getrennt. In jeder Zelle befinden sich zwei ölgefüllte Messingzylinder; in diese taucht von oben je ein Kupferkontakt ein, so dass für jede Phase zwei Stromunterbrechungsstellen vorhanden sind. Die beiden zusammengehörigen Kupferkontakte sind an einem senkrechten Arme befestigt, und alle drei Arme werden gleichzeitig von einer Querstange bewegt. Das Oel muss besonders rein und vollkommen wasserfrei sein, damit es wirklich stromdicht ist.

Die Hochspannungsschalter dienen zugleich als selbstthätige Höchstausschalter („Automaten") oder Rückstrom-Ausschalter. Dazu ist bei Druckluftsteuerung in das Gestänge eine Winkelhebelverbindung eingeschaltet, die durch einen im Nebenschluss eines der drei Stromkreise liegenden Elektromagneten ausgelöst wird. Bei elektrischer Steuerung tritt an Stelle des Elektromagneten ein Relais, das den Steuerungsstromkreis schliesst.

Die selbstthätige Unterbrechung des Stromkreises wird an der Bedienungstafel durch das Aufleuchten einer Glühlampe angezeigt.

In einzelnen Fällen hat man auf die selbsttbätige Wirkung der Ausschalter verzichtet und statt dessen in die Hochspannungsstromkreise Bleisicherungen eingeschaltet, bei denen der Lichtbogen ebenfalls durch Auseinanderziehen gelöscht wird.

Das Intrittbringen der Stromerzeuger wird in der Regel von der Hauptschaltempore aus vorgenommen. Hierzu wird neuerdings eine besondere, mit dem Schwungkugelregler der Dampfmaschine in Verbindung stehende Vorrichtung angewandt, bestehend aus einem Laufgewichte, das mittelst einer Leitspindel verschoben wird und, indem es auf den Hebelarm des Reglers wirkt, dazu dient, die Wirkung der Schwungkugeln zu verstärken oder zu verringern. Die Leitspindel wird durch

theilung voreilenden und nacheilenden Strom oder Rückstrom anzeigen, sowie die Periodenzähler.[1]

Brennbare Umhüllungen von Kabeln werden innerhalb des Kraftwerks nach Möglichkeit vermieden; die Kabel selbst legt man mit Vorliebe in Betonkanäle, jede Phase für sich. Gern wendet man blanke Leiter an, zu denen dann auch Aluminium (auch für Sammelschienen) verwendet wird.

Abb. 185 stellt die Anordnung der Sammelschienen im Kraftwerk der Manhattan-Hochbahn dar. Jede der acht Maschinen speist eine Gruppe von Sammelschienen, aus denen der Strom für eine Unterstation entnommen wird. (Die Anzahl der Kabel ist verschieden je nach der Leistung der betreffenden Unterstation.)

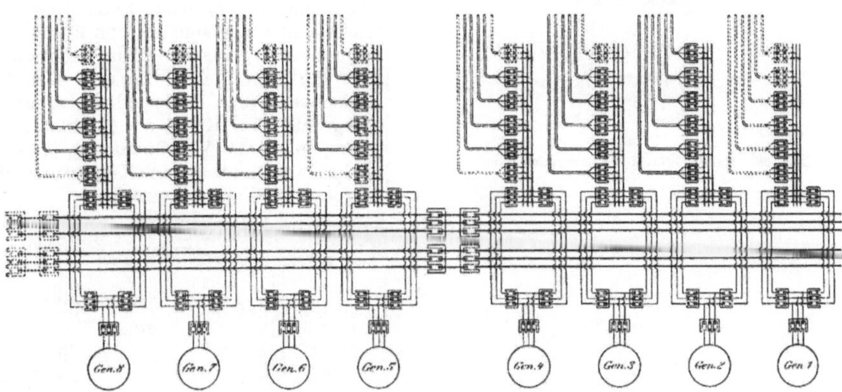

Abb. 185. Schaltung der Sammelschienen im Manhattan-Kraftwerk.

einen kleinen, am Rahmen der Dampfmaschine befestigten Motor gedreht, der vom Schaltbrett aus gesteuert wird. Die Umdrehungszahl der Dampfmaschine kann so um ± 10% verändert werden.

Die Beobachtung des Gleichlaufs geschieht üblicherweise durch Phasenlampen. Da aber diese nur richtig zeigen, wenn die Spannungen der Maschinen gleich sind, hat man besondere Zeigerinstrumente, „Synchronoskop" genannt, konstruirt, die, mit einem festen und einem beweglichen Zeiger ausgestattet, unmittelbar den Voreilungs- oder Nacheilungswinkel angeben und von der Spannung unabhängig sind.[1]) Aehnliche Zeigerinstrumente sind die Leistungsfaktorzeiger) die auf einer vierfachen Grad-

Die Hauptsammelschienen, die jede in der Mitte durch einen doppelten Ausschalter getheilt sind, dienen lediglich zum Ausgleich der verschieden grossen Stromentnahme der einzelnen Unterstationen; nur im Fall des Stillstands einzelner Stromerzeuger haben sie einen grösseren Strom zu leiten. Zur Erhöhung der Sicherheit sind die Hauptsammelschienen und die Leitungen von den Stromerzeugern nach den Sammelschienen doppelt vorhanden.

In anderen Kraftwerken sind die Hauptsammelschienen nur einfach vorhanden, dafür aber als Ringleitungen ausgebildet und nach denselben Grundsätzen wie Dampfleitungen untergetheilt.

---

[1]) Ihre Konstruktion ist nicht angegeben, beruht aber wahrscheinlich auf dem Drehfeldprinzip.

[1]) Street Railway Journal 1902, II. S. 488.

Hochspannungsleitungen.

Die Hochspannungskabel zur Kraftvertheilung nach den Unterstationen liegen meistens einzeln in ähnlichen Thonzellen, wie sie für die Gleichstromkabel gebraucht werden, unter dem Bürgersteig oder dicht

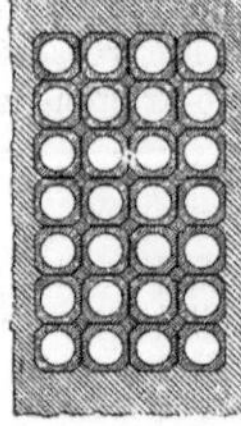

1 : 30.

Abb. 186. Kanalleitung für Hochspannungskabel.

In Abb. 187 ist das Hochspannungs-Kabelnetz der Metropolitan-Strassenbahn dargestellt. Im Kraftwerk sind vier Sammelschienengruppen vorhanden, von denen drei durch je drei, eine durch zwei Maschinen gespeist werden. Dieselben sind innerhalb des Werkes räumlich so getrennt, dass eine Betriebsstörung an einer Gruppe keine der anderen in Mitleidenschaft ziehen kann. Jede Unterstation erhält Strom aus zwei Gruppen, so dass, wenn eine der Gruppen infolge Betriebsstörung keinen Strom liefert, die andere den grössten Theil des Bedarfs der Unterstation (unter höherem Spannungsverlust) tragen kann. Die Hochspannungskabel (für 6 600 Volt Spannung) bestehen aus drei in sich verseilten Seelen von je 107 qmm Kupferquerschnitt. Jede Seele ist mit einer Papierschicht von 6 mm Stärke, das ganze Kabel mit einer solchen von 3 mm Stärke umgeben; die äussere Hülle bildet ein Bleiüberzug von 3 mm Stärke. Der Raum zwischen beiden Papierhüllen ist mit Jute ausgefüllt. Die Kabel der Manhattan-Hochbahn, für 11 000 Volt Spannung, sind ebenso hergestellt, bis auf den Kupferquerschnitt, der um 3×85 qmm beträgt.

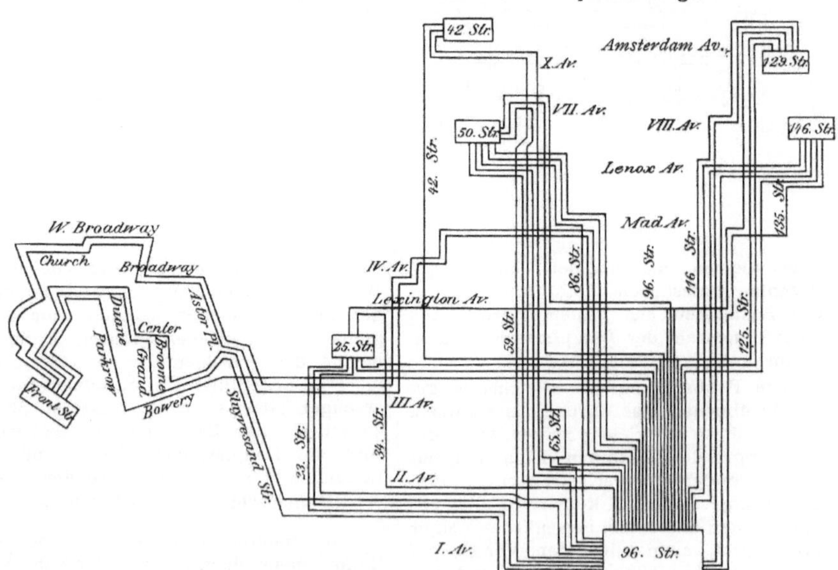

Abb. 187. Hochspannungs-Vertheilungsnetz der Metropolitan-Strassenbahn.

daneben; man hat zum besseren Schutze die Thonzellen mit einem Betonmantel umgeben, vergl. Abb. 186. In Abständen von 120 m sind Ueberwachungsschächte angeordnet.

In den Hochspannungsleitungen zwischen den Hochspannungssammelschienen des Hauptkraftwerks und der Unterstation liegt in der Regel an jedem Ende je ein Ausschalter; der zunächst im Kraftwerk gelegene ist ein „Dauerüberlastungsschalter", der mit einem Zeitverschluss versehen ist, so dass er erst dann den Strom unterbricht, wenn ein übermässiger Stromübergang mehrere Sekunden angedauert hat. Das soll verhüten, dass bei vorübergehenden Kurzschlüssen die Stromlieferung unterbrochen wird, und ist unbedenklich, da die Drehstromgeneratoren eine kürzere Zeit dauernde Ueberlastung ertragen können.

Der Zeitverschluss besteht aus einem Elektromagneten, bei dem die Bewegung des Ankers durch einen Luftpuffer verlangsamt wird. Der Anker bewegt einen Kontaktarm, dessen freies Ende nach einem gewissen Wege auf einen festen Kontakt stösst und damit den Schalterstromkreis schliesst. Der feste Kontakt ist durch eine Handschraube verstellbar und die Schlusszeit dadurch zwischen 1 und 8 Sekunden veränderlich.

Da die Kurzschlussstelle durch die übrigen zur Unterstation führenden Kabel rückwärts weiter Strom erhalten würde, wenn an einem Hochspannungskabel zwischen Kraftwerk und Unterstation ein dauernder Kurzschluss eintritt, ist der zweite Ausschalter als Rückstromausschalter gebaut. Zwischen Stromerzeuger und Sammelschienen liegt ausserdem ein Dauer-Rückstromausschalter.

Unterstationen.

Transformatoren.

Die Transformatoren, die zur Ermässigung der Uebertragungsspannung auf die

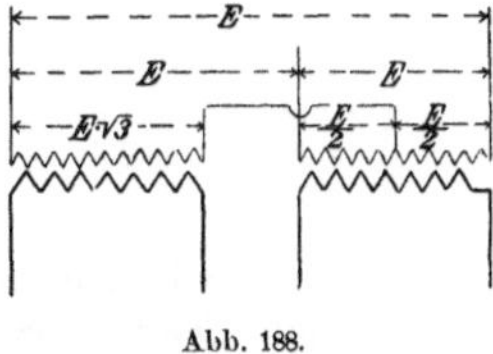

Abb. 188.

der Drehstromseite der Umformer dienen, sind in der Regel einpoliger Bauart. Für jeden grösseren Umformer sind drei Transformatoren vorhanden, bei kleineren Maschinen auch wohl eine Gruppe von drei Transformatoren für je zwei Umformer. Ein überzähliger Transformator dient häufig als Rückhalt. Will man ihn entbehren, so kann man im Falle des Schadhaftwerdens eines Transformators die beiden übrigbleibenden mit offener Dreieckschaltung (unter Ueberlastung) weiter benutzen.

Die Transformatoren dienen auch zur Umwandlung von Dreiphasenstrom der Linie in Zweiphasenstrom, wenn man Zweiphasenumformer verwenden will, unter Benutzung der sogenannten resultirenden Phase, Abbildung 188.

Transformatoren mit zwei sekundären Wicklungen werden vereinzelt angewendet, um ausser den Bahnumformern ein engeres Licht- und Kraft-Vertheilungsnetz (von beispielsweise 2500 Volt Spannung) zu speisen.

Die Transformatoren werden in den Grössen von 10 bis zu 500 KW, für Hochspannungen von 2000 bis 30 000 V, von den beiden Elektrizitätsgesellschaften fabrikmässig hergestellt. Die General Electric Co. baut die Transformatoren in der Regel mit Luftkühlung; der Transformator ist in einen Blechmantel eingeschlossen, unter den die Luft von unten geblasen wird. Die Transformatoren der Westinghouse-Gesellschaft sind in einem Oelbade angebracht; die Seiten der Spulen sind aufgeblättert, damit das Oel besser in alle Zwischenräume eindringt. Die Oberfläche des umschliessenden Mantels ist rippenförmig ausgebildet, um eine grosse Abkühlungsfläche für das Oel zu gewinnen. Bei grossen Transformatoren (über 500 KW) erfolgt die Kühlung des Oels durch Wasserumlauf.

Der Wirkungsgrad eines Transformators für 25 bei Perioden und 550 KW Leistung (von der Westinghouse-Gesellschaft für die Manhattan-Hochbahn geliefert) beträgt:

97,75 % bei 100 % Belastung,
97,65 „ „ 75 „ „ ,
97,00 „ „ 50 „ „ ,
95,00 „ „ 25 „ „ ,
97,70 „ „ 125 „ „ ,

Transformatoren höherer Periodenzahl haben einen besseren Wirkungsgrad: für einen Transformator für 60 Perioden und 375 KW Leistung wird ein Wirkungsgrad von 98,4 % angegeben.

Als zulässige Grenze der Dauerüberlastung gilt in der Regel 30 %.

Umformer und Motorgeneratoren.

Der zur Umwandlung des Drehstroms in Gleichstrom in den Unterstationen fast ausschliesslich angewandte Drehumformer gleicht in der übereinstimmenden Bauart beider Gesellschaften, Abb. 189, dem Aussenpol - Gleichstromerzeuger, nur dass der Anker auf der dem Kommutator entgegengesetzten Seite die Schleifringe aufweist, durch die ihm der umzuformende Drehstrom zugeführt wird. Als Drehstrommaschine ist er ein Synchronmotor mit eigener Erregung, und hat demnach alle Eigenschaften dieser Maschinenart, insbesondere kann er nicht unter Last und nur mit hohem Stromverbrauch anlaufen.

Der Wirkungsgrad des Umformers ist wesentlich höher als der einer Gleichstrommaschine derselben Leistung, weil eine Uebertragung mechanischer in elektrische Energie in ihm überhaupt nicht stattfindet und der Strom jedesmal nur einen Theil der Ankerwicklung zu durchlaufen hat. Der Wirkungsgrad ist demnach auch um so

Zweiphasenwicklung $\dfrac{1}{\sqrt{2}} = 0{,}71$, bei Sechsphasenwicklung $\dfrac{1}{2.\sqrt{2}} = 0{,}354$.

Die Feldwicklung wird überwiegend als Doppelschlusswicklung ausgeführt — wie bei den Gleichstromerzeugern —, um ein Uebercompoundiren der Maschinen zu ermöglichen. Bei dieser Wicklungsart kann ein Durchgehen der Umformer vorkommen, wenn dieselben, beispielsweise durch die Wirkung der Hochspannungsschalter, vom Drehstromnetz abgeschaltet werden, von der Gleichstromseite aber weiter Strom er

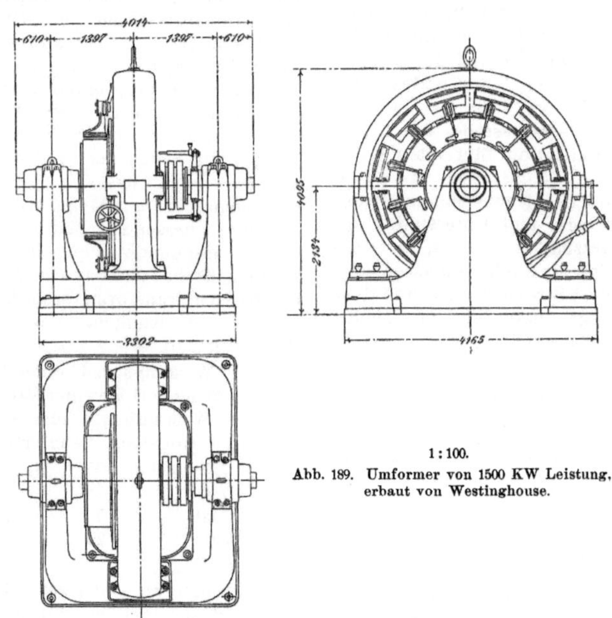

1 : 100.

Abb. 189. Umformer von 1500 KW Leistung,
erbaut von Westinghouse.

grösser, je grösser die Zahl der Stellen ist, an denen der Strom dem Anker zugeführt wird. Aus diesem Grunde sind neben dem Dreiphasenumformer mit 3 Schleifringen Zweiphasenumformer mit 4 Schleifringen und Sechsphasenumformer mit 6 Schleifringen in Anwendung. Die Schaltung der Transformatoren bei Zweiphasenwicklung ist oben in Abb. 188, bei Sechsphasenwicklung in Abb. 190 dargestellt. Bei Dreiphasenwicklung beträgt die Spannung der Drehstromseite im Verhältniss zu der der Gleichstromseite (sinusförmige Stromkurve und $\cos\varphi = 1$ vorausgesetzt) $\dfrac{\sqrt{3}}{2\sqrt{2}} = 0{,}61$, bei

halten und dann als Gleichstrommotoren mit sehr schwachem Felde laufen, da die Hauptstrom- und Nebenschlusswicklung in entgegengesetzter Richtung von Strom durchflossen werden. Um das zu vermeiden, hat man entweder zwischen den GleichstromSammelschienen und jedem Umformer einen selbstthätigen Rückstromausschalter angebracht, oder den Umformer mit einem Fliehkraft-Ausschalter versehen, der bei einer Vergrösserung der Umdrehungszahl um 4% den Strom selbstthätig ausschaltet, oder endlich Nebenschlusswicklung des Umformerfeldes angewandt (beispielsweise bei den Umformern der Metropolitan-

Strassenbahn). Dadurch wächst aber der Kupferaufwand für die Gleichstrom-Speiseleitungen, um grössere Spannungsverluste zu vermeiden.

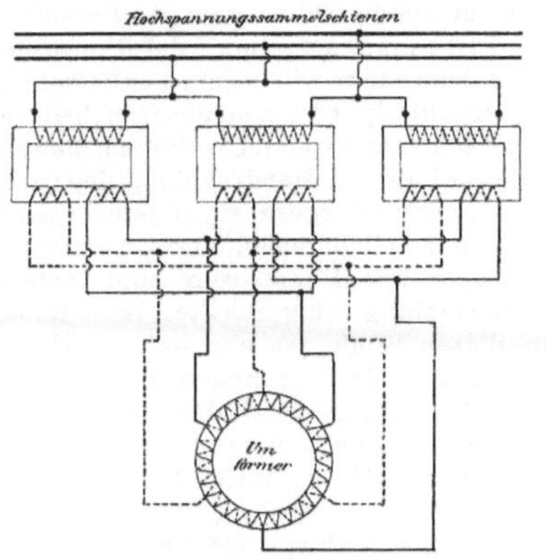

Abb. 190. Sechsphasenwicklung eines Umformers.

Da die Ankerrückwirkung des in der Maschine vereinigten Drehstrommotors und Gleichstromgenerators sich gegenseitig aufheben, ist ein Verstellen der Bürsten zur Vermeidung des Feuerns bei Ueberlastung der Maschinen nicht nothwendig, und als Grenze der Ueberlastung gilt nur die Erwärmung. Dadurch wird auch die Wartung der Maschine vereinfacht.

Bei den die Regel bildenden niedrigen Periodenzahlen tritt eine Neigung der Umformer zum Pendeln nicht gerade störend in Erscheinung; zur Verringerung der Pendelschwingungen sind überdies an den Enden der Pole besondere Kupferringe (Dämpferwicklungen) angebracht.

Infolge der grossen Starrheit des Laufs der durch keine mechanische Beanspruchung zu Seitenbewegungen veranlassten Maschine würde ein Einschleifen der Lager des Läufers stattfinden; um dies zu vermeiden, wird die Welle mit dem Läufer in regelmässige achsiale Seitenbewegungen versetzt, die man durch einen die Welle anziehenden Elektromagneten herstellt, der durch einen besonderen Stromkreis zeitweise Strom erhält.

Die Umformer werden in den Grössen von 25—1000 KW fabrikmässig gefertigt. Nachstehend sind einige Angaben über verschiedene ausgeführte Umformer zusammengestellt.

Anwendung und Fabrik	KW	Pol-zahl	Umdrehungen	Wirkungsgrad [1]			Anker-Gewicht	Gesamt-Gewicht
				$^1/_1$	$^3/_4$	$^1/_2$		
1	2	3	4	5	6	7	8	9
Dreiphasen-Umformer.								
Periodenzahl 25.								
G. E. Regelgrösse [2]	25	4	750	89,5	88	86	700	2 500
„ „	50	4	750	90	89	87	1 000	3 100
„ „	75	4	750	90	89	88	1 300	3 500
Evanston-Waukegan (G. E.) . .	125	4	750	—	—	—	—	—
Brockton-Plymouth (G. E.) . .	200	4	750	93,5	92	89	10 650	—
Philadelphia-Westchester (G. E.)	250	4	750	—	—	—	—	—
Buffalo u. Albany-Hudson (G.E.)	400	6	500	—	—	—	—	—
Chicago-Aurora (G. E.)	500	6	500	—	—	—	—	—
Reading-Boyertown (Stanley) .	300	6	500	—	—	—	—	—
„ „ „ .	400	8	375	—	—	—	—	—
Manhattan-Hochbahn (Westinghouse) [3]	1 500	12	250	95,75	95,25	93,50	—	—
Periodenzahl 35.								
Minneapolis-St. Paul (G. E.) . .	600	8	520	—	—	—	—	—
Periodenzahl 60.								
Dedham-Medway (G. E.) . . .	75	4	1 800	—	—	—	—	—
Lewiston-Bath (G. E.)	200	10	720	—	—	—	—	—
Sechsphasen-Umformer. (Periodenzahl 25.)								
G. E. Regelgrösse [2]	100	6	500	92	91	90	1 500	3 400
„ „	150	6	500	93,5	93	90,5	2 200	5 500
„ „	200	6	500	94	93	91	3 000	8 200
„ „	300	8	375	94	93,5	91,5	3 800	11 000
„ „	500	10	300	94	93,5	91,5	6 000	18 000
„ „	750	12	250	95,5	95	92,5	7 900	25 500
„ „	1 000	16	187,5	95,5	95	92,5	12 500	40 000
Metropolitan-Strassenbahn (G. E.)	990	14	214,5	—	—	—	16 000	45 000

[1] Im Betriebe wird der Wirkungsgrad der Umformer etwas verringert durch die Verluste bei der Regelung, sowie durch das Pendeln bezw. seine Dämpfung. — [2] Nach Angaben der Union E. G. — [3] Abb. 189.

Die Umformer werden in der Regel für eine Dauerüberlastung („während mehrerer Stunden") von 50 % und eine kurze Ueberlastung von 100 % berechnet.

Für das Ingangsetzen der Umformer dienen folgende Verfahren:

1) Das Anlaufenlassen von der Drehstromseite ohne Last, und mit offener Feldwicklung, erfordert keinerlei Hilfsmaschinen und dergl., hat aber den Nachtheil, dass hohe Stromstärken gebraucht werden, und dass eine sehr hohe Spannung in der Feldwicklung induzirt wird, die zum Durchschlagen der Spulen Veranlassung geben kann. Man benutzt deshalb nur einen Theil, 1/2 bis 1/3, der Spannung der Drehstromseite, vermittelst einer besonderen Zwischenableitung vom Transformator, wodurch eine zweite Reihe Schleifringe am Umformer erforderlich wird. (Man hat auch die Anordnung so getroffen, dass die Umformer der Unterstationen gleichzeitig mit einem Stromerzeuger des Kraftwerks anlaufen.)

2) Anlaufenlassen (mit Hilfe eines Anlassers) von der Gleichstromseite aus, und zwar als Nebenschlussmotor, um ein Durchgehen der Maschine zu vermeiden. Für den Fall, dass vor dem Anlaufen des Umformers die Gleichstrom-Sammelschienen ohne Spannung sind, ist ein kleiner Induktionsmotor - Generator (von beispielsweise 20 KW Leistung) vorhanden, der den nöthigen Gleichstrom erzeugt.

3) Intrittbringen des Umformers durch einen kleinen, auf dieselbe Welle gesetzten Induktionsmotor.

Für die Regelung der Spannung auf der Gleichstromseite[1]) entsteht die Schwierigkeit, dass dieselbe nicht wie beim Gleichstromerzeuger von der Feldstärke, sondern von der Spannung auf der Drehstromseite abhängig ist. Die Veränderung der Spannung der Drehstromseite geschieht selbstthätig durch Herstellung einer Phasenverschiebung. (Durch die Veränderung der Feldstärke eines Synchronmotors entsteht eine Verschiebung der Stromstärke gegen die Spannung.) Die Erregung des Feldes wird so eingestellt, dass die Maschine bei Nulllast einen stark zurückbleibenden Strom empfängt, während bei Volllast und Ueberlastung der Strom der Spannung vorauseilt, so dass bei mittlerer Belastung des Umformers (z. B. 75 % der Vollast) Strom und Spannung in Phase und der Leitungsfaktor = 1 ist. In jeder Phase der Drehstrom-Nieder-

spannungsleitungen liegt eine Drosselspule, die eine Veränderung der Spannung entsprechend der Phasenverschiebung herstellt.

In manchen Fällen genügt die selbstthätige Spannungsregelung der Umformer nicht, sondern man will bei starker Belastung des Netzes die Spannung an den Gleichstrom-Sammelschienen wesentlich erhöhen. Man hat für diesen Fall eine Handregelung der Drehstromspannung vorgesehen, indem in jeder Phase der Niederspannungs-Stromkreise eine Spule mit Hauptstrom- und Nebenschlusswicklung eingeschaltet ist. Innerhalb dieser Spule ist ein weicher Eisenkern (Anker) drehbar angeordnet. Durch dessen Bewegung wird die gegenseitige Induktion zwischen beiden Wicklungen verändert und dadurch auch die Spannung. Diese Art der Regelung ist auch bei Nebenschlusswicklung des Umformers anwendbar.

Dem gleichen Zweck der Erhöhung der Gleichstromspannung dient auch wohl eine kleine Zusatzmaschine, die auf der Umformerwelle sitzt und nach Bedarf mit dem Umformer in Reihe geschaltet wird.

Motorgeneratoren findet man trotz ihres geringeren Wirkungsgrades an Stelle der Drehumformer bisweilen angewandt, um bei sehr weiten Kraftübertragungen die unangenehmen Rückwirkungen der Drehumformer aufs Netz zu vermeiden, und um in der Wahl der Periodenzahl unabhängig zu sein von einer Rücksicht auf die nur einen Theil des Energiebedarfs ausmachenden Bahn-Unterstationen.

Die Motorgeneratoren der Bahn Seattle-Tacoma, von 300 KW Leistung, bestehen aus einem Zweiphasen-Induktionsmotor für 2200 Volt Spannung und 60 Perioden, 16 polig, und einem unmittelbar damit gekuppelten Doppelschluss - Gleichstromerzeuger für 600 Volt Spannung. Die Umdrehungszahl ist 450, der Wirkungsgrad 88 %.

Pufferbatterien.

Die durch die Regelung der Umformer bei stark wechselnden Belastungen entstehenden Phasenverschiebungen im Drehstromnetz bringen für das Hauptkraftwerk die Schwierigkeit mit sich, bei dem wechselnden Leistungsfaktor die Spannung gleichmässig zu halten. Aus diesem Grunde, und um die Maschinen und Leitungen nicht wesentlich stärker bemessen zu müssen, hat man zur Erzielung gleichmässiger Belastung die Unterstationen in

---

[1]) A. C. Eborall, Some Notes on Polyphase Substation Machinery, Street Railway Journal 1901. I, S. 393.

der Regel, wenigstens in allen neueren Ausführungen, mit Pufferbatterien versehen.

Die Grösse der Batterien, auf einstündige Entladung bezogen, schwankt zwischen 1/4 und der vollen Maschinenleistung der Unterstation. Als Entladespannung gilt 2,05 Volt, danach wird also die Zahl der Zellen bemessen. Da, wenn die Ladung der Batterie unmittelbar durch die Umformer erfolgt, die Spannung zu diesem Zweck wesentlich erhöht werden müsste, wodurch sich wieder alle Schwierigkeiten der Spannungsregelung einstellen, wendet man neuerdings die wohl zuerst in Deutschland (von Siemens & Halske) angegebenen umkehrbaren Zusatzmaschinen (differential booster) an, die beim Laden zwischen Umformer und Batterie geschaltet die Ladespannung erhöhen, beim Entladen mit der Batterie in Reihe geschaltet die Entladespannung vergrössern. Die Leistung des Generators der Zusatzmaschine wählt man zu 1/10 der Leistung der Batterie bei einstündiger Entladung, die Leistung des (Gleichstrom-) Motors meist nur 1/1,3 so stark, da die Höchstwerthe der Stromstärke und der zwischen 50 und 100 Volt veränderlichen Spannung des Generators nie zusammentreffen.

Die Batterien bieten zugleich den Vortheil, dass sie zu Zeiten geringerer Belastung des Nachts die Stromlieferung allein übernehmen können, so dass man das Hauptkraftwerk ausser Betrieb setzen kann. Die Ruhepause wird zum Reinigen der Transformatoren und Umformer und der Schaltanlagen im Hauptkraftwerk (mittelst Druckluft) benutzt. (Diese Reinigung geschieht z. B. im Metropolitan-Kraftwerk einmal wöchentlich.)

Gesamtanordnung der Unterstationen.

Abb. 191 stellt schematisch die innere Einrichtung einer städtischen Unterstation dar (Buffalo). Die Umformer und die Transformatoren sind in zwei parallelen Reihen angeordnet, so dass gegenüber jedem Umformer seine drei Transformatoren stehen. Unter den Transformatoren geht ein Kanal entlang, der die Hochspannungskabel enthält und zur Zuführung des Kühlungswindes dient; dieser wird in einer Gebläsemaschine erzeugt, die am Ende der Transformatorenreihe steht und durch einen kleinen Gleichstrommotor angetrieben wird. Am Ende der Umformerreihe befindet sich ein Motorgenerator zum Anlaufen.

An der kurzen Wand ist die Bedienungstafel für Handschaltung der Drehstromseite und das Schaltbrett für die Gleichstromkreise vereinigt. Die Oelschalter sind auf einer Empore hinter dem Schaltbrett angebracht; dort münden die Hochspannungskabel ein und befinden sich die Transformatoren für den Motorgenerator und für die Drehstrom-Messgeräthe. In der Kammer darunter, hinter dem Schaltbrett, ist ein kleiner Druckluftbehälter angebracht zum Ausblasen der Maschinen, der von der Gebläsemaschine gespeist werden kann. Eine Pufferbatterie ist hier nicht angewendet, da sich eine

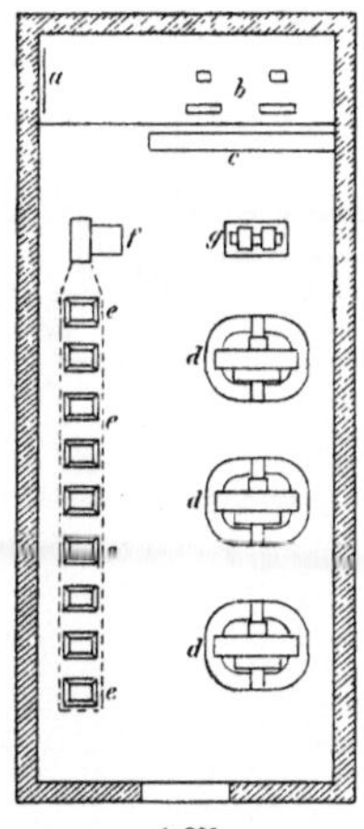

a. Einmündungsstelle der Hochspannungskabel,

b. Messtransformatoren und Oelschalter,

c. Schaltbrett,

d. Umformer,

e. Transformatoren,

f. Gebläsemaschinen,

g. Motorgenerator.

1:300.
Abb. 191. Unterstation in Buffalo.

Leistungsbatterie an anderer Stelle des Netzes befindet. Sonst liegt die Pufferbatterie im Obergeschoss der Unterstation.

In Abbildung 192 sind die Einzelheiten einer Drehstrom-Schalteinrichtung für Handschaltung (Unterstation der Bahn Albany-Hudson) dargestellt. Zunächst der Wand liegen die Hochspannungssammelschienen, Kupferdrähte, mit Oeltaft isolirt und von Hartgummirosetten getragen, die an dünnen Wänden von gepresster Fiber befestigt sind. Davor liegen die Oelschalter, in der üblichen gemauerten Kammer, deren Decke und Boden hier durch Specksteinplatten gebildet sind. In den von den Oelschaltern nach den Transformatoren führenden Kabeln liegen besondere Schmelzsicherungen, da die Oelschalter hier nicht als selbstthätige Stromunterbrecher wirken. Die Bedienungstafel schliesst den Schalter-

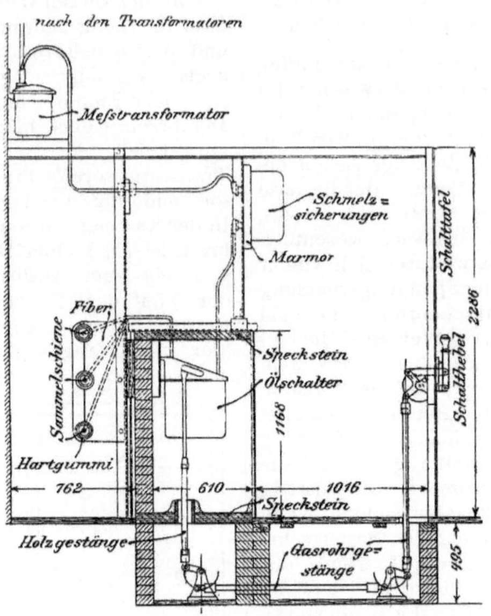

Abb. 192. Schaltanlage einer Unterstation der Bahn Albany—Hudson.
Aus: Street Railway Journal 1901.

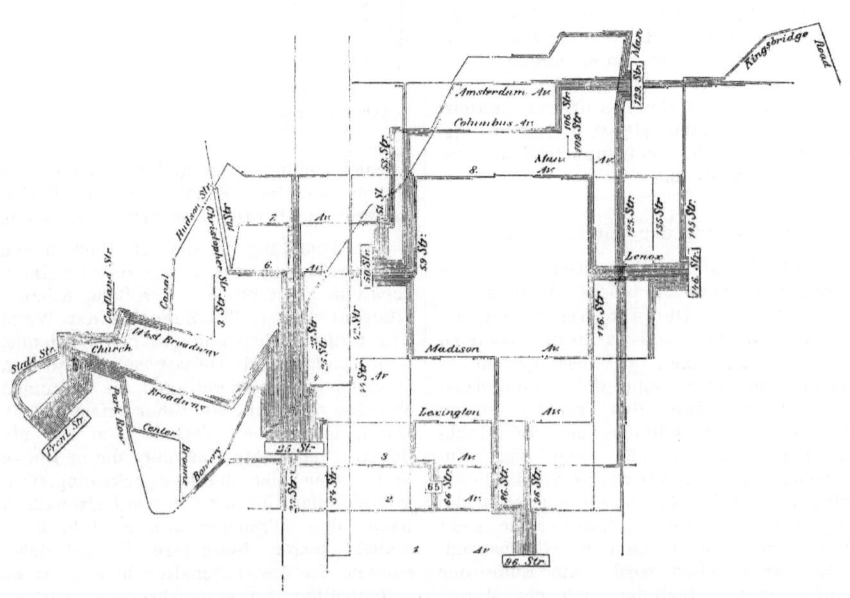

Abb. 193. Gleichstrom-Vertheilungsleitungen der Metropolitan-Strassenbahn.

bau vorn ab. In das zur Bewegung der Schalter dienende Gestänge ist ein kurzes Holzstück eingeschaltet.

Der Gesamtwirkungsgrad der Kraftübertragung der Metropolitanbahn zwischen den Sammelschienen des Kraftwerks und der Unterstationen wird i. M. zu 90 bis 91 % angegeben (wobei die Verluste in den Hochspannungsleitungen allein je nach der Entfernung 3 bis 7 % betragen sollen).

Die Baukosten der Unterstationen werden zu folgenden Sätzen für das Kilowatt veranschlagt:

a. Unterstation ohne Batterie, ausschliesslich Gebäude . . . . . 150 M.
   Gebäude dazu . . . . 21 M.
b. Batterie für einstündige Entladung, ausschl. Gebäude . . . 340 M.
   umkehrbare Zusatzmaschine (für ihre Leistung) . . . . . 128 M.

Die Bedienung der 7 Unterstationen des Metropolitan-Bahnnetzes von zusammen 27 000 KW Leistung erfolgt durch zusammen 60 Personen bei zwei- bis dreifacher Besetzung.

Gleichstrom-Vertheilungsnetz.

Die Gleichstrom-Vertheilungsleitungen des Metropolitan-Bahnnetzes sind in Abb. 193 dargestellt. Die nach den Speisepunkten führenden Kabel haben je einen Kupferquerschnitt von 645 qmm. Von da aus werden die einzelnen kurzen Speisestrecken der unterirdischen Stromzuführung mittelst sogenannter Hilfskabel von 325 qmm Querschnitt gespeist.

Bei der Manhattan-Hochbahn ist die Einrichtung getroffen, dass bei Ausserbetriebsetzung einer Unterstation die betreffende Speisestrecke Strom von den benachbarten Unterstationen erhält, natürlich bei entsprechendem Spannungsverlust.

Siebenter Abschnitt.

Betriebsanlagen (Hochbauten).

1. Allgemeines.

Die baulichen Anlagen für den Betrieb zerfallen in 3 verschiedene Gruppen:
1. Betriebsbahnhöfe,
2. Werkstätten,
3. Magazine.

Die Betriebsbahnhöfe dienen:

a) zur Unterbringung der zur Nachtzeit nicht gebrauchten Betriebswagen, zu ihrer Reinigung und täglichen Untersuchung, wobei zugleich kleinere, im Betriebe oder bei der Untersuchung gefundene Schäden beseitigt werden,

b) zur Aufspeicherung der während eines Betriebszeitraums nicht gebrauchten Wagen, d. h. der offenen Wagen im Winter, der geschlossenen Wagen oder doch eines Theiles derselben im Sommer,

c) zur Unterbringung der sonst noch erforderlichen Fahrzeuge, Sprengwagen, Schneepflüge, Hilfswagen, Geräthschaftswagen u. s. w.

In Ergänzung der mit den Betriebsbahnhöfen verbundenen kleinen Betriebswerkstätten dient die Hauptwerkstatt:

a) zur regelmässigen Hauptuntersuchung der Betriebsmittel; diese findet bei den verschiedenen Gesellschaften in Abständen von 2 bis zu 6 Betriebsmonaten statt,

b) zur Abstellung grösserer Schäden an den Wagen, insbesondere nach Betriebsunfällen,

c) zum Umbau älterer Wagen, deren Einrichtung nicht mehr zweckmässig ist,

d) zum Neulackiren,

e) u. U. zum Neubau von Wagen,

f) zur Unterhaltung der Bahnanlagen (Oberbau, Stromleitung, Kabelnetz, Kraftwerke u. s. w.).

------

1) S. Zeitschrift für Kleinbahnen, 1902, S. 694.

Das Magazin dient zur Aufbewahrung und Ausgabe:

a) der Betriebsmaterialien,

b) der Werkstattsmaterialien,

c) der Oberbau- und Stromleitungsmaterialien,

d) der Materialien zur Unterhaltung des Kraftwerks und des Kabelnetzes.

Mit Rücksicht auf ihren erheblichen Raumbedarf liegen die Betriebsanlagen in der Regel in den Aussenbezirken der Stadt, wo der Bodenwerth geringer ist. Werkstatt und Magazin bedürfen womöglich eines Eisenbahnanschlusses zur bequemen Anfuhr des Holzes und sonstiger Materialien.

Die gegenseitige Anordnung der Betriebsanlagen ist wesentlich verschieden, je nach der Grösse des Netzes und den besonderen örtlichen Verhältnissen.

1. Bei kleineren Netzen sind alle 3 Anlagen an einer Stelle vereinigt.

2. Bei etwas grösseren Netzen (200 bis 300 Wagen) sind 2 bis 3 Betriebsbahnhöfe vorhanden und Werkstatt und Magazin mit dem grössten Betriebsbahnhof verbunden. In Syracuse N. Y. (etwa 200 Wagen) ist die Anordnung so getroffen, dass der grössere Betriebsbahnhof zugleich zur Aufspeicherung der nicht gebrauchten Wagen dient und die Holzbearbeitungs- und Lackirwerkstatt enthält, in dem kleineren Betriebsbahnhof aber die übrigen Werkstattsräume (für Arbeiten an den Untergestellen und der elektrischen Ausrüstung) und das Magazin eingerichtet sind.

3. In allen anderen Fällen kann als Regel betrachtet werden, dass die einzelnen über die Stadt vertheilten Wagenschuppen (für je 100 bis 400 Wagen) jeder lediglich eine Betriebswerkstatt und daneben ein kleines Magazin für Betriebs-

materialien enthalten, während eine besondere, meist mit dem Hauptmagazin verbundene Hauptwerkstatt an passender Stelle des Netzes gelegen ist.

Bei der Metropolitan-Strassenbahn in New-York hat man, besonders mit Rücksicht auf schon bestehende, zum Theil noch aus der Zeit des Pferdebetriebs stammende Anlagen von der Erbauung einer Hauptwerkstatt abgesehen und statt deren mehrere Einzelwerkstätten an die grösseren Betriebsbahnhöfe angegliedert; diese Werkstätten führen zum Theil alle Arbeiten an den dem betreffenden Betriebsbahnhof überwiesenen Wagen aus, zum Theil sind ihnen bestimmte Arbeiten an der Wageneinrichtung zugewiesen. Zum Beispiel sind die sonst einer Hauptwerkstatt zufallenden Arbeiten, nach Eisenbearbeitung, Holzbearbeitung und elektrischer Abtheilung getrennt, an drei verschiedenen Stellen untergebracht. Die regelmässige Untersuchung der Wagen geschieht womöglich in dem Wagenschuppen, dem sie zugehören, unter weitgehender Verwendung der dort auf Lager befindlichen Ersatztheile.

Das Hauptmagazin[1]) ist an der 49. Strasse und Achten Avenue gelegen; es ist ein dreistöckiges Gebäude, in dessen Untergeschoss die Unterfahrten für Strassenfuhrwerk und Strassenbahn - Beförderungswagen und das Lager für schwere Gegenstände, in dessen beiden Stockwerken die übrigen Lagerräume sich befinden.

Die Beförderung der Materialien und Ersatztheile (ausgewechselten Motoren u. s. w.) zwischen Haupt- und Nebenmagazinen, sowie zwischen den Haupt- und den Betriebswerkstätten geschieht allgemein in besonderen Triebwagen, die nach Art geschlossener Güterwagen gebaut sind. In den Längswänden enthalten sie eine Schiebethür und im Inneren einen Auslegerkrahn, dessen Arm aus der Thüröffnung herausgedreht werden kann und zum Aus- und Einladen schwerer Lasten Verwendung findet.

2. Betriebsbahnhöfe.

Mit Vorliebe ist je ein Betriebsbahnhof an die (zusammengefassten) äusseren Endpunkte einer Anzahl Linien gelegt worden, wodurch er in nähere Beziehung zu dem Fahrdienst kommt und Leerfahrten mög-

lichst vermieden werden. Die regelmässigen Wagenfahrten gehen dann unmittelbar vom Betriebsbahnhof aus.

Der Betriebsbahnhof zerfällt in folgende Theile:

a) die Gleisanlagen, die sich wieder nach Reinigungs-, Untersuchungs-, Ausbesserungs- und Aufstellgleisen gliedern,

b) die zur Unterhaltung dienenden Nebenräume der Betriebswerkstatt und des Nebenmagazins,

c) die für den Betriebsdienst erforderlichen Bureau- und Aufenthaltsräume.

In der Regel werden die Gleisanlagen vollständig überdacht, so dass ein ausgedehnter Wagenschuppen entsteht, an den dann die übrigen Räume angelehnt oder in den sie eingebaut sind.

Der Betriebsbahnhof Gates Lane der Strassenbahn in Worcester, Mass. (Abb. 194), kann als ein Beispiel für die Gesamtanordnung gelten. Der Wagenschuppen nimmt den grössten Theil des unregelmässig gestalteten Grundstücks ein; er ist für 110 Wagen berechnet; seine einzelnen Theile sind durch Zwischenwände begrenzt. Der rückwärtige Theil des Gebäudes dient zur Aufstellung der nicht gebrauchten Wagen und enthält die Untersuchungshalle, deren 7 Gleise mit Gruben ausgerüstet sind. Eins dieser Gleise dient als Ausbesserungsgleis, es fasst 4 Stände und führt in die Betriebswerkstatt. Vor dem rückwärtigen Raum liegt eine Schiebebühne. Der Vordertheil des Gebäudes dient zur Aufstellung und Reinigung der Wagen, ein besonderer Waschraum ist abgegrenzt mit 4 Schienen, von denen die beiden mittleren als Waschgleis oder die beiden äusseren Paare als Aufstellungsgleise benutzt werden können.

Die Wagen kommen in der Regel zuerst nach der Untersuchungshalle, werden dort nachgesehen, und wenn sie Schäden zeigen, in das Ausbesserungsgleis gestellt, dann kommen sie in den vorderen Theil des Schuppens, werden dort gereinigt und zur Abfahrt bereit gestellt.

In einem Anbau befinden sich die Betriebsräume, Umkleideräume[1]) für Schaffner und Fahrer, Kassenraum, Zimmer des Streckenbetriebsleiters und, als Erker ausgebaut, der Raum des „Diensthabenden" (starter), der die Abfahrt und den Fahrplan der Wagen regelt.

---

[1]) Mit dem Magazin ist ausserdem das Fundbureau verbunden.

[1]) Umkleideräume sind in allen Betriebsbahnhöfen deshalb nothwendig, weil es in Amerika im allgemeinen nicht üblich ist, dass die Beamten den Weg von und nach der Dienststelle in Uniform zurücklegen.

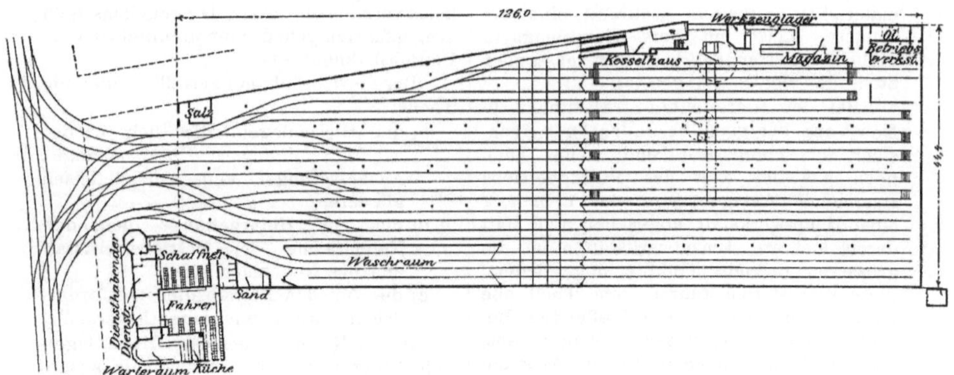

1 : 1000.

Abb. 194. Gates Lane-Betriebsbahnhof der Strassenbahn in Worcester. Mass.

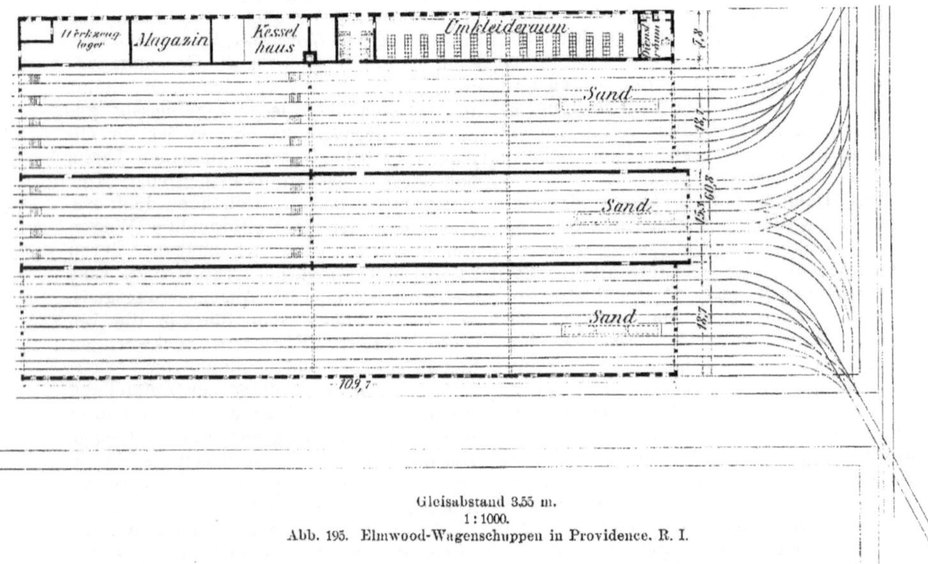

Gleisabstand 3,55 m.
1 : 1000.
Abb. 195. Elmwood-Wagenschuppen in Providence. R. I.

Abb. 195 zeigt den Betriebsbahnhof Elmwood Avenue in Providence, der für 140 Wagen bestimmt ist und als Regelanordnung gelten kann. Die Nebenräume nehmen eine Längswand des Gebäudes ein. Die Gleise enden hinter dem Gebäude in einer Schiebebühne. Eine besondere Betriebswerkstatt ist nicht angelegt worden.

Abb. 196 stellt einen grösseren Betriebsbahnhof in Brooklyn dar (für 314 geschlossene oder 296 offene Wagen), bei dem zum ersten Male der Versuch gemacht ist, ohne Ueberdachung der Aufstellungsgleise auszukommen. Doch sind die Umfassungswände so stark angelegt, dass sich das Dach nachträglich leicht anbringen lässt. Zunächst der Einfahrt befindet sich die geschlossene Untersuchungs- und Ausbesserungshalle für 32 Wagen, mit Betriebswerkstatt und Nebenräumen. Die Verwaltungsräume liegen in einem Obergeschoss über der Einfahrt.

Mehrgeschossige Betriebsbahnhöfe hat man überall da angelegt, wo der hohe Grunderwerbspreis zur möglichsten Ausnutzung der Bodenfläche zwang, insbesondere in New-York. Mit Vorliebe hat man die mehrstöckigen Wagenschuppen in geneigtem Gelände erbaut, um jedem Geschoss eine unmittelbare Einfahrt geben zu können;

zu einer dreistöckigen Anlage ist demnach ein Höhenunterschied von etwa 10 m erforderlich.

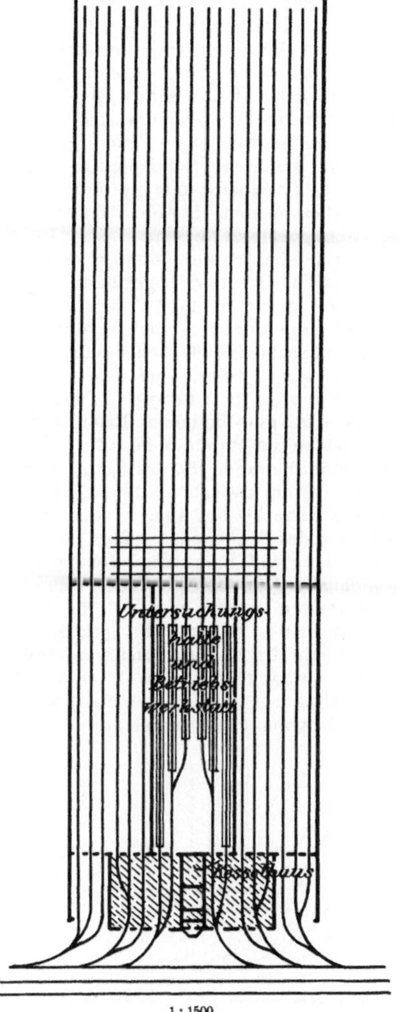

1 : 1500.

Abb. 196. Betriebsbahnhof in Brooklyn.

Abb. 197 zeigt einen Schuppen der Brooklyner Strassenbahn an der Fünften Avenue, der in drei Geschossen Raum für 700 Wagen bei 10 km Gleislänge enthält. Die unteren Stockwerke sind naturgemäss ziemlich dunkel, da die Schuppen aber hauptsächlich des Nachts gebraucht werden, spielt die Tagesbelichtung keine grosse Rolle.

Wo das Gelände eine unmittelbare Einfahrt in die oberen Geschosse nicht erlaubt, müssen diese durch Aufzüge und Schiebe-

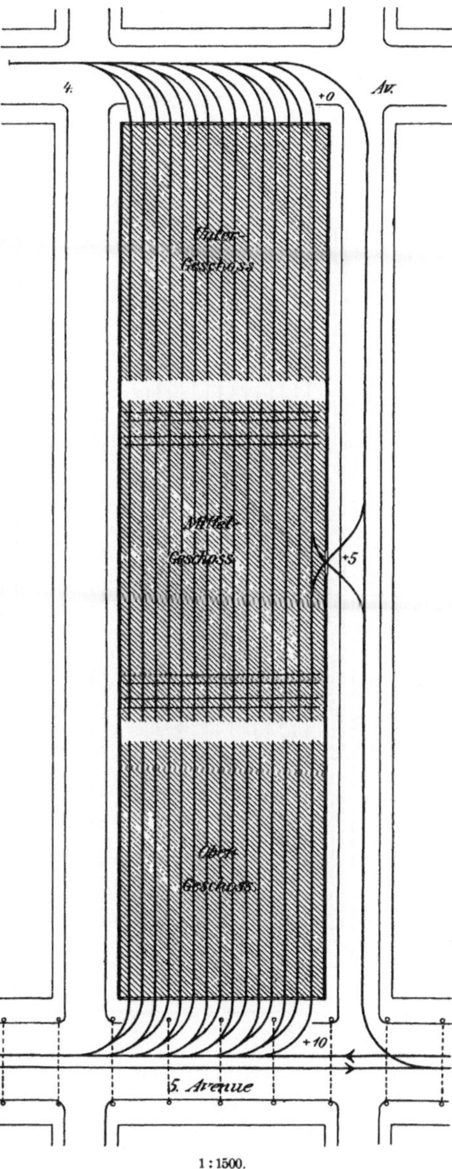

1 : 1500.

Abb. 197. Wagenschuppen an der 5. Avenue in Brooklyn.

bühnen zugänglich gemacht werden. Nach diesen Grundsätzen ist der vierstöckige Schuppen der Metropolitan-Strassenbahn in

New - York an der 146. Strasse und 7. Avenue, Abb. 198, und der dreistöckige derselben Gesellschaft an der 96. Strasse angelegt worden. Die oberen Geschosse

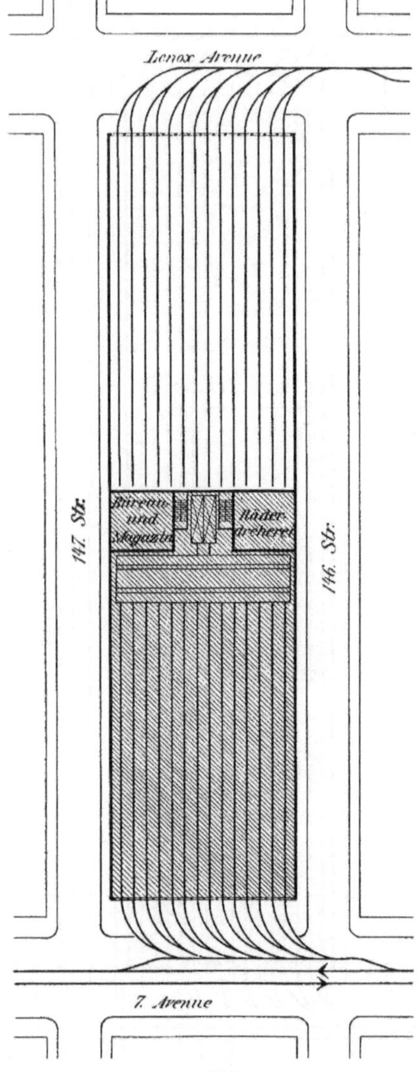

1 : 1500.

Abb. 198. Wagenschuppen mit Theilwerkstatt an der 146. Strasse und 7. Avenue in New-York.

dienen besonders zum Aufstellen der zur Zeit nicht gebrauchten Wagen. An das mehrstöckige Gebäude des dargestellten Betriebsbahnhofs stösst Rücken an Rücken

ein eingeschossiger Wagenschuppen, der von der Lenox-Avenue aus zugänglich ist.

Bauweise der Wagenschuppen.

Die Mehrzahl der Wagenschuppen ist heute noch aus Holz, doch werden die neu zu erbauenden Schuppen stets massiv angelegt, nachdem durch häufige Brände zum mindesten in jedem Falle lästige Betriebsstörungen verursacht worden waren. Zur weiteren Verminderung der Feuersgefahr hat man die massiven Schuppen in der Regel durch Zwischenwände in sich getheilt, wie dies an dem in Abb. 195 dargestellten Schuppen zu ersehen ist. Die Dachbinder sind bei den steinernen Schuppen stets aus Eisen. Trotz der geringen Bedeutung der Tagesbelichtung hat man häufig Oberlichter angeordnet. Dabei werden in Amerika senkrechte Glasflächen bevorzugt, die leichter rein zu halten sind.

Der Oberbau im Schuppen besteht fast stets aus gewöhnlichen Eisenbahnschienen leichteren Profils ohne Rille. Die Gleisabstände betragen 3,2 bis 3,6 m; nur wo Säulenreihen zwischen den Gleisen stehen, geht man bis auf 4 m. Wenn möglich, erhält jedes Schuppengleis eine besondere Einfahrt; will man diese Schuppengleise nicht von dem durchgehenden Hauptgleis abzweigen lassen und ist für ein besonderes drittes Gleis nicht genügend Entwicklungsbreite bis zur Schuppenwand vorhanden, so hat man auch wohl eine Art Gleisverschlingung, Abb. 199, zur Abzweigung der Schuppengleise angelegt.

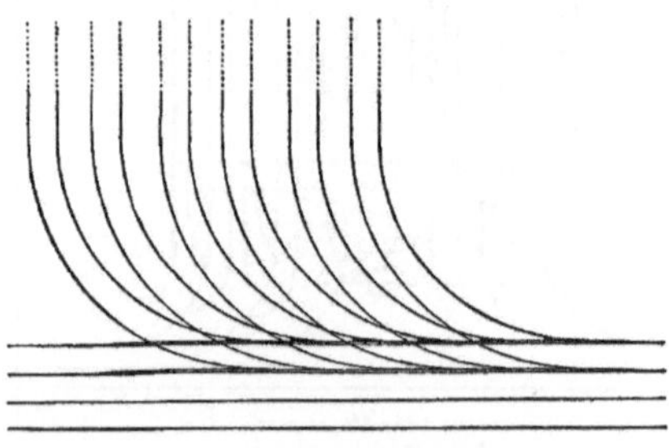

Abb. 199. Gleisverschlingung für die Einfahrtgleise eines Wagenschuppens.

Die Einfahrtsöffnungen werden durch Klapp- oder Schiebethore, und neuerdings mit gutem Erfolge durch Rollläden (wie an Schaufenstern) verschlossen, die sich nach oben schieben lassen und mit Gegengewichten ausgestattet sind.

Wie aus den Abb. 194 und 195 ersichtlich, ist etwa $1/_3$ der Gleislänge der Schuppen mit Gruben versehen. In den Schuppen der Metropolitan-Strassenbahn befinden sich in jedem Gleis zunächst der Einfahrt eine Untersuchungsgrube, am stumpfen Ende eine Ausbesserungsgrube, dazwischen die Reinigungs- und Aufstellungsstände. Die Grubentiefe schwankt zwischen 1,37 und 1,6 m; in den neueren Ausführungen ist die geringere Tiefe bevorzugt. Bisweilen beschränken sich die Gruben auf den Raum zwischen den beiden Schienen eines Gleises, man findet aber auch häufig eine vollständige Unterkellerung des zwischen den Gleisen gelegenen Raumes. In diesem Fall werden die Gleise gewöhnlich durch Holz unterstützt, Abb. 200. Die Langschwellen,

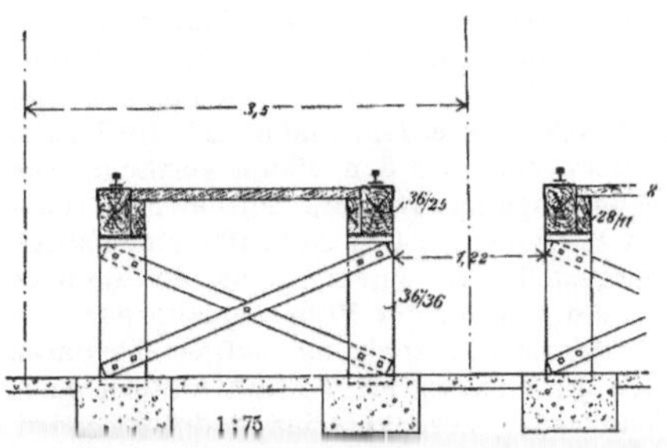

Abb. 200. Gleisgrube im Wagenschuppen. Holzunterbau.

aus Quadranteisen, die in Abständen von 2 m stehen. Die besonders schweren Schienen tragen sich von Säule zu Säule frei. Man hat hier das ganze Gebäude unterkellert, auch den Theil, in dem sich keine Grubenöffnungen befinden.

Neben der Ausbesserungsgrube in dem in Abb. 194 dargestellten Wagenschuppen sind zwei schmale Gruben von halber Tiefe

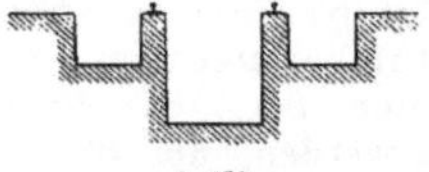

1 : 150.

Abb. 202. Anordnung der Gruben im Gates Lane-Betriebsbahnhof (Abb. 194).

angeordnet (Abb. 202), um die Arbeiten an den Achsbuchsen besser ausführen zu können.

Wo unterirdische Stromzuführung in Anwendung ist, gehen die Schlitzschienen und Stromleitungsschienen vor dem Beginn der Grube allmählich gabelförmig auseinander; die Verschiebung der Wagen über der Grube erfolgt derart, dass ein doppeladriges stromführendes Kabel mit seinem auseinander gebogenen Ende beiderseits an die Stromabnehmerplatten gelegt wird.

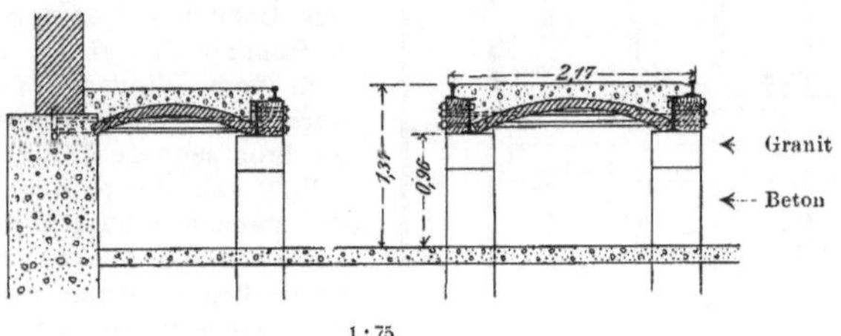

1 : 75.

Abb. 201. Gleisgrube eines Wagenschuppens. Gemauerter Unterbau.

welche die Schiene tragen, und der den Fussboden bildende Bohlenbelag sind für sich auswechselbar. Abb. 201 zeigt einen massiven Unterbau, aus dem in Abb. 195 dargestellten Wagenschuppen. Auch hier ist zum Tragen der Schiene eine auswechselbare Holzlangschwelle verwandt. Der Abstand der unterstützenden (Holz- oder Stein-) Pfeiler ist in jedem Falle zu 3 m angenommen. In einem Wagenschuppen der Chicago City-Railway hat man eine eiserne Unterstützung angewendet. Die Schienen ruhen unmittelbar auf Säulen

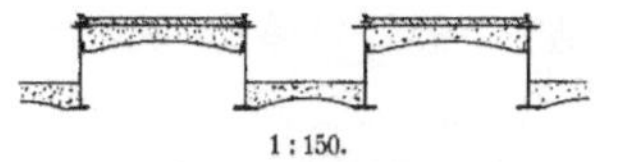

1 : 150.

Abb. 208. Deckenbildung im Wagenschuppen an der 146. Strasse in New-York (Abb. 198).

In den nur zur Aufstellung dienenden oberen Stockwerken der Metropolitan-Wagenschuppen hat man sich darauf beschränkt, den Fussboden zwischen den Schienen soviel tiefer zu legen, dass der Stromabnehmerpflug genügend Raum findet (Abb. 203).

Bei den Anlagen mit Holzunterbau besteht der Fussboden über dem unterkellerten Theil aus Holzbohlen, wie in Abb. 200 dargestellt wurde. Der nicht unterkellerte Theil hat dann Holzklotzpflaster. Bei den steinernen Schuppen hat man den Fussboden meistens als Zementestrich oder einfach aus Beton hergestellt. Die Waschgleise erhalten natürlich stets einen Betonfussboden.

Die Ausbesserungsstände werden häufig mit Hebezeugen ausgerüstet, wie sie weiter unten bei den Werkstätten beschrieben werden, um die Wagenkästen hochheben und die Achsen oder Drehgestelle lösen zu können. Man rechnet auf je 100 Wagenstände eine Hebevorrichtung.

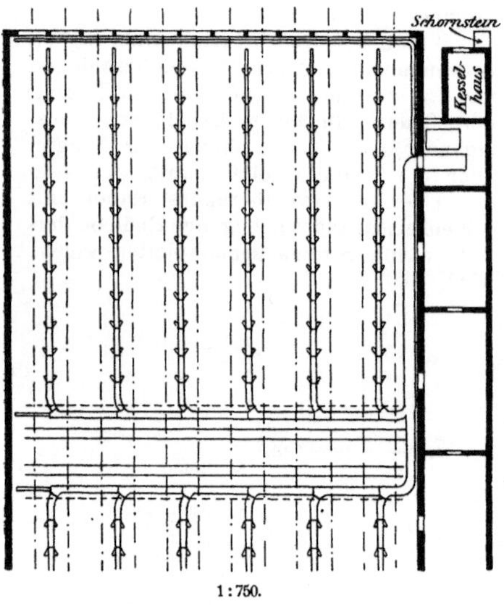

1 : 750.

Abb. 204. Beheizung von Wagenschuppen,
Bauart Sturtevant.

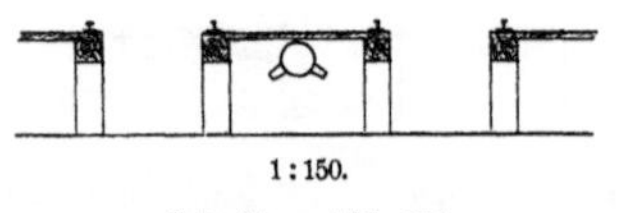

1 : 150.

Schnitt zu Abb. 204.

Die künstliche Beleuchtung der Schuppen geschieht durch Bogenlampen im Schuppenraum und Glühlampen in den Gruben und den Unterkellerungen. Die Glühlampen sind an drehbaren Armen angebracht und werden, wenn nicht im Ge-

brauch, in Nischen der Tragwände oder unter die Längsbalken gelegt, um durch etwa herabfallende Gegenstände nicht verletzt zu werden.

Eine Beheizung der Wagenschuppen ist überall durchgeführt, einmal zur allgemeinen Erwärmung des Raumes, sodann zum Abthauen von Schnee und Eis und zum Austrocknen der Wicklungen der Motoren, in die beim Durchfahren von Wasserlachen und bei starkem Schneefall leicht Wasser, das die Isolation langsam zerstört, eindringt. Zum Austrocknen der Motoren sind auf dem flachen Boden zwischen den Schienen Dampfrohre in geringen Abständen angebracht. Die Beheizung selbst erfolgt durch Dampf oder heisse Luft. Bei der Dampfheizung sind die Heizrohre in den Gruben beiderseits neben den Fahrschienen angebracht; ausserdem sind nach Erforderniss Heizkörper über den Raum vertheilt. Die neuerdings angewandte Luftheizung (Bauart Sturtevant) ist in Abb. 205 schematisch dargestellt. In einem Anbau des Raumes ist ein senkrechter Röhrenheizkörper (wie für Warmwasserheizung) aufgestellt, durch den die zu erwärmende Luft mittelst eines Windrades gesaugt oder gedrückt wird. Die Erwärmung des Heizkörpers geschieht durch Dampf von 5 Atm. Spannung. Die Luft wird bei strenger Kälte dem Inneren des Schuppens entnommen, so dass ein Luftumlauf innerhalb des Raumes erfolgt. Von dem Windrade führt ein Hauptrohr quer durch den Schuppen, und aus diesem zweigen senkrecht Rohre geringeren Querschnitts ab, die parallel den Gleisen durch den ganzen Schuppen sich erstrecken und alle 3 m einen Auslass haben. Diese Seitenrohre liegen, wenn möglich, zwischen je zwei Gleisen an der Decke der Unterkellerung, so dass die warme Luft in den Grubenöffnungen aufsteigend zunächst die Unterfläche der Wagen trifft.

Mit der Heizanlage ist in der Regel eine Einrichtung zum Trocknen des Sandes verbunden, sowie eine Druckluftanlage; die Druckluft wird zum Reinigen der Sitzdecken und Matten, des Wageninnern und zum Antrieb der Hebezeuge gebraucht.

Die hölzernen Schuppen sind stets, die massiven meist mit einer Feuerlöscheinrichtung mittelst elektrisch angetriebener Pumpen versehen.

Neben den unbedingt nöthigen Bureauräumen enthalten die Betriebsbahnhöfe bisweilen besondere Aufenthaltsräume für das Fahrpersonal, die nach Art der in Amerika überall bestehenden „Klubhäuser für Eisenbahnangestellte" eingerichtet sind.

Ein Beispiel hierfür giebt der oben erwähnte neue Betriebsbahnhof in Brooklyn, wo im Obergeschoss des Verwaltungsgebäudes ein Hauptsaal, ein Lesezimmer, ein Billardraum und 2 Kegelbahnen, ausserdem Kleiderablage und Abort, angeordnet sind (Abb. 205).

11. Modellschuppen für Eisengussstücke, die ausserhalb gefertigt werden (Motorgehäuse o. ä.),
12. Räume für die Arbeiter (Aborte, Wasch- und Umkleideräume, Bäder).

Bisweilen fehlen einzelne dieser Abtheilungen, wenn die betreffenden Theile anderswo hergestellt werden; so befinden sich in manchen Städten, wie in Cleveland, private Reparaturwerkstätten für Motoren,

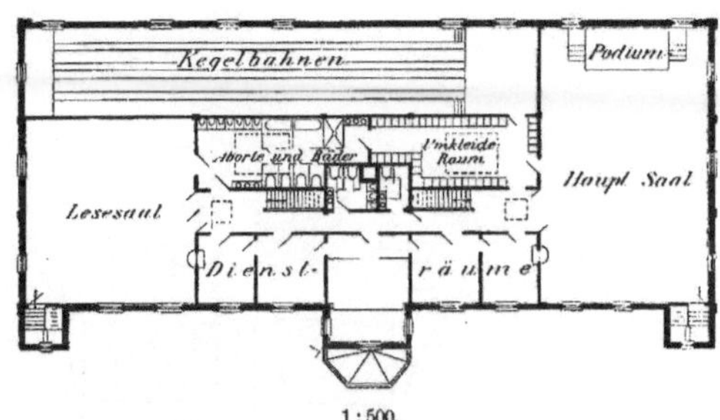

Abb. 205. Obergeschoss des Betriebsgebäudes der Abb. 196.

3. Werkstätten.

Eine vollständige Werkstätte umfasst folgende Abtheilungen:

1. Wagenhalle, in welcher der Zusammenbau und Arbeiten an den festen Theilen vorgenommen werden,
2. Werkzeugmaschinenraum für Eisenbearbeitung (Dreherei und Schlosserei) und Schmiede,
3. Holzbearbeitung,
4. Elektrische Abtheilung (Unterhaltung der Motoren — Feldspulen und Anker — und der Widerstände),
5. Kupferschmiede (Metallbearbeitung) und Gelbgiesserei (Unterhaltung der Lager für Achsen und Motoren der Fahrschalter, Stromabnehmerrollen u. s. w.),
6. Lackirerei (und Glaserei),
7. Sattlerei,
8. Kessel- und Maschinenhaus (Heizung, Erzeugung von Druckluft für Hebezeuge, Schmiedegebläse, Reinigung und Handwerkzeuge; Spanabsaugung),
9. Holzlager und Darre,
10. Oberbauwerkstatt, entweder als besonderer Theil der Eisenbearbeitungswerkstatt oder als getrennte Abtheilung,

denen die gesamte einschlägige Arbeit von sämtlichen elektrischen Bahngesellschaften der Stadt übertragen wird.

In der Regel dient die Hauptreparaturhalle sowohl den (Zusammenstellungs-) Arbeiten am Untergestell wie denen am Wagenkasten, doch wird die Anordnung auch so getroffen, dass die Arbeit am Wagenkasten im Holzbearbeitungsraum vorgenommen wird, der alsdann einige Gleise enthält. Man spart so die Beförderung der fertig bearbeiteten Holztheile, hat aber den Wagen von Halle zu Halle zu schaffen und muss ihn vorher lauffähig machen, also entweder den Wagenkasten auf ein besonderes Untergestell setzen oder Untergestell und Kasten nach einander in Stand setzen.

Die Räume werden mit Rücksicht auf die Beförderung der Materialien und der wiederherzustellenden und fertigen Stücke innerhalb der Werkstatt aneinander gereiht; in der Regel bildet die Wagenreparaturhalle den Mittelpunkt, um den sich die übrigen Räume legen, mit Ausnahme des besonders gelegenen Lackirraums.

Die Werkstätten sind in der Regel einstöckig angelegt, da die Bewegung der Lasten in senkrechter Richtung den Betrieb naturgemäss wesentlich vertheuert; nur in ganz grossen Städten (New-York) sind mehrstöckige Werkstätten hergestellt worden.

Bei den einstöckigen Werkstätten kann man folgende Raumanordnungen unterscheiden:

1. aufgelöste Form, lauter Einzelgebäude. Beispiel: Cincinnati, Abb. 206. Nur die Holzbearbeitungswerkstatt und Tischlerei sind an die Reparaturhalle angebaut. Die in die Gebäude hineinführenden Gleise

paraturhalle ist mit der Dreherei und der Wickelei zu einem Raum vereinigt; nur Magazin und Holzbearbeitung sind durch Wände abgetrennt. Dass Kesselraum, Schmiede und Kupferschmiede an den Lackirraum statt an die Reparaturhalle angebaut sind, erscheint nicht besonders zweckmässig. Auch ist die gegenseitige Lage von Holzlager und Holzbearbeitungswerkstatt ziemlich ungünstig;

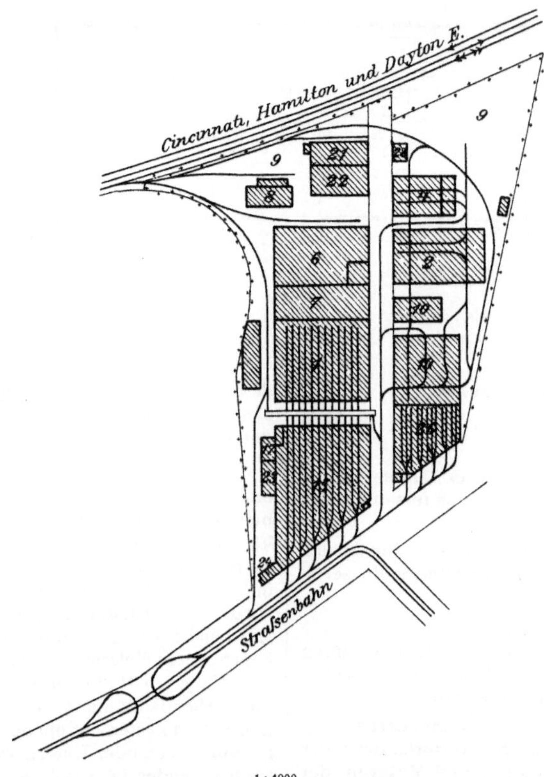

1 : 4000.

Abb. 206. Hauptwerkstatt in Cincinnati.
Die Bedeutung der Zahlen siehe auf S. 165.

sind sowohl an die Strassenbahngleise, als auch an das Eisenbahn-Anschlussgleis angeschlossen. Die Zufahrt zum Reparaturschuppen erfolgt mittelst Schiebebühne. An die Werkstatt stösst ein kleiner Betriebs-Wagenschuppen (für 40 Wagen);

2. Trennung in 2 Hauptgebäude; das eine enthält die Reparaturhalle, das andere den Lackirraum, je mit ihren Nebenräumen. Beispiel: Kansas City, Abb. 207. Die Re-

3. Vereinigung in einem Hauptgebäude, das die durch die Rücksicht auf Staubentwicklung, Feuersgefahr u. s. w. gebotenen Querwände enthält. Beispiel: Providence, Abb. 208. Die Arbeiten an den Wagenkasten geschehen hier in dem Raum, der die Holzbearbeitungsmaschinen enthält. Dieser wie die Schmiede liegen sehr zweckmässig zu dem grossen Hof, der die Eisenbahnzufuhrgleise und 2 Entladerampen,

sowie das Holzlager enthält. Die beiden Räume sind unterkellert, das Kellergeschoss enthält Lagerräume und besitzt besondere Zufahrten vom Hofe aus.

Ein Beispiel für eine Vereinigung von Betriebsbahnhof und Werkstatt zeigt enthält die Gleise für die Arbeiten an den Wagenkasten.

Als Beispiel einer mehrgeschossigen Hauptwerkstatt kann Brooklyn, Abb. 210, gelten. Im Erdgeschoss ist die grosse Reparaturhalle untergebracht mit den zuge-

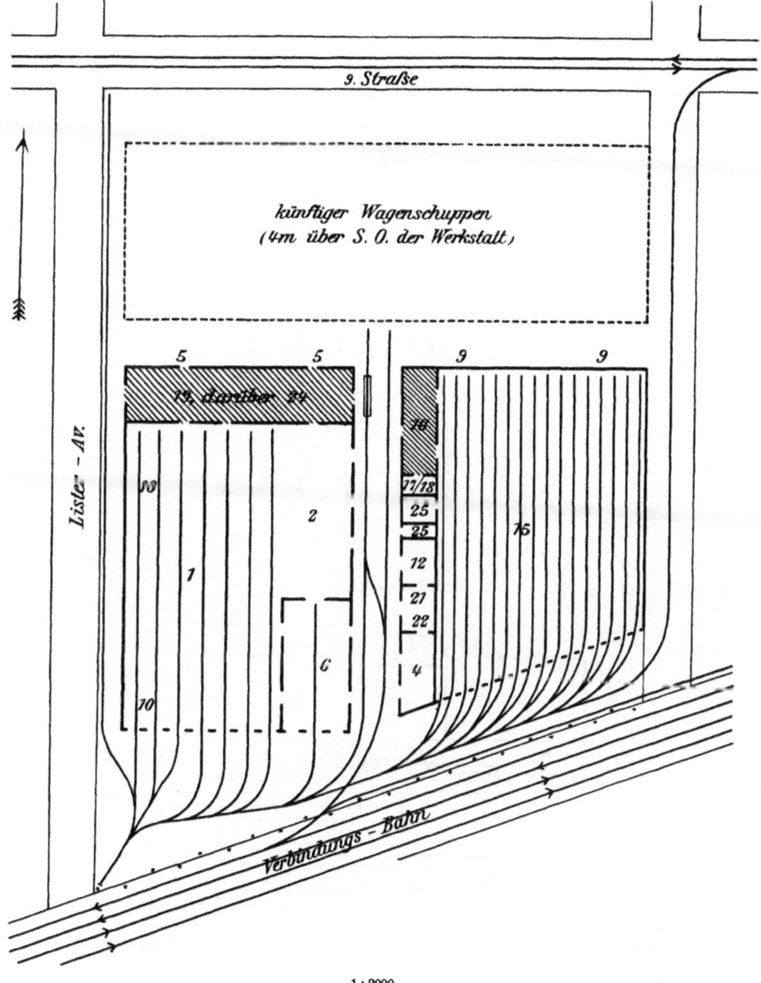

Abb. 207. Hauptwerkstatt in Kansas City.

Abb. 209 (Hartford). Die Wagenhalle ist getrennt nach Betriebswagen und zurückgestellten Wagen und enthält mehrere Zwischenwände. Der Holzbearbeitungsschuppen ist allein abseits gelegt, mit Rücksicht auf das Holzlager auf dem Hofe, und hörigen Lagerräumen, der angebauten Dreherei und Schmiede, im ersten Stock befindet sich einmal die Wickelei und weiter die Lackirwerkstatt; ein Wagenaufzug vermittelt die Verbindung zwischen beiden Stockwerken. Ausser den Strassenbahnwagen werden hier noch die beweglichen Theile der 600 Hochbahnwagen der Gesellschaft unterhalten.

Der viergeschossige Wagenschuppen mit Theilwerkstatt der Metropolitan-ersten Stock Magazin für leichtere Gegenstände und Mannschaftsräume, im zweiten Stock die Wickelei, im dritten Stock die Reparaturwerkstatt für Stromabnehmer und Untergestelle.

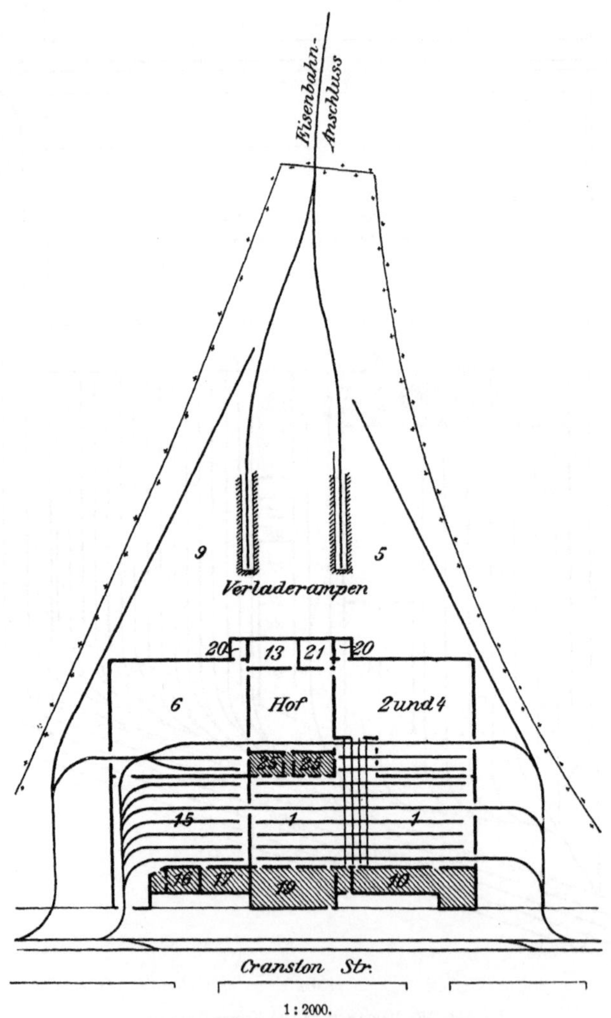

Abb. 208. Hauptwerkstatt in Providence, R. I.

Strassenbahngesellschaft in New-York an der 145. Strasse wurde in Abb. 198 dargestellt. Im Erdgeschoss befinden sich neben der Wagenhalle Bureau, Räderdreherei und Magazin für schwere Gegenstände, im

Die Grössenbemessung der Hauptwerkstatt im Verhältniss zum Wagenpark der Gesellschaft ist abhängig von der Höhe des Reparaturstandes und sodann davon, ob in der Werkstatt Wagenkasten für den eigenen Bedarf der Gesellschaft hergestellt werden (eigene Herstellung von Untergestellen und Ausrüstungstheilen ist ungebräuchlich); endlich auch von dem Umfang der den einzelnen Betriebswerkstätten zugewiesenen Arbeiten.

Für den durchschnittlichen Reparaturstand lassen sich allgemein giltige Zahlen nicht angeben: Bahnen in grossen Städten, mit zweiachsigen Wagen, nennen die Zahl von 10 %, während bei Strassenbahnen in Städten geringeren Fuhrwerksverkehrs,

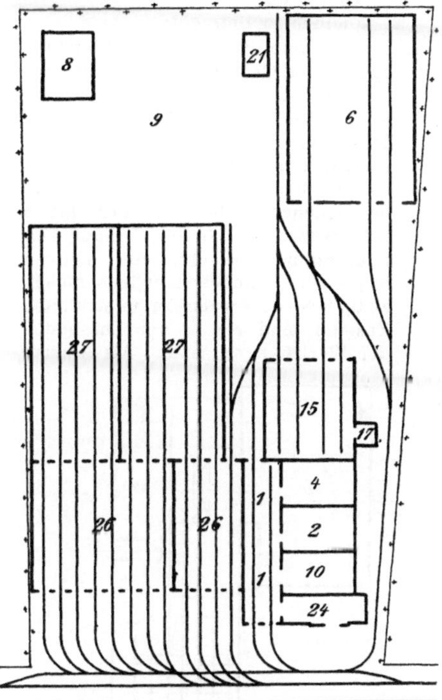

1 : 1500.

Abb. 209. Betriebsbahnhof und Werkstatt in Hartford, Conn.

insbesondere wenn sie ausschliesslich vierachsige Wagen benutzen, die Zahl bis auf 2 % heruntergehen soll.[1])

Der Bau von Wagenkasten für eigenen Bedarf ist bei den Strassenbahngesellschaften mittelgrosser Städte ziemlich verbreitet. Er bietet den Vortheil, einzelne unbedingt zu beschaffende, aber durch die Reparaturarbeiten nicht dauernd in Anspruch genommene Holzbearbeitungsmaschinen besser ausnutzen, vielleicht auch

die Arbeiter gleichmässiger beschäftigen zu können. Man sagt, dass die selbst hergestellten Wagen in der Regel zwar theurer, aber besser gebaut wären und daher geringere Unterhaltungskosten erforderten. Jedenfalls kann beim eigenen Bau der Betriebsmittel Rücksicht auf die besonderen Verhältnisse der Bahn genommen werden (z. B. wenn die Wagen sehr schnelles Anfahren und Bremsen aushalten müssen), besser als dies bei der Massenherstellung in den Wagenbauanstalten geschieht. Auch mögen die zeitweise starke Besetzung der Wagenbauanstalten und die daraus folgenden langen Lieferfristen bisweilen bestimmend auf die eigene Herstellung der Wagen hingewirkt haben.

Die Abmessungen der Räume in einigen vorher als Beispiel angeführten Werkstätten sind in der Zahlentafel (S. 165) zusammengestellt. Verhältnissmässig gross sind die Lackirräume. Auf ein tadelloses Aussehen der Wagen wird besonderer Werth gelegt, so dass ein häufiges Neulackiren (etwa alle Jahre) erforderlich wird.

Für die Anzahl der in den Werkstätten beschäftigten Arbeiter kann folgendes Beispiel gelten: Minneapolis, 600 Triebwagen, 400 Anhängewagen; Betriebswerkstätten beschränkt, in der Hauptwerkstatt findet ausserdem Bau und Zusammensetzung von neuen Wagen statt. Reparaturhalle: 31 Mann. Dreherei: 45 Mann. Schmiede: 26 Mann. Gelbgiesserei: 4 Mann. Wickelei: 13 Mann. Holzbearbeitung und Neubau von Wagenkasten: 74 Mann. Lackirerei: 13 Mann. Ausserdem 4 Vorarbeiter und 1 Werkstättenvorsteher. Zusammen 211 Personen. In einem Jahre wurden ausser den Ausbesserungsarbeiten 22 vierachsige Wagen neu hergestellt.

Die Zahl der Angestellten in der Hauptwerkstatt in Cincinnati schwankt zwischen 175 und 200 Mann.

Die Arbeiten werden fast durchweg im Stücklohn ausgeführt.

Innere Einrichtung der Werkstattsräume.

1. Reparaturhalle.

Die Entfernung der Gleise entspricht den für die Wagenschuppen gegebenen Zahlen. Da eine Aufstellung von Werkbänken und dergl. zwischen den Gleisen hierbei nicht möglich ist, müssen alle Theile nach dem Werkzeugmaschinenraum (Dreherei) oder der Wickelei geschafft werden. Nur in Kansas City, wobei beide Räume mit der Reparaturhalle unmittelbar vereinigt sind, hat man die Gleisentfernung

---

[1]) Ganz allgemein gilt der Satz: je grösser die Zahl der Achsen (und der Motoren) an einem Wagen, desto geringer der Reparaturstand.

11*

grösser (zu 7,32 m) gewählt und alsdann nicht nur die Werkbänke, sondern auch die Arbeitsmaschinen zwischen den Gleisen aufgestellt.

Die Schiebebühnen, wo solche nöthig sind, werden theils versenkt, theils unver-

später von einander getrennt. Bei vierachsigen Wagen wird zunächst das ganze Drehgestell vom Wagenkasten entfernt.

Zu dieser Trennung der zu untersuchenden oder auszubessernden Getriebe vom Kasten sind in jedem Falle besondere Hilfsmittel erforderlich, die man in Kastenhebevorrichtungen und Achsenversenkvorrichtungen trennen kann. Für vierachsige Wagen bilden Hebevorrichtungen, für zweiachsige Versenkvorrichtungen die Regel.

a) Kastenhebevorrichtungen.

Es kommen in Betracht:

1. feste Krähne, die an den Dachbindern oder festen Gerüsten aufgehängt sind und die 4 Ecken des Wagens mittelst je eines Seiles anheben,
2. Laufkrähne, die ebenso wirken (je 2 Laufkrähne für einen Wagen),
3. Hebeböcke. Abb. 211 zeigt einen gebräuchlichen Hebebock, der aus 2 beiderseits des Gleises befindlichen Langträgern besteht, die mittelst Kegel- und Schneckenantriebs gleichzeitig bewegt werden. Im unbenutzten Zustand sind sie in den Fussboden der Werkstatt versenkt. Als Antrieb

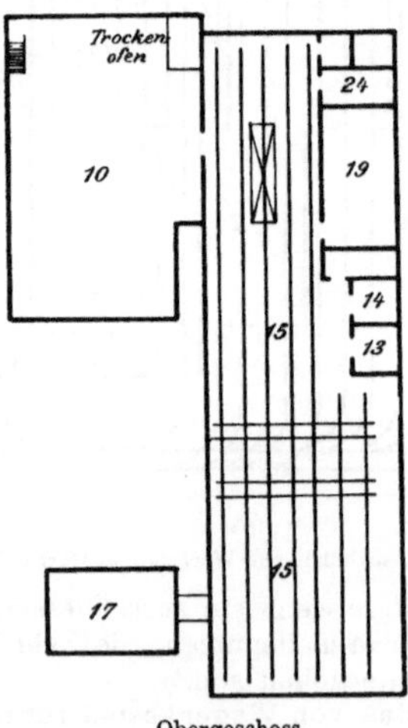

Abb. 210. Hauptwerkstatt in Brooklyn.

senkt ausgeführt und erhalten stets den Antrieb durch einen aufgesetzten Motor.

In der Regel werden die Achssätze und Motoren behufs Untersuchung und Ausbesserung vom Wagenkasten getrennt, während das Untergestell der zweiachsigen Wagen am Kasten verbleibt. Achssatz und Motor werden gemeinsam entnommen und

dient ein Motor von 25 PS Leistung. Um den Wagenkasten zu heben, werden Querbalken unter ihn gestreckt, die beiderseits auf den Langträgern des Hebebocks aufliegen.

b) Achsenversenkvorrichtungen.

Man unterscheidet:

1. Vorrichtungen, die gestatten beide

Zahlen in den Abbildungen 206 bis 210.

<table>
<tr><td>

1. Reparaturhalle.
2. Werkzeugmaschinenraum für Eisenbearbeitung (Dreherei).
3. Räderbearbeitung.
4. Schmiede.
5. Lager für schwere Gussstücke.
6. Holzbearbeitung.
7. Tischlerei.
8. Holzschuppen (und Darre).
9. Holzlager.
10. Wickelei (Elektrische Abtheil.).

</td><td>

11. Metallbearbeitung.
12. Kupferschmiede.
13. Sattlerei.
14. Glaserei.
15. Lackirschuppen.
16. Anstreichraum für kleinere Gegenstände.
17. Farblager.
18. Oellager.
19. Lagerraum (Magazin).
20. Werkzeugausgabe.

</td><td>

21. Kesselhaus.
22. Maschinenhaus.
23. Heizung.
24. Bureaus.
25. Mannschaftsräume (Kleiderablage, Waschräume, Aborte, Bäder).
26. Wagenschuppen für den Betrieb.
27. Wagenschuppen für zurückgestellte Wagen.
28. Pferdestall.

</td></tr>
</table>

In den Abbildungen 196—198, 207 und 208 sind die mehrgeschossigen Bautheile durch Schraffur gekennzeichnet.

Raumgrössen der Hauptwerkstätten.

(In Quadratmetern.)

Bezeichnung der Stadt	Cincinnati	Kansas City	Providence	Hartford	Brooklyn
Wagenzahl der Gesellschaft	1060 [1] [2]	800 [1]	560	180	3200 + 600 Hochbahnwagen
1. Reparaturhalle	3440	6550	2380	360	5240
2. Werkzeugmaschinenraum	2230	zu 1			940
3. Räderdreherei	zu 2	zu 1	1550 [3]	190	400
4. Schmiede	895	265		190	1820
5. Lager für schwere Gussstücke			im Freien		
6. Holzbearbeitung	2380	960	1720 [3]	1360 [3]	zu 1
7. Tischlerei	1430	—	—	—	—
8. Holzschuppen	520			200	
9. Holzlager			im Freien		
10. Wickelei	3540	zu 1	365	190	940
11. Metallbearbeitung	zu 10	zu 1	zu 2	zu 2	zu 2
12. Gelbgiesserei	zu 10	175	zu 2	—	—
13. Sattlerei	zu 6	zu 1	160	zu 6	55
14. Glaserei	zu 15	zu 16	85	zu 6	55
15. Lackirschuppen	4850	4280	1510	530	2650
16. Anstreichraum	zu 15	495	130	—	—
17. Farblager	140	70	130 [4]	25	285
18. Oellager	440			[5]	285
19. Magazin	2040	1290	570 [6]	570 [7]	640 [6] [8]
20. Werkzeugausgabe	zu 19	zu 19	90	zu 19	zu 19
21. Kesselhaus	346		110	55	—
22. Maschinenhaus	844	175	—	—	—
23. Heizung	210		220 [9]	—	—
24. Bureaus	380 [10]	1200	365	290 [6]	240 [6]
25. Mannschaftsräume	—	160	220	—	180

[1]) Auch Wagenbau. — [2]) Im Jahre 1899. — [3]) Einschliesslich des von den hineinführenden Gleisen in Anspruch genommenen Raumes. — [4]) Ueber 16. — [5]) Bottich im Hof, von 11 hl Inhalt. — [6]) In 2 Stockwerken. — [7]) Ueber 2, 4, 10. — [8]) Ausserdem Lagerraum im Kellergeschoss unter 2 und 6. — [9]) Ueber 25. — [10]) In 3 Stockwerken. — [11]) Ueber 10.

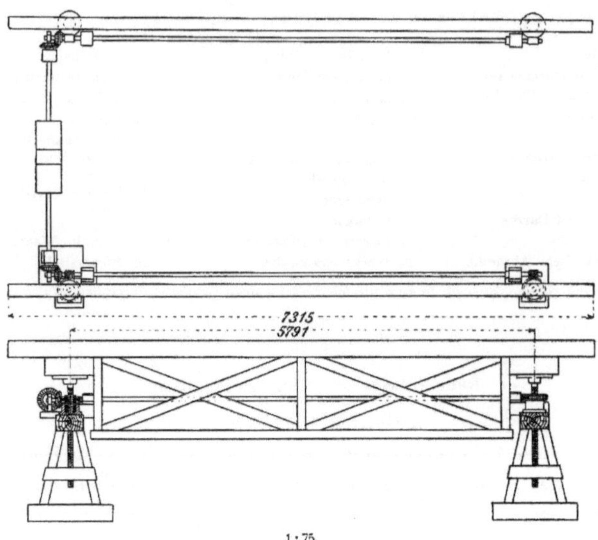

1 : 75.

Abb. 211. Hebebock für zweiachsige Strassenbahnwagen.

Abb. 212.   Abb. 213.

Abb. 212 und 213. Versenkvorrichtung für ein Achsenpaar oder ein Drehgestell.

Achsen mit ihren Motoren gleichzeitig oder ein Drehgestell abzusenken,

2. Vorrichtungen, die nur eine Achse abzusenken gestatten.

Eine Versenkvorrichtung für beide Achsen ist in Abb. 212 und 213 dargestellt. Ueber einer Grube befindet sich ein Gleisstück, das einer Schiebebühne gleicht und durch 4 Schraubenspindeln getragen wird, die durch ein unter der Sohle der Grube befindliches Getriebe gleichzeitig bewegt werden. Der Antrieb erfolgt wie bei dem Hebebock durch einen Strassenbahnmotor. Nachdem das Gleisstück auf der Grubensohle angekommen ist, verschwinden die Schraubenspindeln im Boden, das Gleisstück setzt sich auf seine Räder und wird in der Grube zur Seite befördert, worauf Achsen

und Motoren durch einen Krahn herausge-
hoben werden. Der Wagenkasten (oder
das Untergestell) wird dabei durch 4 Knaggen
gestützt, die, wenn nicht im Gebrauch,
wagerecht umgelegt sind. Achsen- und
Motorensatz sollen von 4 Mann in 20 bis
25 Minuten herausgenommen und durch
einen anderen ersetzt werden können.

Bei den Versenkvorrichtungen für eine
Achse, Abb. 214, ist es nöthig, vorher den
Motor zu entfernen, der von einem in der
Grube laufenden hydraulischen Hebetisch,
Abb. 215, aufgenommen, unter dem Wagen

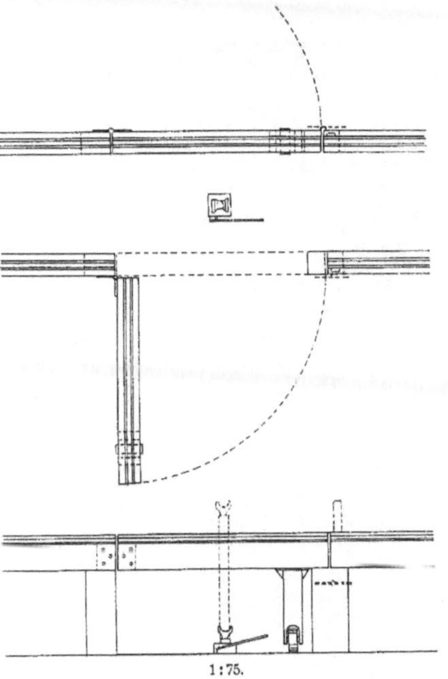

1:75.

Abb. 214. Versenkvorrichtung für eine Achse.

Zur weiteren Beförderung nach der betreffenden Reparaturstelle (Dreherei, Wickelei) müssen Achse und Motor getrennt werden. Für den Motor sind folgende Beförderungsmittel im Gebrauch:

1. Laufkrähne;
2. Vierachsige Plattformkarren;
3. Hängebahnen, wie in Abb. 133 S. 89
   dargestellt; diese besonders in den
   niedrigen Räumen, nicht in der Wagenhalle. Die I-Eisen, deren Unterflansche
   das Gleis bilden, sind nach Bedarf
   gekrümmt und mit Schleppweichen
   u. s. w. versehen;
4. für die Fortbewegung des Ankers
   allein sind zweiachsige Karren im Gebrauch, die in eine Gabel auslaufen,
   auf deren Armen die Achse des
   Ankers beiderseits ruht.

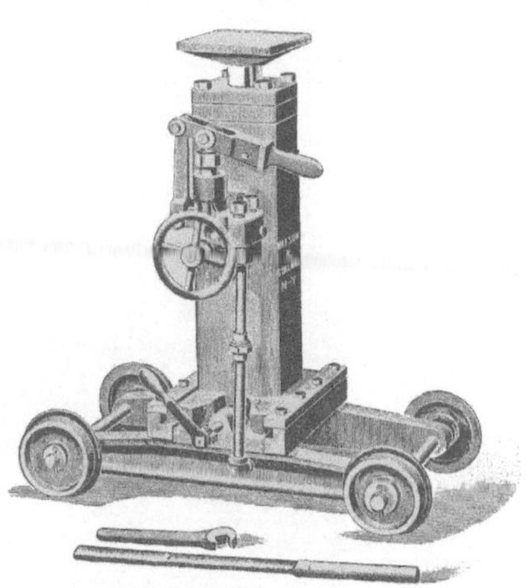

Abb. 215. Hebetisch von Mayer und Englund.

hervorgebracht und dann durch einen festen
Krahn hochgehoben wird. An der Ver-
senkstelle sind kurze Schienenstücke in
wagerechter Ebene nach aussen umklapp-
bar eingerichtet; nachdem der Wagenkasten
an einem Ende durch 2 Wagenwinden
unterstützt ist, werden die Schienenstücke
nach aussen geklappt, und die betreffende
Achse schwebt nun frei. Die Mitte der
Achse wird von einer Druckwasserwinde
von unten gefasst und nach Entfernung der
Lagerschalen in die Grube abgesenkt, dort
um 90° gedreht und läuft nun auf ihren
Rädern seitlich heraus, um schliesslich durch
einen zweiten Krahn aus der Grube hochgehoben zu werden.

Die Beförderung bei vierachsigen Wagen
wird z. B. in der Werkstatt der Brooklyner
Strassenbahn so gehandhabt, dass die Drehgestelle nach Aufhebung des Wagenkastens
auf die Schiebebühne gelangen und von da
auf den mit Ausbesserungsgruben ausgestatteten Theil der Gleise, in der Nähe der
Dreherei und Schmiede. Hier werden nach
Bedarf Motoren und Achsen entfernt und
die Feldspulen nach oben in die Wickelei,
die Radsätze in die Räderdreherei geschafft.
Vor der Beförderung nach oben zur Lackirwerkstatt müssen die Drehgestelle wieder
unter den Wagenkasten gebracht werden.

Ausbesserungsgruben werden angelegt,
um kleinere Arbeiten an den Wagen ohne Aus-

einandernehmen ausführen zu können, und
zwar stets nur in einem kleineren Theil der
Gleise; ferner, wie erwähnt, für die Arbeiten
an den Untergestellen. Ihre Ausgestaltung
entspricht denen in den Wagenschuppen.

In New-Orleans hat man, weil sich die
Schienenoberkante der Werkstatt nur
wenige Zentimeter über die Grundwasser-
linie des sumpfigen Untergrundes erhebt,
von Gruben Abstand genommen und statt
deren die Ausbesserungsgleise der mit
einem Wagenschuppen verbundenen Werkstatt mittelst einer Rampe in eine Höhe

Hand - Niet- und -Stemmmaschinen angetrieben, und ferner wird sie zum Ausblasen
der Motoren und zu denselben Reinigungs-
arbeiten wie in den Betriebsbahnhöfen gebraucht.

2. Eisenbearbeitungswerkstatt.

Die Eisenbearbeitungswerkstatt (Dreherei, Räderdreherei, Schmiede) enthält die
üblichen Werkzeugmaschinen, Drehbänke,
Dampfhämmer, Achsenpressen u. s. w. Für
Zahnräder sind besondere Fräs- oder

Abb. 216. Drehbank zum Abschmirgeln der Radflansche.

von 1,14 m über die Fussbodenhöhe des
Raumes geführt und auf Pfeiler gestellt.

Von den in der Wagenhalle befindlichen
Hebezeugen erhalten die Laufkrähne, Hebeböcke und Gleisversenkvorrichtungen elektrischen Antrieb, die Achsenhebevorrichtun-
gen Druckwasser- und Druckluftantrieb, die
festen Krähne Druckluftantrieb. Das Druck-
wasser wird jedes Mal durch eine kleine,
elektrisch angetriebene oder auch eine
Handpumpe erzeugt, während die Druckluft
zentral erzeugt wird. Durch Druckluft werden ausserdem die hier noch vorhandenen

Schneidemaschinen vorgesehen. Besondere
Pressen besorgen das Biegen der Auf-
hängungsbügel der Motoren, der Stäbe der
Schutznetze vor der vorderen Wagenbühne
und dergleichen. Die meisten Werkstätten
besorgen auch das Nachschleifen und Aus-
bessern der Werkzeuge, und häufig werden
hier die Oberbaugeräthe nicht nur ausge-
bessert, sondern auch neu hergestellt.

An Stelle der Räderdrehbänke sind
häufig Schmirgelbänke in Anwendung. Das
Abschmirgeln empfiehlt sich besonders bei
den gehärteten Laufkränzen. Man hat da-

neben besondere Schmirgelbänke hergestellt, die das Abschmirgeln der Räder
gestatten, ohne sie vom Wagen zu entfernen. Abb. 216 zeigt eine solche Vorrichtung, die für gewöhnlich in einer Grube
unter dem Glas verborgen ist und im Be-
darfsfall mit Hilfe der dargestellten Räder-
übersetzung gehoben wird. Das abzu-
schmirgelnde Räderpaar ruht auf zwei kleinen
radförmigen „Kissen", die es in eine Drehung
von beiläufig 15 Umläufen in der Minute ver-
setzen. Die Schmirgelräder laufen entgegen-
gesetzt und machen 1500 Umdrehungen. Eine
Absaugevorrichtung entfernt den auftretenden Staub, so dass er nicht in die Achslager
des Wagens gelangen kann. Diese Schmirgel-
maschinen werden in der Wagenhalle, häufig
auch in den Betriebswerkstätten aufgestellt und dienen dazu, jedes auftretende
noch so unbedeutende Unrundwerden der
Räder sofort zu beseitigen. Der Antrieb
der Schmirgel- und Kissenräder geschieht
durch einen Motor. Zur Bedienung genügt
ein Mann.

3. Arbeiten an den Wagenkasten.

Im fünften Abschnitt ist erwähnt worden, dass man allmählich zu immer ge-
räumigeren Wagenkasten übergeht. Man

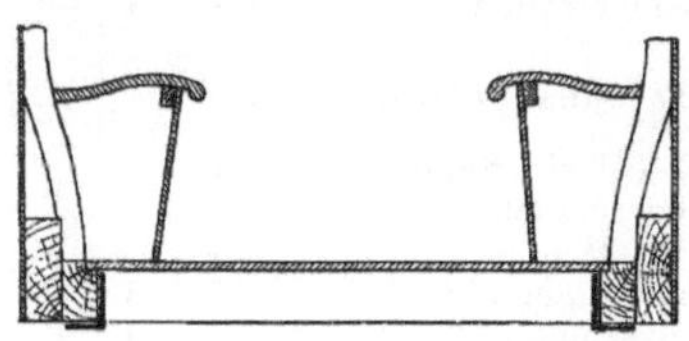

Abb. 217. Zusammenspleissen zweier Wagenkasten.

hat nun häufig die vorhandenen noch
brauchbaren kleinen Wagen vergrössert,
entweder durch Verlängerung oder durch
Zusammenspleissen zweier Kasten. Die Verlängerung wird vorgenommen, indem die
Wagenkasten in der Mitte auseinander ge-
schnitten, die beiden Hälften auseinander
gezogen werden und ein neues Mittelstück
eingesetzt wird. Beispielsweise wurde ein
Wagen von 5,48 m Kastenlänge und 6
Fenstern um zwei Fenster auf 7,31 m verlängert. In die vorhandenen Längsträger
wurde ein neues Stück eingesetzt und die
Tragfähigkeit durch ein von aussen an
jeden Hauptträger angelegtes und durch
Bolzen mit ihm verbundenes Winkeleisen
hergestellt.

Das Zusammenspleissen zweier kurzer
Wagenkasten geschieht nach Abtrennung
der beiden aneinander stossenden Endbühnen, indem die Eckpfosten der Länge
nach halb durchgesägt werden; dann werden die beiden halben Pfosten durch Bolzen
verbunden und neben die vorhandenen
Längsträger (von 10/15 cm Querschnitt;
Abb. 217) ein neuer Längsträger von
20/11 cm Querschnitt davorgelegt und
durch Bolzen befestigt. Von innen wird
der Stoss der alten Längsträger ausserdem
durch ein Winkeleisen von 2,4 m Länge
gedeckt. An Stelle der geschweiften
Brüstungswände treten dann neue aus senkrechten Brettern bestehende.

Neben den üblichen Holzbearbeitungsmaschinen enthält diese Abtheilung der
Werkstatt bisweilen eine Rohrspaltmaschine,
die zur Erneuerung der Bürsten der Schneefegemaschinen dient.

Das Holzlager ist meistens mit einer
Darre (Trockenschuppen) ausgerüstet.

In der Lackirerei sind Farbenmisch-
trommeln im Gebrauch, die mit einem Rühr-
werk versehen sind und die Farbe stets
gebrauchsfertig erhalten.

4. Arbeiten an den Motoren.

In der Wickelei wird die Erneuerung
der Feldspulen, Anker und Widerstände
vorgenommen. Die Ausrüstung besteht aus
Wickeltischen für die Feldspulen, Wickel-
bänken für die Anker (in Form einer Drehbank), Pressen für die Feldspulen und
Widerstände, Drehbänken für die Kommu-
tatoren und den nöthigen Werkzeugmaschinen. Dazu kommen Lack- und Paraffin-
bäder, sowie ein oder mehrere Trockenöfen.

Beispielsweise sind in der Werkstatt in
Providence 3 Trockenöfen vorhanden, 2 für
Anker, die je 5 Stück aufnehmen können,
und einer für Feldspulen. Die Heizung erfolgt auf elektrischem Wege und zwar
können drei Wärmestufen, zu 65, 85 und
100° C. hergestellt werden. Jeder Ofen
besitzt ein besonderes Entlüftungsrohr. In
anderen Werkstätten werden die Oefen
durch Dampfheizung erwärmt.

Viele Verwaltungen haben eine Einrichtung zur Erneuerung der durchge-
schlagenen Umhüllung von Spulen. In einem
Röstofen wird zunächst die alte Umhüllung
verbrannt, dann gelangt der Draht in eine
Maschine, in der zunächst die Reste der
alten Umhüllung abgekratzt, dann der Draht

mit weichen Drahtbürsten polirt, gerade gerichtet und neu umsponnen oder umwickelt wird.

Die neugewickelten Spulen und Anker werden sogleich auf ihre Stromdichte geprüft. Zu dem Zwecke befinden sich an jedem Wickelstand zwei Prüfdrähte von 500 V Spannungsdifferenz, die an das zu prüfende Stück angelegt werden, während der Arbeiter an einem zweiten Stück arbeitet. Ausserdem befindet sich in dieser Abtheilung meistens ein Prüfraum, in dem die neu zusammengesetzten Motoren auf ihre Leistung untersucht werden können.

5. Metallbearbeitungswerkstatt:

Gelbgiesserei, Kupferschmiede, Metalldreherei.

Hier wird besonders die Unterhaltung und Erneuerung der Lagerschalen (für Wagenachse und Motorachse), der Fahrschalter und der Abnehmerrollen ausgeführt. Die Lagerschalen werden theils abgedreht, theils abgeschmirgelt; man hat auch mit Erfolg die frisch gegossene Lagerfläche mit einer mittelst Druckwassers durchgestossenen Reibahle gleichzeitig geglättet und verdichtet. Für das Abdrehen der Stromabnehmer ist stets eine besondere Drehbank vorhanden.

Die Ausrüstung an Werkzeugmaschinen der vier Werkstätten in Cincinnati, Minneapolis, Providence und Brooklyn ist in nebenstehender Zahlentafel zusammengestellt.

Die Werkzeugmaschinen werden durch Motoren angetrieben, die Bahnstrom erhalten. Alle schwereren Maschinen besitzen Einzelantrieb; sonst bildet Gruppenantrieb die Regel. Die Grösse der Gruppenantriebsmotoren schwankt zwischen 5 und 125 PS. In den Holzbearbeitungswerkstätten ist bisweilen auch Einzelantrieb mittelst Riemenvorgeleges gebräuchlich, so z. B. in Providence.

Für die Unterhaltung des Oberbaus ist in der Regel ein besonderer Raum der Werkstatt abgegrenzt, häufig ein Theil des Hofraums, oder ein besonderes Kellergeschoss, das mit dem Hofraum auf einer Seite bündig liegt. Viele Gesellschaften stellen ihren vollen Bedarf an Weichen, Herz- und Kreuzungsstücken selbst in den Werkstätten her. Die Oberbauwerkstatt enthält

	Cincinnati	Minneapolis	Providence	Brooklyn
Dreherei und Schmiede:				
Räderpressen (hydraulisch) .	1	1	2	2
Nabenbohrmaschinen . . .	—	1	1	2
Achsendrehbänke	1	—	1	1
Räderschleifmaschinen . .	—	5	—	—
Drehbänke	8	12	5	12
Bohrmaschinen { wagerecht	2	3	2	}15
Bohrmaschinen { senkrecht	1	6	3	
Hobelmaschinen	1	1	2	2
Stoss- (shaping) Maschinen .	1	2	1	3
Fräsmaschinen	2	2	1	4
Bolzengewindeschneidemaschinen	1	3	1	4
Muttergewindeschneidemaschinen	—	2	—	—
Keilnuthenhobelmaschinen .	—	1	—	—
Zahnräderhobelmaschinen .	—	3	—	1
Zahnräderschleifmaschinen .	—	1	—	—
Werkzeugschleifmaschinen .	1	1	4	3
Kreissägen	—	—	—	1
Dampfhämmer	1	1	2	1
Fallhämmer	—	1	—	1
Stanzen.	—	—	—	1
Scheeren	—	—	—	1
Vereinigte Stanzen und Scheeren	2	2	1	2
Richtmaschinen	—	—	1	—
Drehbänke für Stromabnehmerrollen	1	1	—	1
Holzbearbeitung:				
Gatter- (Block-) Säge . . .	1	—	—	—
Hobelmaschinen	3	3	2	2
Abrichtmaschinen	1	—	1	—
Kehlmaschinen.	2	1	2	2
Fügemaschinen	—	1	1	1
Nuthenstossmaschinen (shaper)	—	1	—	2
Zapfenlochstemmmaschinen	1	1	1	3
Zapfenschneidemaschinen .	2	2	1	2
Fräsmaschinen	2	1	—	—
Steifsäge	—	1	—	—
Quersägen	2	2	1	1
Quersägen, doppelte . . .	1	—	—	3
Trennsägen	1	3	1	3
Bandsägen	2	1	1	—
Laubsägen	1	—	1	—
Bohrmaschinen.	1	1	—	2
Friesprägemaschinen . . .	2	—	—	—
Schleifmaschinen	1	2	1	1
Drehbänke	—	—	1	2
Werkzeugschleifmaschinen .	2	—	3	2

die nöthigen Schienenbiegemaschinen, Sägen, Bohr- und Hobelmaschinen sowie häufig einen grossen Schnürboden, auf dem ganze Kreuzungen und Weichenverbindungen zugelegt und fertiggestellt werden können, so dass ihre Einlegung in einer Nacht zu bewerkstelligen ist.

Die in dem Beispiel erwähnten Wohlfahrtseinrichtungen für die Arbeiter (Umkleide- und Waschräume, Bäder) sind in der Regel erst neuerer Ausführung. Auffallend ist das gänzliche Fehlen von Speiseanstalten; die Arbeiter pflegen in benachbarten Wirthschaften zu essen, da wegen der weiten Entfernungen auch ein Heranbringen des Essens durch Angehörige ausgeschlossen ist.

Die Bauart der Werkstätten schliesst sich im allgemeinen an die der Betriebsbahnhöfe an. Die Gebäude sind theils massiv, theils noch als Holzbauten hergestellt. Als Pflaster ist Holzklotzpflaster üblich.

Oberirdische Stromleitungen sind in den Gebäuden nicht vorhanden; an ihre Stelle treten die Steckkabel. Die Beheizung erfolgt theils durch Dampf, theils durch erwärmte Luft, wie bei den Wagenschuppen.

Achter Abschnitt.

Betrieb und Verwaltung.

Personenverkehr.

Die Strassenbahnwagen verkehren in den mittleren und kleinen Städten von morgens 5 bis nachts 1 Uhr, in den grossen Städten auch die Nacht hindurch. Nachts verkehren die Wagen in Abständen von 30 bis 10 Minuten, am Tage herab bis zu den durch die örtlichen Verhältnisse bedingten und möglichen kleinsten Abständen, wie sie z. B. für New-York im zweiten Abschnitt angeführt worden sind. Ein kennzeichnendes Bild für die Schwankungen des Verkehrs wurde in den Abb. 11 und 12 Seite 8 gegeben. Es wurde bereits früher erwähnt, dass, von geringen Ausnahmen abgesehen, nur Einzelwagen verkehren. Wenn auch anzunehmen ist, dass durch den Gebrauch von Anhängewagen möglicherweise [1] eine grössere Anpassungsfähigkeit an den Verkehr zu erreichen gewesen wäre, so hat man doch dieses Auskunftsmittel, wie geschildert wurde, mehr und mehr aufgegeben und hilft sich in der Zeit des stärksten Verkehrs durch eine weitgehende Ueberfüllung der Wagen.

Wer an die peinliche Ueberwachung der Besetzungszahlen der Strassenbahnwagen seitens der Polizeibehörden bei uns (besonders in Deutschland und Frankreich) gewöhnt ist, ist leicht veranlasst, die Ueberfüllung der Wagen als etwas ganz Ungehöriges zu verurtheilen; wenn aber der Amerikaner unsere Städte besucht und mit ansehen muss, wie zu gewissen Tageszeiten zahlreiche Personen an den Haltestellen vergebens einen Platz zu erlangen suchen und gezwungen sind, entweder Viertelstunden lang im Regen zu warten oder auf die Beförderung überhaupt zu verzichten, dann wird er die Achseln zucken und meinen, „sein“ System sei das bessere.

Die amerikanischen Strassenbahnwagen sind durch die breiten Kästen, zumal bei Längssitzen, besonders für die Ueberfüllung geeignet; wenn man aber täglich sehen muss, dass nicht nur der Gang voll gepfropft ist, sondern auch die rückwärtige Endbühne, und manchmal sogar Trittstufen und Pufferbohlen von Reisenden besetzt sind, so scheint eine derartige Besetzung selbst für ein „freies Land“ etwas zu weit gehend. Bei offenen Wagen, wo die Stehplätze zwischen den Bankreihen beschränkt sind, geben dafür die längsseitigen Trittbretter ausgezeichnete Stehplätze ab. [1] Es ist selbstverständlich, dass das Anschreiben einer Platzzahl an die Wagen unter diesen Umständen keinen Zweck hätte; es ist auch nirgends üblich.

Auf der vorderen Plattform darf neben dem Fahrer niemand Platz nehmen; bisweilen wird sie zum Aus- und Einsteigen benutzt. Würde es gestattet, sie ebenso zu überfüllen, wie den übrigen Theil des Wagens, so würde von einer sicheren Lenkung keine Rede sein können.

Das Rauchen ist im Wageninneren überall, meist auch auf der Endbühne und auf den Sommerwagen verboten, auf der Endbühne deshalb, um ihre Ueberfüllung zu verhindern, so lange im Wagen noch Platz ist.

Die linke Seite der Wagen ist durch Gitter und Holme (bei den Sommerwagen) verschlossen, so dass nur rechts in der Fahrrichtung aus- und eingestiegen werden kann.

---

[1] Ob bei so dichtem Verkehr, wie er einem 10 Sekunden-Abstand mit Einzelwagen entspricht, durch Benutzung von Anhängewagen eine erhebliche Mehrleistung zu erreichen sein würde, erscheint zweifelhaft, denn die Haltezeiten eines Zuges von zwei Wagen sind erfahrungsgemäss grösser als die eines Einzelwagens.

[1] Die Besetzung der Trittbretter und Pufferbohlen liegt offenbar nicht im Interesse der Bahnen, da die dort stehenden Reisenden besonders leicht Unfällen ausgesetzt sind; die Gesellschaften sind aber augenscheinlich machtlos gegen diese Unsitte.

Die Fahrgeschwindigkeit beträgt auf den Aussenstrecken 25 bis 30 km; an bestimmten Stellen der inneren Stadt, in verkehrsreichen Hauptstrassen und an den Strassenkreuzungen ist sie auf beispielsweise 10, 13, 16 oder 19 km beschränkt. In Boston ist die Reisegeschwindigkeit in der Innenstadt, besonders infolge der engen Wagenfolge, geringer als bei uns üblich; auf den Aussenstrecken ist sie wesentlich höher. Beispielsweise betrug die Reisegeschwindigkeit in der Innenstadt vor Erbauung der Tunnelbahn durchschnittlich nicht mehr als 6 km. Die Reisegeschwindigkeit in den Aussenbezirken geht aus Abbildung 130, Tafel II hervor. Die drei stark punktirten Linien begrenzen je eine Fahrzeit von 15 Minuten; es folgt daraus, dass auf der inneren Zone zunächst der Innenstadt die Reisegeschwindigkeit 8 km in der zweiten Zone 16 km beträgt.

In New-York wird auf das schnelle Anfahren der Wagen nach dem Halten ein besonderer Werth gelegt; infolgedessen ist die Reisegeschwindigkeit grösser, als man bei dem starken Verkehr hätte erwarten dürfen; sie beträgt auf dem Broadway zwischen der Südspitze der Insel und der 23. Strasse 11,4 km; im Durchschnitt aller Linien 13,7 km. Die starke Beschleunigung ist übrigens für die stehenden Reisenden sehr unangenehm. Für Abkürzung der Fahrzeit werden den Wagenführern häufig Belohnungen ausgesetzt.

Die Dienstfahrpläne sind oftmaligem, u. U. täglichem Wechsel unterworfen. Es wird dafür Sorge getragen, dass die Wagenführer so viel wie möglich in Verbindung mit dem Streckenbetriebsleiter bleiben, damit bei eintretendem Witterungswechsel, starkem Verkehr u. s. w. schnell Aenderungen des Fahrplans vorgenommen werden können. Am äusseren Endpunkt der Linien wird der Fahrplan, wie im siebenten Abschnitt erwähnt, meistens unmittelbar durch den Diensthabenden des Betriebsbahnhofs geregelt; das andere Ende jeder Linie ist durch Fernsprecher mit dem Bureau des Betriebsleiters verbunden. Wenn die Linien, wie häufig, inmitten der Stadt, z. B. auf dem Marktplatz, sämtlich endigen, so befindet sich hier das Hauptbureau, von dem aus die Leitung der Wagen unmittelbar erfolgt.

Tafeln zur Bezeichnung der Haltepunkte sind nicht vorhanden; in der Regel wird vor jeder Strassenkreuzung gehalten, in einigen Städten, wie in Buffalo, vor den Strassenkreuzungen zum Aussteigen und hinter denselben zum Einsteigen. Regelmässige Halte sind vor jeder Kreuzung zweier Linien vorgeschrieben.

Das Zeichen zum Halten und Weiterfahren wird wie bei uns durch den Schaffner mit dem Glockenzug oder der Mundpfeife gegeben; in den langen Wagen mit Quersitzen befindet sich ausserdem eine Klingelleitung mit Druckknöpfen an jeder Bankreihe, auf der die Reisenden dem Schaffner ein Zeichen geben, wenn sie aussteigen wollen.

Das Stellen der Weichen geschieht in der Regel durch den Wagenführer; ist die Endbühne durch eine Glaswand geschlossen, so befinden sich in ihr beiderseits kleine Schiebefenster. An den Punkten starken Verkehrs sind Weichensteller vorhanden, die mittelst fester Hebel die Weichen umstellen. Insbesondere werden die Weichen bei der unterirdischen Stromzuführung stets durch einen besonderen Beamten gestellt. Während der Dunkelheit sind diese Beamten mit je 2farbig (roth und grün) geblendeten Laternen ausgerüstet, um den Wagen das Zeichen zum Halten oder Weiterfahren zu geben.

Die Bezeichnung der Linien geschieht durch die erwähnten Richtungsschilder — meist quadratischen Querschnitts —, die in der Regel an der vorderen Stirnwand das Ziel, an der Seite den Weg des Wagens kennzeichnen; besondere Unterscheidung der Linien durch Farben, Zeichen oder Nummern ist nicht üblich. Abends werden die Richtungsschilder meist durch Lichtschirme (Glühlampen hinter einem Blechschild über dem Richtungsschild) beleuchtet. Daneben sind auch Transparente im Gebrauch.

Gewissermassen als Ersatz der nicht üblichen Benummerung der Schaffner werden von verschiedenen Verwaltungen an das Dach des Wagens über der rückwärtigen Endbühne kleine Schilder aufgehängt, die die Nummer der Fahrt (run) tragen und den täglich die Bahn benutzenden Reisenden einen gewissen Anhalt bieten.

Der Fahrpreis für eine einfache Fahrt beträgt überall innerhalb der Stadtgrenze 5 Cents; wenn Linien mehrere Städte durchlaufen, in der Regel 5 Cents für jeden Stadtbezirk. Dieser Betrag ist (als obere Grenze) gesetzlich festgelegt. Nach der Kaufkraft des Geldes ist er im Osten etwas weniger, im Westen etwas mehr, als es 10 Pf bei uns sind; wegen der grossen Ausdehnungen der Städte ist aber die durchschnittliche Fahrtlänge erheblich grösser als bei uns. Wesentliche Ermässigungen dieses Satzes, etwa durch Zeitkarten, kommen nicht vor; in manchen Städten werden Fahrscheinhefte zu sechs Scheinen für 25 Cents verkauft, die nur zu gewissen Tageszeiten zur Benutzung berechtigen (hauptsächlich für Arbeiter bestimmt), und vereinzelt werden Schulkinder zu 3 Cents befördert.[1]) In den mittelgrossen Städten der Mittelstaaten, wie z. B. Indianapolis, Detroit u. s. w., treten von Zeit zu Zeit unter der Bürgerschaft Strömungen auf, den Strassenbahnfahrpreis auf 4 oder 3 Cents herabzusetzen; nach Anhörung der Strassenbahn und Darlegung ihrer finanziellen Lage hat aber stets die Aufsichtsbehörde auf Abweisung des Antrages erkannt.

Die Einsammlung der „Nickel" geschieht überall durch einen besonderen Schaffner und die Quittung durch Anzeige

eine Knagge zum Eingriff in ein Zahnrad gebracht wird, beim Nachlassen die Feder zurückschnellt und dadurch das Zahnrad bewegt wird. Nach Vollendung der Bewegung ertönt ein Klingelzeichen. Eine unvollendete Bewegung der Schnur ist ohne Wirkung auf das Triebwerk und die Glocke ertönt in diesem Falle nicht. Ein kleines Schild an der Zähluhr trägt wechselweise die Inschriften in und out, up und down, North und South u. s. w., die Bezeichnung wechselt, sobald die Zähluhr auf Null gestellt wird.[1]) Die Nullstellung geschieht mittelst eines Druckknopfes oder Schlüssels (links unten in Abb. 218). Jede Reihe der springenden Zahlen sitzt auf einer Trommel mit 10 Flächen, die die Zahlen 0 bis 9 tragen; die Innenseite der Trommel wird durch ein Hohl-Zahnrad gebildet. Jede Trommel stellt nach Vollendung ihrer Umdrehung die nächste um eine Zahl weiter. Der Hauptweiser geht in der Regel von

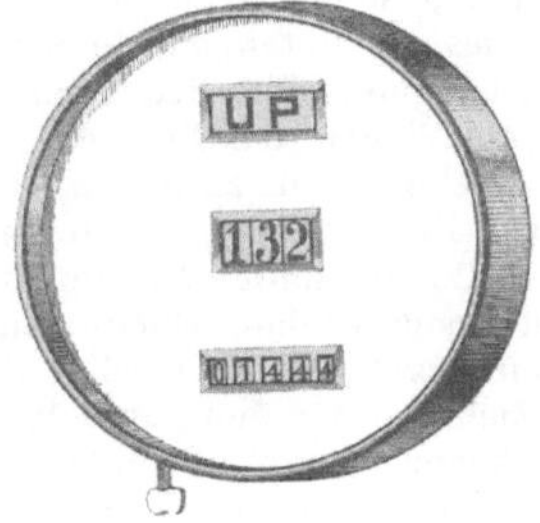

Abb. 218.

Abb. 219.

Zähluhren von Sterling.

auf der im Inneren des Wagens an der Vorderwand angebrachten Zähluhr. Diese Zähluhren werden von dem Schaffner durch einen Zug an einer Schnur bethätigt; sie besitzen entweder springende Nummern oder ein Zifferblatt mit umlaufendem Zeiger, Abb. 218 und 219. Am Anfang jeder Fahrt wird die Uhr auf Null gestellt. Ein zweiter, Summenweiser, springt gleichzeitig mit dem Hauptweiser um je eins weiter, läuft aber stets in demselben Sinne, kann also nicht auf Null zurückgestellt werden. Statt durch eine Schnur werden die neueren Ausführungen durch eine Spindel bewegt, die sich seitlich der Laterne durch den ganzen Wagen erstreckt und mittelst angeschraubter Ausleger gedreht wird, die in 1 m Abstand angebracht sind. Das Triebwerk der Zähluhren ist so angeordnet, dass beim Ziehen an der Schnur eine Feder gespannt und

0 bis 199, der Summenweiser von 0 bis 99 999. Das Getriebe besteht aus Phosphorbronze und kann vom Rost nicht angegriffen werden.

Die Zähluhr hat bei Vorhandensein eines Einheitpreises grosse Vorzüge. Die lästige Aufbewahrung der Fahrscheine und die noch lästigere Prüfung derselben fällt fort; die Ueberwachung des Schaffners geschieht einmal durch den Fahrgast selbst und ausserdem durch Ueberwachungsbeamte in Zivil. Wenn auch die Zahl der Fahrgäste sehr bald nach Abfahrt des Wagens nicht mehr mit der Angabe der Zähluhr übereinstimmt, so ist es doch sofort zu merken, wenn der Schaffner bei Empfang des Geldes zu läuten unterlässt. Beim Wechsel des Schaffners genügt die Aufzeichnung und gegenseitige Aner-

---

[1]) Sonst muss für Kinder über 5 Jahre voll bezahlt werden; solche darunter sind frei.

[1]) Dies gilt für Wagen, die stets nur in einer Richtung fahren. Wechselseitig zu benutzende Wagen erhalten zwei Zähluhren ohne Richtungsschild, von denen die jeweilig vordere in Thätigkeit ist.

kennung des Summenweisers, um jeden Streit und Irrthum auszuschliessen und die Abrechnung daraufhin vorzunehmen. Manche Verwaltungen geben dem Schaffner eine kleine Zähluhr zum Umhängen; diese Zähluhren werden von der Fabrik nicht verkauft, sondern nur verliehen, um Unterschleife zu verhüten.[1]

Fast alle Strassenbahnverwaltungen geben Umsteigefahrscheine aus, die ein-, auch zweimaliges Umsteigen erlauben. Der Umsteigefahrpreis beträgt in Philadelphia 8 Cents, sonst wird überall nur der einfache Fahrpreis erhoben. In New-York werden Umsteigefahrscheine zwischen Manhattan-Hochbahn und Dritter Avenue(Union)-Bahn für 8 Cents ausgegeben, von denen die Hochbahn 5 Cents, die Strassenbahn 3 Cents erhält. Diese Vereinbarung ist mit Rücksicht darauf getroffen, dass die genannte Strassenbahn das natürliche Zuführungsnetz für die Hochbahn bildet.

Die gebührenfreien Umsteigefahrscheine werden entweder von dem Schaffner den Reisenden unmittelbar vor dem Umsteigen ausgehändigt, oder an besonders lebhaften Umsteigestellen von einem auf der Strasse stehenden Beamten; nach Antritt der Weiterfahrt werden sie vom Schaffner sofort abgenommen und meistens auf einer besonderen Zähluhr angezeigt, gewissermassen also als Baargeld behandelt. Da, wo wie in New-York stellenweise zweimaliges Umsteigen gestattet ist, verzichtet man auf ein erstmaliges Anzeigen der Umsteigefahrscheine. Das Umsteigen ist nicht allgemein, sondern nur für bestimmte Verkehrsbeziehungen gestattet.

Es ist naturgemäss, dass mit den Umsteigescheinen viel Missbrauch getrieben wird; insbesondere wurde in verschiedenen Städten festgestellt, dass die Zeitungsjungen einen schwunghaften Handel mit diesen Scheinen betrieben. Im allgemeinen scheint aber der Missbrauch derselben gegenüber dem grossen Einfluss, den die Ausgabe von Umsteigescheinen auf die Förderung des Verkehrs ausübt, als verschwindend angesehen zu werden. Besonders verdanken die Querlinien in New-York, wie bereits früher erwähnt wurde, ihre Daseinsberechtigung vor allem den Umsteigescheinen. Von dem Umfang des Umsteigeverkehrs in New-York können die folgenden Zahlen ein Bild geben:

Im ganzen werden täglich rund 500 000 Umsteigescheine ausgegeben, allein 75 000 auf einer Längslinie (Madison Avenue). Auf der Querlinie der 59. Strasse werden täglich 16 000 einfache Fahrten gemacht und 84 000 Umsteigefahrten. Im ganzen betrug (1900/1901) der Antheil der Umsteigefahrten an den Gesamtfahrten 56,1 %, so dass der durchschnittliche Erlös für die einzelne Fahrt auf 3,16 Cents heruntergegangen ist.

Für jede Strassenbahnlinie New-Yorks sind besonders gedruckte Scheine vorhanden, die ausserdem durch Farben unterschieden sind (Längslinien roth für die Richtung nach Süden, grün für die Richtung nach Norden, Querlinien weiss). Ursprünglich mussten vom Schaffner Umsteigestelle, Tag, Stunde und die nächsten vollen 10 Minuten der Umsteigezeit gelocht werden; da aber bei starkem Umsteigeverkehr die Fahrzeit zwischen zwei Umsteigepunkten für das Lochen nicht ausreichte, ist man dazu übergegangen, den Tag aufzudrucken und nur die Stunde und Umsteigestelle zu lochen.

Fahrplanbücher zum Zurechtweisen der Reisenden werden von wenig Gesellschaften ausgegeben. Die Angaben der auf den Strassen verkauften Strassenführer sind bezüglich der Strassenbahn meistens unvollständig und unzuverlässig. Einige Gesellschaften geben nach dem Muster der Eisenbahnen hübsche Reklamebücher (umsonst) aus, die in mehrfarbigem Druck Ansichten der Stadt und der Umgebung enthalten und theils zu Vergnügungsfahrten, theils zur Ansiedlung in den Vorstädten verlocken sollen. Besonders beliebt sind die Vergnügungsfahrten (trolley parties) nach den „Picknickplätzen", die häufig in landschaftlich schöner Umgebung der Städte von den Strassenbahngesellschaften vorgehalten werden. Für derartige Fahrten geschlossener Gesellschaften, wie auch zum Besuch von Theatern u. s. w. werden besondere Salonwagen oder reich ausgestattete Sommerwagen gestellt, die häufig mit Büffet, Klavieren und dergleichen ausgestattet sind und abends glänzend erleuchtet werden. Die Benutzungsgebühr ist allerdings nicht gerade niedrig, bei der Brooklyner Strassenbahn z. B. werden folgende Sätze für einen Wagen von 60 Plätzen erhoben:

im Sommer: Vormittag . . 10 Dollar,
            Nachmittag . 15 „ ,
            Abend . . . 20 „
            (nach 6 Uhr),
im Winter: je 5 Dollar mehr.

---

[1] In Deutschland sind derartige Zähluhren beispielsweise bei den Alsterdampfböten in Hamburg in Gebrauch.

In der Umgebung der Städte, die natürlicher Reize entbehren und deshalb zu Ausflugsverkehr wenig Gelegenheit bieten (und dies ist für die Mehrzahl der Städte die Regel), sind von den Strassenbahn-Gesellschaften grossartige Vergnügungsgärten (Street Railway Parks) angelegt worden, mit Konzerten, Theater, Schlittschuh- und Rollschuh-Bahnen, Badeanstalten, Rutschbahnen, Spielplätzen u. s. w. Namentlich in den Städten mit deutsch-amerikanischer Bevölkerung sind diese Vergnügungsgärten sehr beliebt.[1]

Die Unfälle in Form von Verletzung von Strassenfussgängern und Reisenden sind verhältnissmässig zahlreich und ziemlich kostspielig für die Strassenbahnen. Die Unfälle auf der Bostoner Strassenbahn im Jahre 1897 (413 km Gleis, 48 Millionen Wagenkilometer) waren folgende:

	ohne eigenes Verschulden		durch eigenes Verschulden		zusammen	
	getödtet	verletzt	getödtet	verletzt	getödtet	verletzt
Reisende . .	1	139	4	625	5	764
Angestellte .	—	10	1	14	1	24
Fussgänger .	—	6	5	513	4	519
	1	155	10	1152	10	1307

An Entschädigungen wurden in diesem Jahre 2 100 000 M bezahlt.

Die Zahlen für die Brooklyner Strassenbahn (930 km Gleis, 69 Mill. Wagenkm) betrugen im Jahre 1898:

	getödtet	verletzt
Reisende	9	26
Angestellte	6	9
Fussgänger	38	44
	53	79

An Entschädigungen wurden gezahlt 3 100 000 M.

In Minneapolis-St. Paul ist nach der Einführung des Gitters, das die rückwärtige Endbühne während der Fahrt abschliesst (s. Abb. 108 S. 66), die Zahl der Unfälle, die beim Besteigen und Verlassen des Wagens sich ereigneten, wesentlich zurückgegangen (auf etwa den vierten Theil, bezogen auf das Wagenkilometer).

[1] Soweit nicht durch das Klima, das in den meisten Städten im Frühjahr und Herbst den Aufenthalt im Freien nach Sonnenuntergang verbietet, Beschränkungen auferlegt werden.

Postverkehr.

Die Strassenbahnen werden in umfassendem Masse zur Beförderung von Postsendungen benutzt. Die amerikanische Post beschränkt sich hauptsächlich auf die Beförderung von Briefen und Drucksachen, während die Beförderung von Paketen überwiegend durch die Expressgesellschaften geschieht. In kleineren Städten beschränkt sich die Beförderung von Postsachen auf die Strecke vom Bahnhof nach dem Postamt; in grossen Städten werden die Briefbeutel zwischen Bahnhof und Hauptpost in der Regel mit der Rohrpost befördert, während die Postsendungen zwischen der Hauptpost und den Einzelämtern (deren Zahl nicht allzugross ist) häufig mit der Strassenbahn befördert werden. Beispielsweise besass die Dritte Avenue-Bahn in New-York 10 Postwagen, die im Jahre 1898 456 000 Wagenkm leisteten; die Post bezahlte für das Wagenkilometer 17,5 Pf. Da im Jahre 1897 von der Postverwaltung der Vereinigten Staaten insgesamt 1 000 000 M für Beförderung von Postsendungen auf Strassenbahnen bezahlt wurde, so wären bei Annahme desselben Einheitssatzes 5 730 000 Postwagenkm geleistet worden. Die grösste Zahl von Postwagen besitzt St. Louis mit 49 Wagen. Die anfänglich eingeführten gemischten Post- und Personenwagen hatten sich nicht bewährt, da die beiden völlig verschiedenen Verkehrsarten sich gegenseitig verzögerten und hinderten; jetzt sind nur noch reine Postwagen im Gebrauch, für deren Grundriss Abb. 220 ein Beispiel giebt. Das Wageninnere enthält einen Stempeltisch, die nöthigen Ordnungsfächer, sowie ein Gerüst zum Aufhängen der Briefbeutel.

Paketverkehr.

In den grösseren Städten bestehen besondere Gesellschaften, die (neben der Beförderung von Reisegepäck) die Bestellung von Paketen und dergl. innerhalb der Stadt übernehmen und besonders von den grossen Waarenhäusern zur Vertheilung der Einkäufe in den Wohnbezirken viel benutzt werden. Bei den weiten Entfernungen der Städte lag es nahe, auch hierfür die Strassenbahngleise in Anspruch zu nehmen; aber erst in jüngster Zeit beginnt ein derartiger Verkehr sich in verschiedenen Städten einzubürgern.

In der inneren Stadt ist alsdann ein grosses Gebäude gelegen, als Sammelstelle, an der die Gepäckstücke durch die eigenen

Geschirre der Gesellschaft oder der Geschäftshäuser aufgeliefert werden; in den Vorstädten befinden sich kleinere Umladestellen, von denen aus die Stücke wieder durch Geschirre vertheilt werden. Natürlich ist auch eine Beförderung in umgekehrter Richtung möglich.

In Pittsburgh sind hierfür 10 zweiachsige Triebwagen im Gebrauch, die ähnlich wie ein geschlossener Eisenbahn-Güterwagen gebaut sind, von 8 t Ladefähigkeit und 9,1 m Gesamtlänge. Jeder Wagen ist von einem Fahrer und einem Schaffner begleitet. Die Entfernung der 7 Umladestellen von der Sammelstelle beträgt 11 bis 22 km, es werden im ganzen

Streifens zu sorgen. Diese Besprengung ist auch da, wo sie nicht vorgeschrieben ist, schon mit Rücksicht auf die Fahrgäste und die Betriebsmittel geboten, da auf den schlecht oder gar nicht gepflasterten Strassen der Aussenbezirke der schnellfahrende Wagen sonst ungeheure Staubwolken aufwirbeln würde. Viele Stadtverwaltungen haben der Strassenbahn auch die Besprengung des Fahrdamms beiderseits der Gleise gegen besondere Bezahlung übertragen.

Es sind Sprengwagen von 1,9 bis 19 cbm Inhalt in Gebrauch; zweiseitig gebaut, als Plattformtriebwagen, die das aus einem liegenden Holz- oder Eisenzylinder

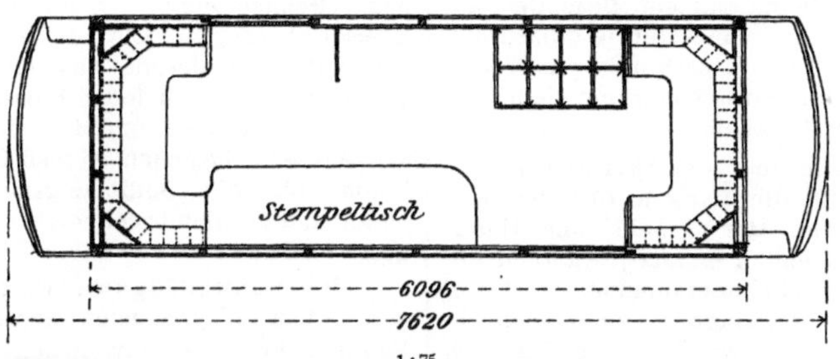

Abb. 220. Strassenbahn-Postwagen.

täglich 16 Hin- und Herfahrten zurückgelegt, gleich 440 Wagenkm. Der Beförderungssatz für „Eilgut" beträgt für 100 Pfund 2 Cts. die Meile (12,5 Pf für das Tonnenkilometer), mindestens jedoch 10 Cts., bahnseitige Abholung und Ablieferung eingeschlossen. Ausserdem wird zu einem niedrigeren Satze Frachtgut befördert, das vom Absender und Empfänger selbst angerollt und abgeholt werden muss.

In New-York besteht für das Gebiet der Metropolitan-Strassenbahn (einschliesslich Union-Bahn) eine an diese angegliederte „Metropolitan - Express - Gesellschaft". Diese besitzt vorläufig 20 vierachsige Triebwagen, die für unterirdische Stromzuführung und Oberleitung eingerichtet sind, und 130 elektrische Selbstfahrerwagen für die Vertheilung der Waaren.

Besondere Betriebsmittel für die Streckenunterhaltung.

Sprengwagen.

Zugleich mit der Unterhaltung der Gleise, des Pflasterstreifens zwischen den Gleisen und je 0,6 m ausserhalb der Gleise ist den Strassenbahngesellschaften die Verpflichtung auferlegt, für die Besprengung dieses

bestehende Gefäss tragen. Als Regelgrösse der Gefässe ist ein Inhalt von 9,5 cbm anzunehmen; bis zu dieser Grösse sind zweiachsige, von da an vierachsige Wagen in Gebrauch. Für grössere Vertheilungsbreite, bis zu 17 m nach jeder Seite des Gleises, sind Ausflüsse mit Kreiselpumpe oder Druckluftzerstäuber im Gebrauch. Die Druckluft wird durch eine achsengetriebene Luftpumpe erzeugt. Die Zahlen eines Sprengwagens von Brill für 9,5 cbm Inhalt sind:

Gesamtlänge des Wagens . . 4,88 m,
Gesamthöhe . . . . 3,35 m,
Leergewicht ohne Motoren . 5,7 t,
Vertheilungsbreite beiderseits 4,4 m.

Mit einem solchen Wagen sollen 9 bis 13 km einfaches Gleis gesprengt werden, je nach der Art des Pflasters.

Um das Scheuwerden der Pferde zu vermeiden, hat man häufig den Wasserbehälter mit einem geschlossenen Wagenkasten überbaut, oder aber ihm wenigstens ein Schutzdach für den Fahrer gegeben. Zur Bedienung des Sprengwagens genügt ein Mann.

Schneepflüge und Schneefege-maschinen.

Eine grosse Erschwerniss für den Strassenbahnverkehr in den Wintermonaten bilden die Schneefälle, die zwar nur in gewissen Zeiträumen, dafür aber um so heftiger eintreten. Schneefälle von 15 cm in der Stunde sind nichts Aussergewöhnliches; ihre Dauer beträgt stets mehrere Stunden, so dass Schneehöhen von 50 cm bald erreicht sind. Feuchter Schnee gefriert und füllt unter dem Einfluss des Strassenfuhrverkehrs die Rille mit Eis. Trockener Schnee bei 15° Kälte lässt sich nicht mehr durch Salz lösen; er macht Schiene und Radkranz so glatt, dass nicht genügende Reibung entsteht. Besonders gefürchtet sind die Schneestürme (blizzards), die zwar nur alle 2 bis 3 Jahre auftreten, dann aber den Strassenverkehr jedesmal tagelang unterbrechen.

Zum Freimachen des Gleises wird mit Rücksicht auf die Längen der Strecken und die Höhe der Arbeitslöhne Handarbeit nur nebenbei benutzt, während die Hauptarbeit den Schneeräumungsmaschinen zufällt. Die Anbringung eines Schneeräumers an den Betriebswagen hat sich nicht bewährt, da die starke Ueberlastung den Wagenmotoren schädlich ist. Salz zur Unterstützung der Freihaltung der Gleise zu benutzen, ist der Strassenbahn nur für die Weichen und Herzstücke gestattet.

Man rechnet auf 8 bis 16 km Gleislänge je 1 Fahrzeug zur Schneebeseitigung und nimmt an, dass sich dieselben auf den im Betrieb zu erhaltenden Gleisen während des Schneefalls in 15 Minuten Abstand folgen sollen. Jede Strassenbahn muss daher eine grosse Anzahl derartiger Fahrzeuge vorhalten. Zu ihrer Bedienung werden die planmässigen Fahrten entsprechend eingeschränkt.

Man unterscheidet Schneefegemaschinen, Schneeräumer, Schneepflüge und Kreiselschaufeln. Alle diese Fahrzeuge haben das gemeinsam, dass sie zweiseitig gebaut sind, also in jeder Richtung gefahren werden können, und dass sie aus einem Wagenkasten bestehen, dessen Inneres den Raum für die Bedienungsmannschaften bildet und mit Sandstreuvorrichtungen ausgestattet ist.

Die Schneefegemaschine besitzt unter dem Wagenkasten ausserhalb der Räder beiderseits eine gegen die Fahrtrichtung um 45° geneigte Bürste, von denen

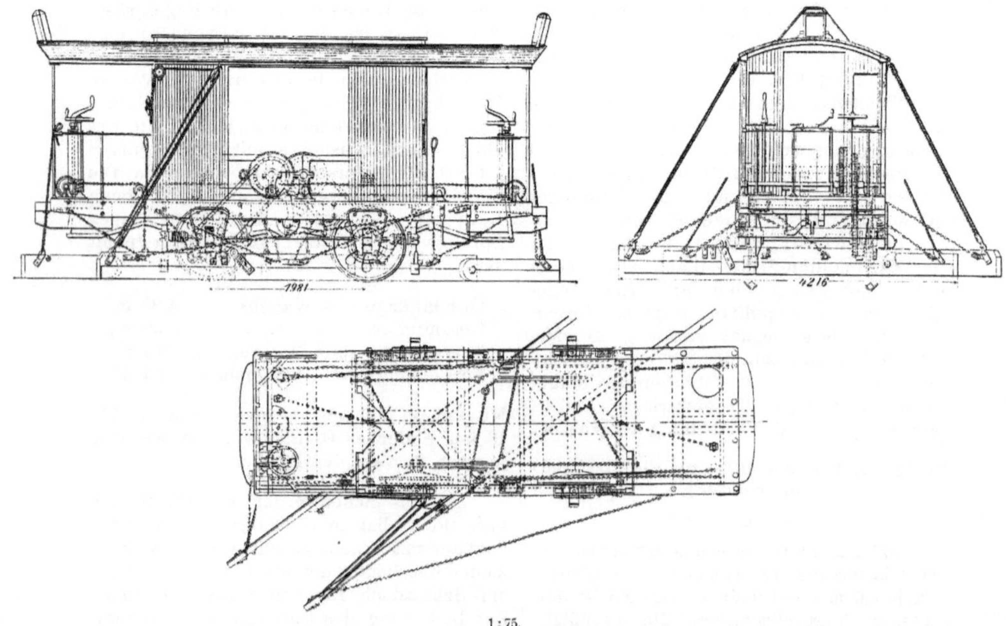

1 : 75.

Abb. 221. Schneeräumer der Strassenbahn in Buffalo.

die vordere in schnelle Umdrehung versetzt wird und den Schnee vom Gleis wegschleudert. Daneben sind Kratzen zum Reinigen des Schienenkopfes und der Rille angebracht. Der Wagen läuft langsam; er enthält zwei Motoren zur Fortbewegung und einen zur Umdrehung der jeweilig vorderen Bürste; die andere Bürste ist hochgehoben. Die Bürsten sind meistens aus gespaltenem Rohr hergestellt; neuerdings werden Stahlbürsten wegen ihrer längeren Haltbarkeit bevorzugt. Der Antrieb der Bürsten liegt im Wagenkasten.

Diese Schneefegemaschinen sind nur bei leichten Schneefällen anwendbar. Von Bahnen mit unterirdischer Stromzuführung werden sie auch im Sommer bei starken Regenfällen gebraucht, um ein Ersaufen des Stromleitungskanals zu verhindern.

Die eigentlichen Schneepflüge, Abb. 222 und 223, unterscheiden sich dadurch von den Schneeräumern, dass an Stelle der Bretter vorn am Wagenkasten schaufelförmige Bleche angebracht sind, deren Höhe je nach Bedarf bis zu 1,5 m beträgt Durch die Schaufelform der Bleche sind sie im Stande, den Schnee vom Gleise abzuheben. Für zweigleisige Bahn sind einseitig geneigte Bleche („Pflugschaar-Form"), für eingleisige Bahn Bleche in „Nasenform" üblich, die den Schnee nach beiden Seiten abschieben. Die Bleche sind ebenfalls verstellbar angeordnet. Die senkrechte Bewegung der Bleche erfolgt bei den grösseren Pflügen durch Druckluft. Die Motoren sind am Untergestell befestigt. Im Sommer können die Schneepflüge nach Entfernung der Bleche als Güterwagen Verwendung finden.

Die Taunton-Lokomotivwerke stellen folgende Arten Schneefegemaschinen und Schneepflüge her:

	Schneefegemaschine	Schaarpflüge			Nasenpflüge		
		2achsig	2achsig	4achsig	2achsig	2achsig	4achsig
Kastenlänge . . . . m	8,00	4,92	4,29	7,55	4,28	4,92	8,35
Kastenbreite . . . m		2,08	2,00	2,38	2,03	2,15	2,38
Gesamtlänge . . . m		8,20	8,92	12,50	7,68	8,41	13,08
Höhe des Pflugblechs m		0,74—0,97	1,16	1,20	0,91—0,97	1,17—1,40	1,19—1,23
Arbeitsbreite[1]) . . . m		3,18	3,71	3,55	4,32	3,82	3,25
Durchmesser der Bürsten . . . mm	914						
Achsstand . . . . m	1,98	1,98	1,98	1,22	1,98	1,98	1,22
Drehzapfenabstand . m				3,51			3,51
Gewicht ohne Motoren . . . . . t	11,5	9	6	14	6	9,5	14

Die Antriebsmotoren (je 2) leisten 35—50 PS.

Schneeräumer, Abb. 221, haben zwei schräg unter dem Wagenkasten liegende, verstellbare Bretter, die den Schnee nach einer Seite (bei zweigleisiger Bahn stets nach rechts) schieben. Die Antriebsmotoren sind im Wagenkasten angebracht, da neben den Achsen für sie kein Platz ist; sie treiben die Achsen durch Gelenkketten an. Auch Schneeräumer sind nur bis zu 15 cm Schneehöhe brauchbar. Bei freiliegenden Schienenköpfen werden sie für sich allein angewendet, bei eingepflasterten Gleisen empfiehlt es sich, sie abwechselnd mit Schneefegemaschinen verkehren zu lassen.

Da die Schneepflüge den Schnee nur zur Seite schaffen, nicht völlig aus der Nähe der Gleise entfernen, sind sie nicht mehr zu brauchen, sobald beiderseits der Gleise sich eine höhere Schneewand aufgethürmt hat. In den Stadtstrassen wird der Schnee von der Bahngesellschaft von Zeit zu Zeit mit ihren Arbeitswagen abgefahren, so dass die Schneewände eine besondere Höhe nicht erreichen können. Auf den Ueberlandstrecken, wo ein Abfahren des Schnees nicht durchführbar ist, sind statt der Schneepflüge die Kreiselschaufeln in Anwendung, die den auf unseren Eisenbahnen verwandten Dampfkreiselschaufeln

---

gleichen, mit dem Unterschied, dass sie zweiseitig gebaut sind und dass die Achse des Kreisels durch ein oder zwei Motoren (von zusammen 100 PS Leistung) angetrieben wird. In den Stromkreis dieser Motoren ist ein Ampèremeter eingeschaltet, um ihre Ueberlastung zu verhindern. Zum An-

Steigerung des Kraftverbrauchs, wenn die Luftleitungen vereist und die Schienen von einer dünnen Schneeschicht überdeckt sind, so dass sich an beiden Stellen dem Stromübergang ein starker Widerstand entgegensetzt. Die unterirdische Stromzuführung ist von diesen Störungen frei.

Abb. 222. Pflugschaarform.

Abb. 223. Nasenform.
Abb. 222 und 223. Schneepflüge der Taunton-Lokomotivwerke.

trieb des Wagens dienen auch hier zwei Motoren zu 35 PS Leistung.

Da die Strassenbahngesellschaften stets auf das Eintreten eines heftigen Schneefalls vorbereitet sind, so werden die gewöhnlichen Schneefälle von ihnen leicht überwunden, ohne dass wesentliche Stockungen eintreten — gegen einen Schneesturm sind allerdings die besten Vorkehrungen der Bahngesellschaften ziemlich machtlos. — Unangenehm ist freilich auch die grosse

Verwaltung.

In der Mehrzahl der Städte sind die Strassenbahnen in einer Hand vereinigt. Diese Vereinigung ist (wie erwähnt) häufig in der Weise erfolgt. dass entweder eine Gesellschaft die übrigen mitverwaltet (controls) oder dass die verschiedenen Betriebsgesellschaften durch eine rein verwaltende Gesellschaft zusammengefasst werden. Das Verhältniss ist dabei ähnlich, wie es bei der Angliederung der kleineren Berliner

Strassenbahngesellschaften an die Grosse Berliner ist. Die Angliederung geschieht meistens durch den Erwerb eines Theils der Aktien der anzugliedernden Gesellschaft. Die Abrechnungen der einzelnen Gesellschaften, bisweilen auch der Betrieb, werden getrennt geführt, während die obere Verwaltungsstelle (Direktion) stets, die Betriebsleitung meistens eine gemeinsame ist.

Die Gliederung der Verwaltung der amerikanischen Strassenbahnen ist im wesentlichen der der Eisenbahnen nachgebildet, wie denn auch die höheren Beamten zum grossen Theil von den Eisenbahnen stammen.

Ein Beispiel für eine derartige Gliederung ist in der nebenstehenden Tafel gegeben.

Das Bahnnetz ist in eine Anzahl Betriebsabtheilungen getheilt, deren jede mindestens einen Hauptbetriebsbahnhof enthält. In Boston ist die Eintheilung nach den Himmelsrichtungen getroffen, und die Wagen der einzelnen Betriebsabtheilungen sind durch den Anstrich von einander unterschieden, so dass die nach benachbarten Zielen fahrenden Wagen dieselbe Farbe besitzen. Das dient mit zur Zurechtweisung der Fahrgäste, es lässt sich durchführen, weil fast alle Linien Radiallinien sind.

Schon im Jahre 1881 haben sich die Strassenbahngesellschaften der Vereinigten Staaten zu der American Street Railway Association zusammengeschlossen, die alle Jahre Wanderversammlungen abhält. Jedes Mal gleichzeitig tagt (seit 1897) die Street Railway Accountants Association of America (Vereinigung der Rechnungsdirektoren) in deren Sitzungen die Fragen der Buchführung, die Betriebsergebnisse und dergleichen besprochen werden. In vielen Staaten besteht ausserdem eine engere Vereinigung der dortigen Strassenbahnen.

Die Betriebsleiter sind dauernd mit Erfolg bemüht, ihre Bahn bei dem Publikum populär zu machen, durch öffentliche Vorträge, geschickte Benutzung der Zeitungen u. s. w. Allerdings findet man auch für technische Dinge weit mehr Interesse und Verständniss unter dem amerikanischen Volke als bei uns.

Die Ertheilung der Gerechtsame an die Strassenbahnen erfolgt seitens der Regierung (Governor) der einzelnen Staaten, in

Verwaltungsschema der Strassenbahn von Minneapolis—St. Paul.

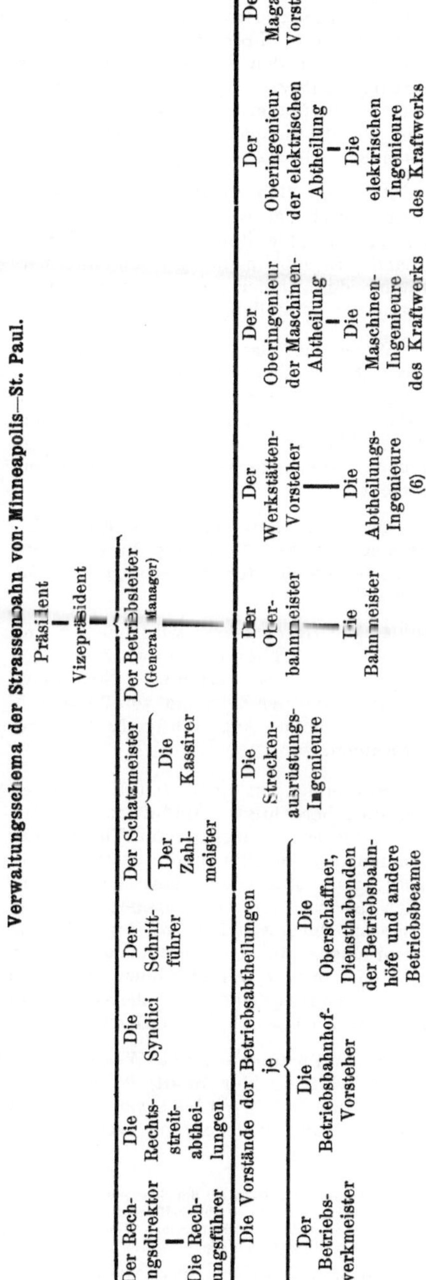

einem Theil der Staaten auf Grund der bestehenden Eisenbahngesetzgebung (des Railroad Law), die, in erster Linie z. B. in New-York und Massachusetts, die Strassenbahnen ausdrücklich in ihren Wortlaut aufgenommen hat.[1]) In den Staaten, in denen eine derartige Einbeziehung der Strassenbahnen nicht stattgefunden hat, wird die Ertheilung der Strassenbahngerechtsame an ein besonderes Gesetz (Act) geknüpft.

Bau und Betrieb der Strassenbahnen untersteht ebenso wie der der Eisenbahnen der Aufsicht der Railroad Commissioners („Landes-Eisenbahn-Amt"), die die Vertretung der Regierung den Eisenbahnen gegenüber darstellen.

Wenn der Erlass der Eisenbahngesetze auch überall schon Jahre zurückliegt, so werden dieselben doch durch jährliche Zusätze (Verallgemeinerungen der getroffenen Entscheidungen) dauernd ergänzt und den neueren Anschauungen entsprechend umgemodelt.

Die Hauptbestimmungen der Eisenbahngesetze von New-York und Massachusetts sind bezüglich der Strassenbahnen folgende:[2])

1. Die Gerechtsame wird nur auf Zeit ertheilt. In früheren Jahren wurde sie häufig auf immer vergeben. Neuerdings gilt als Regel der Zeitraum von 99 Jahren, doch kommen auch kürzere Fristbemessungen vor.

Bestimmungen über den Heimfall an den Wegeberechtigten sind nicht getroffen. Ein späterer Uebergang von Theilen der Bahnanlagen an die Städte ist also nicht vorgesehen und auch nicht üblich. Was nach Ablauf der Gerechtsame mit der Strassenbahn geschehen soll, ist nicht ausgesprochen. In den vereinzelten Fällen, in denen bisher Gerechtsamen sich ihrem Ende näherten, sind sie jedesmal vorher auf eine Anzahl Jahre verlängert worden.

2. Die Zustimmung des Wegeunterhaltungspflichtigen (der Stadt) ist in jedem Falle einzuholen. Wird sie verweigert, so kann sie vom Staate ergänzt werden.

3. Als Entgelt für die Benutzung der Strassen sind von der Strassenbahngesellschaft gewisse Verpflichtungen zu leisten:

1) Wenn es sich (in New-York) um die Neuanlage einer Strassenbahnlinie in einer Stadt handelt, in der bereits verschiedene Gesellschaften bestehen, so wird die Linie, die von einer Gesellschaft beantragt worden oder von der Stadt für nöthig befunden ist, unter den vorhandenen Gesellschaften ausgeschrieben und die Zuschlagsertheilung von der Zahlung einer einmaligen Summe oder der Höhe der zu leistenden Rohabgabe abhängig gemacht.

2) Es ist an die Stadt eine jährliche Rohabgabe der Betriebseinnahmen zu leisten. Diese Rohabgabe beträgt:

in Massachusetts:

bei einer Einnahme f. d. km Bahnstrecke unter 1500 M . . 1 %,
von 1500 bis 2650 M . . . 2 %,
von 2650 bis 5300 M . . . 2¼ %,
von 5300 bis 7950 M . . . 2½ %,
von 7950 bis 10 600 M . . 2¾ %,
über 10 600 M . . . . . 3 %;

wenn über 8 % Dividende ausgeschüttet wird, erhöhen sich diese Sätze im Verhältniss der gezahlten Dividende zu der von 8 %;

in New-York:

a) für Städte über 1 200 000 Einwohner in den ersten 5 Jahren jährlich 3 %, von da an jährlich 5 %;

b) in kleineren Städten bis zu 3 % nach dem Ermessen der Stadt oder dem Ergebniss der Ausschreibung.

An Stelle der Rohabgabe tritt in manchen Staaten eine Wagenabgabe. Diese beträgt z. B. in Kansas City für jede der beiden Städte, in denen die Wagen der Gesellschaft verkehren, für Wagen und Jahr je 30 Dollar (alsdann würde es im Interesse der Gesellschaft liegen, den Verkehr mit möglichst wenig Wagen zu bewältigen).

3) Das Pflaster zwischen den Schienen und je 60 cm ausserhalb derselben ist von der Strassenbahngesellschaft zu unterhalten (in Kansas City u. a. auch neu anzulegen, wenn die Strasse vorher ungepflastert war). Zu der Unterhaltung gehört, wie bei Gelegenheit der Besprechung der Betriebs-

---

[1]) Lokalbahnen (ausserhalb der Städte) sind überall in die Eisenbahngesetzgebung inbegriffen, die Hochbahnen in den drei Staaten, wo solche bestehen (New-York, Massachusetts und Illinois) ebenfalls.

[2]) Das Eisenbahngesetz von New-York ist abgedruckt in den Jahresberichten der Railroad Commissioners von New-York.

mittel angeführt, auch die Beseitigung von Schnee und Eis und die Besprengung im Sommer.

4. Ausser der Zustimmung der Stadt ist für die Stadtlinien die Zustimmung mehr als der Hälfte der Anlieger, für Vorortlinien mehr als zwei Drittel derselben erforderlich.

5. Dem Staat gegenüber ist lediglich das Grundeigenthum der Gesellschaft zu versteuern.

6. Das Mitbenutzungsrecht der Gleise durch fremde Gesellschaften wird je nach der Grösse der Stadt auf 300 bis 450 m bemessen und hat gegen entsprechendes Entgelt zu geschehen.

7. Der Fahrpreis für eine ununterbrochene Fahrt innerhalb der Stadtgrenze darf nicht mehr als 5 Cents betragen.

8. Die Höhe des Aktienkapitals wird in der Genehmigungsurkunde festgelegt.

9. Ein wichtiges Recht der Strassenbahn ist: durch Festzüge und dergleichen oder andere Absperrungen darf der Betrieb der Strassenbahn nicht gestört werden.

10. Der Genehmigung des Eisenbahnamts unterliegen:

a) Vermehrung des Aktienkapitals, Ausgabe von Schuldbriefen (funded dept);

b) die Spurweite;

c) alle Kreuzungen mit Eisenbahnen (hier kann Herstellung einer Unter- oder Ueberführung gefordert werden).

11. Der Zustimmung der Stadtbehörde unterliegt insbesondere die Fahrgeschwindigkeit.

12. An das Eisenbahnamt sind alljährlich genaue Berichte über den Stand der Bahn und die Betriebsergebnisse, nach einem bestimmten Muster aufgestellt, einzureichen.

Die Aufsicht des Eisenbahnamts erstreckt sich hauptsächlich auf Feststellung des betriebssicheren Zustands der Strecke und der Betriebsmittel und insbesondere auch auf den Betrieb der Hauptbahnkreuzungen und die dort vorhandenen Sicherheitseinrichtungen. Das Ergebniss der regelmässigen Besichtigungen fasst die Aufsichtsbehörde in einer Reihe von „Empfehlungen" zusammen, deren Ausführung den Strassenbahngesellschaften, sofern sie

nicht nachzuweisen vermögen, dass dieselben zu weitgehend sind, ausdrücklich auferlegt wird.[1]

Eine Ergänzung zu dem Strassenbahnrecht aus der Eisenbahngesetzgebung bilden die Entscheidungen der Gerichtshöfe und Oberen Gerichtshöfe der einzelnen Staaten, die insbesondere die zahlreichen Entschädigungsforderungen von Personen betreffen, die beim Betriebe der Strassenbahn verletzt sind.[2]

Häufig sind seitens der mittleren Städte Versuche gemacht worden, die in der Stadt betriebenen Strassenbahnen zu erwerben. Ein Hauptgrund, der bei uns gegen den Erwerb des Strassenbahnnetzes durch die Stadt spricht, nämlich die Ausdehnung der Linien in die Vororte, fällt in Amerika, wo ja meistens der ganze bewohnte Bezirk in die Stadtgrenzen einbezogen ist und wo das Bahnnetz der städtischen Gesellschaft in der Regel an der Weichbildgrenze endigt, allerdings fort. Diese Bestrebungen der Städte, die Bahnnetze zu erwerben, haben bisher zu einem greifbaren Erfolg nicht geführt. Naturgemäss haben die Strassenbahngesellschaften selbst sich dem Uebergang ihres Eigenthums an die Stadt stets heftig widersetzt. Ihr Widerstand wurde wesentlich bestärkt durch die schlechten Geschäfte, die die europäischen in der Hand von Stadtgemeinden befindlichen Strassenbahnen im Verhältniss zu den durch besondere Gesellschaften verwalteten durchschnittlich gemacht haben.

Am weitesten war seiner Zeit die Angelegenheit der Verstadtlichung der Strassenbahn in Detroit gediehen, wo die Stadt bereits 1899 gesetzlich zur Eignung und zum Betrieb eines Strassenbahnnetzes ermächtigt worden war. Bemerkenswerth ist, dass sich die Ankaufssumme nicht aus dem Betrag des Aktienkapitals nach seinem Kursstand, der Grundschuld und der schwebenden Schuld zusammensetzte, sondern aus dem durch Abschätzung festge-

---

[1] Im übrigen ist die Stellung der Eisenbahnämter den Strassenbahnen gegenüber eine weit gebietendere, als sie es gegenüber den grossen, mit starker politischer Macht ausgestatteten Eisenbahnsystemen ist. Vergl. auch Von der Leyen, Die nordamerikanischen Eisenbahnen in ihren wirthschaftlichen und politischen Beziehungen, Leipzig 1885, S. 120 ff.

[2] Diese Entscheidungen werden besonders von der Street Railway Review gesammelt und sind von dieser Zeitung in mehreren Bänden zusammengestellt und herausgegeben worden.

stellten Vermögen der Strassenbahn und dem Werthe der Gerechtsame, der auf Grund des jährlichen Reingewinns und seiner beobachteten Steigerung auf 105 % des Eigenthumwerthes festgesetzt wurde. In Höhe dieses Betrags sollten neue Schuldbriefe ausgegeben, zur Tilgung der Schuld und des alten Kapitals der Gesellschaft verwandt und von der Stadt aus den Ueberschüssen des Strassenbahnbetriebs verzinst werden. Zu einem Ziel haben die Verhandlungen nicht geführt. [1]

Die Geldbeschaffung für den Bau oder die Erweiterung der Strassenbahn geschieht durch die Bankhäuser, die dann ihrerseits die Aktien auf den Markt bringen. Die Ausgabe der Schuldverschreibungen erfolgt durch dieselben Banken, allmählich, dem Geldbedarf der Bahn entsprechend. Die Zinszahlung bewirkt ebenfalls die Bank, die zugleich der Bahngesellschaft gegenüber als Bevollmächtigte (trustee) der Inhaber der Schuldverschreibungen gilt.

Statistisches.

Die Ausdehnung des Strassenbahnnetzes und die Höhe des in Strassenbahnwerthen angelegten Kapitals geht aus der folgenden Zusammenstellung hervor (Stand am 1. Januar 1901). Diese Tafel enthält auch die elektrischen Lokalbahnen und Hochbahnen, umfasst also das gesamte Kleinbahnwesen der Vereinigten Staaten.

Stand der im Betriebe befindlichen Kleinbahngleise Ende 1900.

	qkm	Gleislänge km	Gleislänge in km für 1000 qkm
1. Neu-England-Staaten:			
Maine	90 646	452	5,0
New-Hampshire .	24 035	194	8,1
Vermont . . .	26 447	146	5,5
Massachusetts .	20 202	3 170	157,0
Rhode Island . .	3 382	455	134,6
Connecticut . .	12 301	809	65,8
zusammen	177 013	5 226	33,9

	qkm	Gleislänge km	Gleislänge in km für 1000 qkm
2. Oestliche Staaten:			
New-York . . .	121 725	4 060	33,5
New-Jersey . .	21 547	1 283	59,7
Pennsylvania . .	119 135	3 409	28,7
Delaware . . .	5 491	100	18,2
District of Columbia . . .	155	365	2 360,0 [1]
Maryland . . .	28 811	627	21,8
Virginia	99 317	399	4,0
West-Virginia .	59 568	169	2,8
zusammen	455 749	10 412	22,8
3. Mittlere Staaten:			
Michigan . . .	146 202	1 495	9,8
Ohio	103 502	2 342	22,6
Indiana	87 562	1 239	14,2
Kentucky . . .	97 587	417	4,3
Wisconsin . . .	139 658	732	5,3
Illinois	143 516	3 202	22,3
Minnesota . . .	216 336	585	2,7
Iowa	142 561	618	4,4
Missouri	169 250	1 339	7,9
zusammen	1 246 174	11 969	9,6
4. Südliche und westliche Staaten . .	5 898 992	341	0,6
zusammen	7 777 928	27 948	3,6

	Im ganzen M	Für das Kilometer Gleis M
Anlagekapital	4 531 334 955	162 400
Feste Schuld	3 683 979 360	132 300
Zusammen	8 215 314 315	294 700

Das grösste Netz haben die Staaten New-York, Pennsylvania, Illinois und Massachusetts, und letzterer Staat die grösste Dichtigkeit der Bahnanlagen. In Massachusetts ist auch das ganze Land ausserhalb der Städte mit einem dichten Netz von elektrischen Bahnen überzogen, Abb. 224, und da diese ausschliesslich als Strassenbahnen zu bezeichnen sind, so sind einige genauere Zahlen über die Bahnen dieses Staates im folgenden zusammengestellt.

[1] Weiteres s. Street Railway Journal, 1899, S. 477.

[1] Stadt Washington.

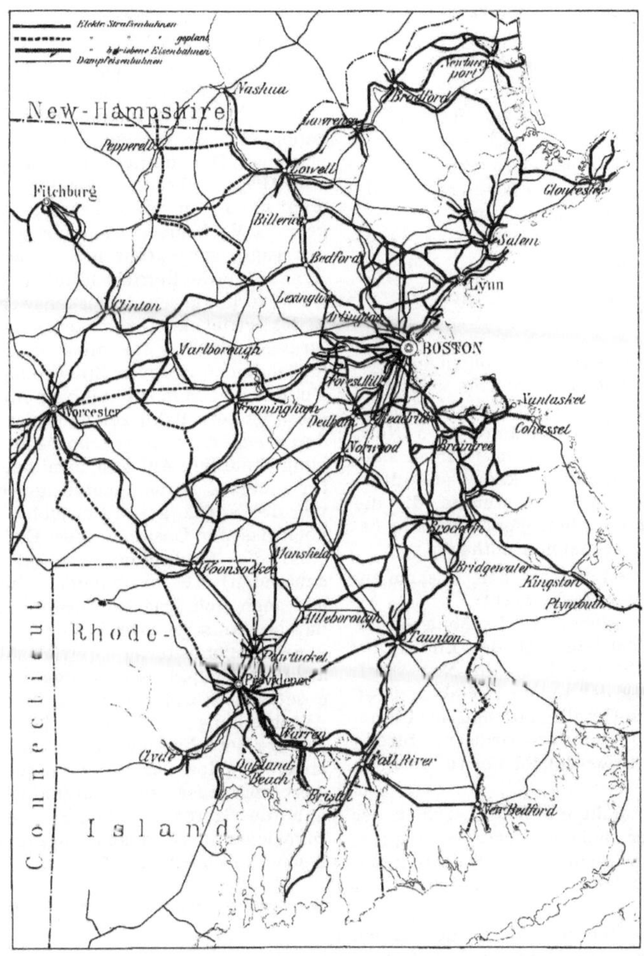

1 : 1 000 000.

Abb. 224. Strassenbahnnetz in Massachusetts.

Auszug aus dem Bericht der Massachusetts Railroad Commissioners für 1901.

(Betriebsjahr 1899/1900.)

Die Streckenlänge betrug 3030 km.[1])

Die Gleislänge (Hauptgleise) 3460 km.

(Ihr gegenseitiges Verhältniss

$100 : 114 = 87,5 : 100.$)

Die Gleislänge einschl. der Betriebsnebengleise 3720 km.

Die Anlagekosten für das Kilometer Streckenlänge betrugen:

[1]) Eisenbahnen 3240 km

	M
Bauliche Anlagen	63 400
Betriebsmittel.	23 000
Grundeigenthum und Gebäude .	30 900
zusammen Anlagekosten	117 300
Anlagekapital und feste Schuld .	121 000

(Für das Kilometer Hauptgleise 87,5 %, davon)

Abgaben (Rohabgaben und Steuern) [1]) 3,75 %	
Zahl der Reisenden für das Streckenkilometer	121 500

[1]) 1896/97.

Einnahmen in Mark für das Strecken-
kilometer 26 300

Einnahmen in Pfennigen für das Wagenkilometer.   62,0

Betriebsausgaben in Pfennigen für
das Wagenkilometer   41,5

Einnahme für den Reisenden in Pfennigen.   21,3

Ausgabe für den Reisenden in Pfennigen.   14,5

Betriebskoëffizient . . . .   [1]) 67%

Verzinsung des Anlagekapitals (Dividende im Mittel) . . . .   6,3 %.

Am Schlusse (S. 187—190) folgen Angaben über einzelne bemerkenswerthe städtische Bahnnetze, die grösstentheils den Jahresberichten der Eisenbahnämter von New-York und Massachusetts entnommen sind. Für weitere Angaben kann auf diese Jahresberichte verwiesen werden, die die Statistiken aller im betreffenden Lande betriebenen Strassenbahnen enthalten.

Im einzelnen sei zu den Zusammenstellungen folgendes bemerkt:

Anlage 1 giebt die Ergebnisse des elektrischen Betriebs auf den Linien der Metropolitan - Strassenbahn in New - York (mit Ausschluss der Linien der ehemaligen Dritten Avenue-Gesellschaft und der Union-Bahn) als Beispiel der unterirdischen Stromzuführung und des Betriebs eines grossen Kraftwerks.

Anlage 2 stellt die Betriebszahlen der grösseren der beiden (jetzt vereinigten) Brooklyner Strassenbahngesellschaften dar, nebst Angaben über die Besoldungen der Angestellten.

Anlage 3 und 4 geben die Zahlen der beiden grossen Bahngesellschaften in Boston, der West-End Railway (jetzt Boston Elevated) für die Stadtstrecken und der Lynn and Boston (jetzt Boston and Northern) Railway für die nördlichen Vorortstrecken.

Anlage 5 giebt ein Beispiel einer mittleren Stadt (Rochester) und der dort üblichen Löhne.

Anlage 6 stellt einige Zahlen der Chicagoer Strassenbahnen zusammen, die besonders Gelegenheit geben, die drei dort angewandten Betriebsarten (Pferde, Kabel, Elektrizität) miteinander zu vergleichen.

Anlage 7 giebt die Zahlen der Twin City Rapid Transit Co. in Minneapolis-

St. Paul, einer besonders gut geleiteten Strassenbahn des Westens.

Infolge der hohen Löhne und des hohen Tarifsatzes sind die absoluten Zahlen der Betriebseinnahmen und -Ausgaben für das Wagenkilometer höher als bei uns. Der mittlere Betriebskoëffizient von 60% ist allerdings ziemlich ungünstig, man kann ihn wohl besonders auf die grossen Verkehrsschwankungen im Laufe des Tages zurückführen, die eine schlechte Ausnutzung der Betriebsmittel und des Kraftwerks herbeiführen. Bemerkenswerth niedrig ist der Betriebskoëffizient der Lynn-Bostoner Strassenbahn, der eine hohe Dividende vertheilenden Chicagoer Strassenbahnen und der Strassenbahn in Minneapolis-St. Paul. Diese letztere Bahn zeichnet sich auch dadurch aus, dass sie regelmässige Abschreibungen auf ihre Anlagen vornimmt. Das ist für Amerika etwas recht Ungewöhnliches; von den angezogenen Beispielen zeigt nur noch das der Bostoner West-End-Strassenbahn die Anwendung von (recht unbedeutenden) Abschreibungen. Im übrigen hilft man sich (wie bei Boston angegeben) durch einmalige Abschreibungen (Tilgungen) ausgemusterter Betriebsmittel und ausgewechselten Oberbaumaterials. Eine gesetzliche Verpflichtung zur Buchung von Abschreibungen besteht nirgends. Für Ertrags-Berechnungen neugeplanter Bahnanlagen pflegt man allerdings gewisse Abschreibungssätze einzuführen. Nach Angabe des Herrn J. P. Roberts, berathenden Ingenieurs in Cleveland, betragen die üblichen Abschreibungssätze:

	%
auf Gebäude	1—2
„ Turbinen	7—9
„ Kessel	8—10
„ Generatoren	5—10
„ Riemen	25—30
„ Transformatoren	5—6
„ Akkumulatoren	9—11
„ Oberleitung	4—8
„ Speiseleitungen	3—5
„ Wagen	4—6
„ Ausrüstung der Reparatur- werkstatt	12—15
„ Motoren	5—8
„ Umformer	8—10
„ Gleis	7—13
„ alles Uebrige	4—6

---

[1]) Eisenbahnen 69,2 %.

Anlage I.

Betriebsergebnisse der Metropolitan-Strassenbahn in New-York.

Vergleich zwischen Pferde-, Kabel- und elektrischem Betrieb:

Pferdebahnwagen i. M. . . 18 Sitzplätze,
Kabelwagen i. M. . . . . . 28 „ ,
Elektrischer Wagen i. M. . 40 „ .

Im Jahre 1900/1901 (Juli bis Juni):

	Einnahme f. d. Wagenkm	Ausgabe f. d. Wagenkm	Betriebs- koeffizient
	Pf	Pf	%
Pferdebetrieb . .	60,0	50,7	84,6
Kabelbetrieb [1]) .	96,0	49,1	51,2
Elektrischer Betrieb	89,1	35,8	40,2

Von den gesamten geleisteten Wagenkilometern (71 000 000) betrug der Antheil des

Pferdebetriebs . . . . 19 %,
Kabelbetriebs . . . . 20 %,
elektrischen Betriebs . 61 %.

Die Ausgaben für den elektrischen Betrieb vertheilten sich für das Wagenkilometer folgendermassen:

1. Streckenunterhaltung:
    a) Unterhaltung des Oberbaus 1,1
    b) Unterhaltung der Stromleitung 1,0
    c) Gleis- und Strassenreinigung 0,1
    d) Unterhaltung der Gebäude 0,2

        2,4 Pf,
2. Unterhaltung der Betriebsmittel:
    a) der Wagen 2,2
    b) der elektrischen Ausrüstung 2,4

        4,6 „ ,
3. Erzeugung der Energie (rund 1500 Wattstunden für das Wagenkilometer, gemessen am Schaltbrett des Hauptkraftwerks):
    a) Unterhaltung der Maschinen 0,3
    b) Löhne 0,8
    c) Kohlenverbrauch 2,6
    d) Wasser 0,4
    e) Verschiedenes 0,6

        4,7 „ ,
4. Fahrkosten:
    a) Fahrer und Schaffner . . . 15,0
    b) Oberschaffner, Weichensteller u. s. w. 1,8
    c) Wagenreinigung u. s. w. . 1,3
    d) Wagenbeleuchtung, Schmiermittel u. s. w. . . 0,4

        18,5 „ ,

        Seite 30,2 Pf

[1]) Besonders Broadway-Linie.

Uebertrag 30,2 Pf.

5. Allgemeine Ausgaben:
    a) Beamtenbesoldung 0,5
    b) Unfallentschädigungen . . 3,2
    c) Verschiedenes 1,9

        5,6 „

        35,8 Pf.

Anlage II.

Brooklyn Heights R. R.

(ein Theil der Brooklyner Strassenbahn).

Auszug aus dem Jahresbericht für 1898/1899.

Gleislänge 764 km (Betriebsgleise).

Triebwagen: geschlossene . . . 1733
    „ offene 1653

        3386
Expresswagen 9
Transportwagen 145
Schneepflüge 58
Schneefegemaschinen 39

Zusammen Fahrzeuge 3637
Geleistet wurden 54 620 000 Personenwagenkm (nur Treibwagen),
    280 000 Postwagenkm

        54 900 000 Wagenkm.

Betriebseinnahmen für das Wagenkm 56,1 Pf.
Betriebsausgaben für das Wagenkm:

1. Streckenunterhaltung . . 2,0
2. Unterhaltung der Betriebsmittel 4,9
3. Erzeugung der Energie . . 3,7
4. Fahrkosten 16,5
5. Allgemeine Ausgaben . . 7,1

    34,2 Pf.

Betriebskoëffizient . . . . . 61 %
    (1900; 52,5 %).
Abgaben und Steuern . . . . 2,0 Pf
    (3,5 % der Roheinnahmen).

Zusammenstellung der Tagesbesoldungen der Betriebsbeamten (als Beispiel für die New-Yorker Lohnsätze):

Arbeitszeit 8 Stunden für die Ingenieure, 10 Stunden für alle übrigen Bediensteten.

	Dollar
Schaffner	2,0
Fahrer	2,0
Wächter.	1,5 bis 2,0
Weichensteller	1,25 bis 1,5
Bahnwärter	2,5
Oberleitungsschlosser	1,75 bis 4,0
Maschineningenieure	2,75 bis 6,5
Maschinisten und Schlosser . .	1,5 bis 4,0
Elektriker und elektrische Ingenieure.	1,5 bis 3,575
Heizer	1,25 bis 1,75
Oberbauarbeiter	1,25 bis 4,0

Anlage III.

Boston Elevated (West End Railway).

Auszug aus dem Jahresbericht
für 1896/1897.

Gleislänge (Betriebsgleise):

Erstes Hauptgleis	250 km,
zweites Hauptgleis	183 „ ,
Nebengleise	58 „ ,
	491 km,
Triebwagen, geschlossene	1166
davon: 51 dreiachsige	
775 vierachsige	
offene (zweiachsig)	1194
Pferdewagen[1])	288
	2648
Postwagen	11
Arbeitswagen	26
Schneepflüge	228
zusammen Fahrzeuge	2913

Buchwerth der Bahnanlagen für das Kilometer
Gleis:

Oberbau	54 200 M,
Stromzuführung	17 300 „ ,
Betriebsmittel	55 600 „ ,
Kraftwerke	32 500 „ ,
Wagenschuppen und Werkstätten	27 300 „ ,
Sonstiges Grundeigenthum . .	27 900 „ ,
	214 800 M,
Geleistete Wagenkilometer	47 930 000

(davon im Pferdebetrieb 0,4 %)

Einnahme für das Wagenkilometer . 77,2 Pf,

Ausgaben für das Wagenkilometer:

1. Streckenunterhaltung:
   a) Unterhaltung des Oberbaus   7,4
   b) Unterhaltung der Strom-
      leitung 1,2
   c) Gleisreinigung (Schnee und
      Eis) 0,8
   d) Unterhaltung der Gebäude   0,9
                  10,3 „ .
2. Unterhaltung der Betriebsmittel:
   a) der Wagen 3,7
   b) der elektrischen Ausrüstung   1,6
   c) des Zaumzeugs 0,1
                  5,4 „ ,
3. Erzeugung der Energie:
   a) Futter für die Pferde . . . 0,2
   b) elektrische Energie . . . 5,4
                  5,6 „ ,
4. Fahrkosten:
   a) Löhne 23,7
   b) Wagenreinigung u. s. w. . 0,9
   c) Wagenbeleuchtung, Schmier-
      mittel u. s. w. 0,4
                  25,0 „ ,
5. Allgemeine Ausgaben:
   a) Beamtenbesoldung 1,3
   b) Unfallentschädigungen . . 4,3
   c) Versicherung 0,7
   d) Verschiedenes 2,4
                  8,7 „ ,
                  55,0 Pf.

[1]) Pferdebetrieb inzwischen beseitigt.

Betriebskoëffizient	71,3 %
Betriebsüberschuss	22,2 Pf
Steuern und Abgaben	3,3 „
(4,7 % der Roheinnahmen)	
Abschreibungen	0,3 „
Tilgungen gegen den Buchwerth (Aus-	
musterungen)	1,3 „
Verzinsung der Grundschuld	4,3 „
(4,5 % von 46,3 Mill. Mark)	
Dividende:	
7½ % auf 38,2 Mill. Mark gewöhnliche	
Aktien	6,0 „
8 % auf 27,2 Mill. Mark Vorzugsaktien	4,5 „
Abgabe an angegliederte Bahnen . .	2,5 „

Anlage IV.

**Lynn-Bostoner Strassenbahn. — Boston and
Northern Railway.[1])**

Auszug aus den Jahresberichten
1896/1897 und 1899/1900.

Gleislänge (Betriebsgleise) km	1896/1897	1899/1900
Erstes Hauptgleis	198	494
Zweites Hauptgleis . . .	42	78
Nebengleise	16	23
	256	595
Fremde Gleise, auf denen		
der Betrieb geführt wird	5	79
Triebwagen (zweiachsig)		
geschlossene	197	433 } [2])
offene	262	627 }
Anhängewagen		
geschlossene	19	
offene	41	
	519	
Arbeitswagen	6	27
Schneepflüge	34	148
	559	835

Buchwerth der Bahnanlagen für das Kilometer Gleis	
Oberbau	62 700
Stromzuführung . . .	6 600
Betriebsmittel	22 400
Kraftwerke	15 400
Betriebsbahnhöfe und	
Werkstätten	7 600
	114 700

	1896/1897	1899/1900
Geleistete Wagenkilometer	8 820 000	17 100 000
Einnahme für das Wagen-		
kilometer	67,0 Pf	68,3 Pf

Ausgaben für das Wagen-
kilometer:

	1896/1897	1899/1900
1. Streckenunterhaltung:		
a) Unterhaltung des Oberbaus . . .	3,8	2,5
b) Unterhaltung der Stromleitung . .	0,7	0,7
c) Gleisreinigung (Schnee und Eis)	0,8	0,2
d) Unterhaltung der Gebäude . . .	0,2	0,3
	5,5 Pf	3,6 Pf

[1]) Namensänderung nach Einverleibung mehrerer anderer Strassenbahnnetze.

[2]) Einschliesslich Anhängewagen.

Uebertrag 5,5 Pf 3,6 Pf

2. Unterhaltung der Betriebsmittel:
a) der Wagen, einschliesslich Reinigung 3,3 1,3
b) der elektrischen Ausrüstung . . 1,7 1,8
  5,0 Pf 3,1 Pf

3. Erzeugung der Energie . . . . 4,7 Pf 6,0 Pf

4. Fahrkosten:
a) Löhne 16,6 16,4
b) Wagenbeleuchtung, Schmiermittel u. s. w. . 0,2 0,2
c) Verschiedenes (insbesondere Abgaben für Benutzung der Unterpflasterbahn) . . — 2,4
  16,8 Pf 19,0 Pf

5. Allgemeine Ausgaben:
a) Beamtenbesoldung 1,9 1,3
b) Unfallentschädigungen 1,9 1,4
c) Versicherung . . 0,6 3,7
d) Verschiedenes . 1,9 1,7
  6,3 Pf 8,1 Pf
  38,3 Pf 39,8 Pf

Betriebskoëffizient . . 57,2 % 58,4 %
Steuern und Abgaben . 1,2 Pf 4,2 Pf
(1,8 und 6,1 % der Roheinnahmen)

Rochester Railway Co.

Auszug aus dem Jahresbericht für 1898/1899 (Juli bis Juni).

Rochester: 175 000 Einwohner.
Gleislänge (Betriebsgleise) . . . 165 km
90 % der Strecke sind doppelgleisig.
Triebwagen (zweiachsig):
geschlossene 137
offene 38
Anhängewagen:
geschlossene 11
offene 30
  216
Postwagen 2
Transportwagen 8
Schneepflüge 10
Schneefegemaschinen 5
Zusammen Fahrzeuge 241

Buchwerth der Bahnanlagen für das Kilometer eigener Streckenlänge (55 % der Gleislänge):
Oberbau, Stromleitung, Gebäude 50 700 M,
Maschinen, Werkzeuge, Betriebsmittel . . . . 6 300 „
  57 000 M.

Geleistete Wagenkilometer:
Personenwagenkilometer . . 7 810 000
Postwagenkilometer 80 000
  7 890 000
Betriebseinnahmen für das Wagenkilometer . . . . 45,7 Pf.
Betriebsausgaben für das Wagenkilometer:
1. Streckenunterhaltung:
a) Unterhaltung des Oberbaus 3,0
b) Unterhaltung der Stromleitung 0,8
c) Gleisreinigung 0,2
d) Unterhaltung der Gebäude 0,1
  4,1 Pf,
2. Unterhaltung der Betriebsmittel:
a) der Wagen 1,5
b) der elektrischen Ausrüstung 2,2
  3,7 „ ,
3. Erzeugung der Energie:
a) Unterhaltung der Maschinen 0,3
b) Löhne, Wasser, Verschiedenes 1,0
c) Kohlenverbrauch 2,3
  3,6 „ ,
4. Fahrkosten:
a) Fahrdienst 11,1
b) Ausgaben im Betriebsbahnhof 1,5
  12,6 „ ,
5. Allgemeine Ausgaben:
a) Gehälter der Beamten . . 0,8
b) Versicherungen 0,3
c) Unfallentschädigungen . . 1,3
d) Verschiedenes 0,4
  2,8 „ ,
  26,8 Pf.

Betriebskoëffizient . . . . . 58,6 %
(1899/1900: 60,4 %).
Steuern und Abgaben . . . . 1,7 Pf
(3,8 % der Roheinnahmen).

Zusammenstellung der mittleren Tagesbesoldungen:
Arbeitszeit 11 Stunden für die Fahrbeamten, sonst 10 Stunden.

	Dollar
Schaffner	1,76
Fahrer	1,76
Wächter	1,25
Weichensteller	1,00
Oberleitungsschlosser	1,80
Maschineningenieure	2,75
Maschinisten und Schlosser . . .	1,90
Elektriker und elektrische Ingenieure	1,40
Heizer	1,875
Wagenuntersucher und -Reiniger	1,35

Anlage VI.

Aus den Jahresberichten der Chicagoer Strassenbahnen 1898.

1. West Chicago Street Railway.

Gleislänge:

- a) Pferdebetrieb . . . . 10,6 km,
- b) Kabelbetrieb . . . . 49,0 „ ,
- c) elektrischer Betrieb . . . . 26,6 „ ,

                 86,2 km.

Betriebskoëffizient:

- a) Pferdebetrieb . . . . 214,0 %,
- b) Kabelbetrieb . . . . 57,6 „ ,
- c) elektrischer Betrieb . . . . . 44,9 „ .

Dividende 6 % (auf 56 Mill. Mark).

2. North Chicago Street Railroad.

Gleislänge:

- a) Pferdebetrieb . . . . 1,5 km,
- b) Kabelbetrieb . . . . 29,1 „ ,
- c) elektrischer Betrieb . . . . 121,1 „ ,

                 151,7 km.

Betriebskoëffizient:

- a) Pferdebetrieb . . . . 76,4 %,
- b) Kabelbetrieb . . . . 48,0 „ ,
- c) elektrischer Betrieb . . . . . 46,9 „ .

Dividende 12 % (auf 33,6 Mill. Mark).

3. Chicago City Railway.

Gleislänge:

- a) Pferdebetrieb . . . . . . 7,6 km,
- b) Kabelbetrieb . . . . 55,8 „ ,
- c) elektrischer Betrieb. . . . 253,0 „ ,

                 316,4 km.

	Betriebseinnahmen für das Wagenkm Pf	Betriebsausgaben für das Wagenkm Pf	Betriebskoëffizient
a) Pferdebetrieb .	43,7	72,0	165,0
b) Kabelbetrieb .	43,6	28,6[1])	65,7
c) elektrischer Betrieb	60,0	34,2	57,1

Dividende 12 % (auf 51 Mill. Mark).

Anlage VII.

Twin City Rapid Transit Co. (Minneapolis-St. Paul).

Auszug aus dem Jahresbericht für 1901.

Gleislänge (Betriebsgleise) . . . . . 403 km

Wagenbestand:

- a) 225 vierachsige Wagen, mittleres Dienstgewicht . . . . 15 t,
- b) 375 zweiachsige Wagen, mittleres Dienstgewicht . . . . 6 t,
- c) 300 Anhängewagen, mittleres Dienstgewicht . . . . 4 t.

Geleistete Wagenkilometer:

   18 550 000 Triebwagenkm,

davon: 11 310 000 von vierachsigen Wagen

          allein = ... 61 %,

    2 190 000 von zweiachsigen Wagen mit einem Anhängewagen = ... 12 „ ,

    5 050 000 von zweiachsigen Wagen allein = ... 27 „ .

Betriebseinnahmen für das Triebwagenkilometer . . . . 72,2 Pf.

Verschiedene Einnahmen . . .   0,5 Pf.

Betriebsausgaben für das Triebwagenkilometer:

1. Streckenunterhaltung. . . 2,0
2. Unterhaltung der Betriebsmittel 4,1
3. Erzeugung der Energie (Wasser- und Dampfkraft) . 5,0
4. Fahrkosten 14,8
5. Allgemeine Ausgaben . . 6,5

                 32,4 Pf.

Betriebskoëffizient 44,9 %.

Betriebsüberschuss . . . . 40,3 Pf,

Steuern und Abgaben . . . . 2,7 „ ,

   (3,8 % der Roheinnahmen)

Verzinsung der Schuldbriefe, i. M. 5,07 %

   von 46,2 Mill. Mark . . . . 12,5 „ ,

Dividende auf die Vorzugsaktien, 7 %

   auf 12,75 Mill. Mark . . . . 4,8 „ ,

Dividende auf die gewöhnlichen Aktien,

   4 % auf 63,7 Mill. Mark . . . . . . 13,8 „ ,

zu Abschreibungen verwandt . . . . 6,5 „ .

Quellenangabe.

1. Street Railway Journal, New York, Jahrgänge 1896 bis 1902.
   Ausser den Beschreibungen ausgeführter und geplanter Bahnanlagen besonders folgende Aufsätze allgemeinen Inhalts:
   1897, S. 612 ff. C. E. Emery, Engines for Electric Railway Power Stations.
   1899, S. 477. Report of the Detroit Street Railway Commission.
   1900, S. 143 ff. C. H. Davis, Street Car Building.
       S. 775. H. F. Parshall, The Design of Large Tramway Generators.
       S. 804. Dr. L. Bell, Polyphase Railway Apparatus aud Methods.
       S. 968. R. E. Danforth, Snow and Snow Plows.
   1901, I. S. 393. A. C. Eborall, Some Notes on Polyphase Substation Machinery.
       II. S. 18. L. Lyndon, The Storage Battery in Power Station Service.
       S. 146 ff. W. E. Partridge, Street Car Platforms.
   1902, II. S. 483. H. P. Davis, Modern Switchboard Practise.
2. Street Railway Review, Chicago. Einzelne Nummern der Jahrgänge 1895—1902.
3. Cassiers Magazine, Electric Railway Number, New York 1899.
4. American Street Railway Investments, New York. (Beilage zum Street Railway Journal.)
5. Investors Manual. The Economist, Chicago.
6. Commonwealth of Massachusetts, Annual Reports of the Board of Railroad Commissioners Boston. 1898 ff.
7. Annual Reports of the Board of Railroad Commissioners of the State of New York. Albany. 1900 ff.
8. Dr. L. Bell, Electric Power Transmission. Third Edition, New York 1901.
9. Dr. L. Bell, Power Distribution for Electric Railways. Third Edition, New York 1900.
   (Deutsche Bearbeitung unter dem Titel: Stromvertheilung für Elektrische Bahnen, von Dr. L. Bell. Autorisirte deutsche Bearbeitung von Dr. G. Rasch, Berlin und München 1898.)
10. A. B. Herrick, Practical Electric Railway Hand Book, New York 1901.
11. H. Koestler. Ueber Nordamerikanische Strassenbahnen. Wien und Leipzig 1896.
12. A. Blondel & F. Paul-Dubois, La Traction Électrique sur Voies Ferrées. 2 Bände. Paris 1898.
13. Zahlreiche Kataloge und Druckschriften amerikanischer Firmen.

Namen-, Orts- und Sachverzeichniss.

Schimpff.

Additional information of this book

(Die Strassenbahnen in den Vereinigten Staaten von Amerika);

978-3-662-23951-3) is provided:

http://Extras.Springer.com